Herbert W. Roesky

Chemie en miniature

Weitere interessante Titel:

H. W. Roesky, K. Möckel
Chemische Kabinettstücke
Spektakuläre Experimente und geistreiche Zitate
1996, ISBN 3-527-29426-0

V. Wiskamp, W. Proske
Umweltbewußtes Experimentieren im Chemieunterricht
1996, ISBN 3-527-29375-2

H.-J. Quadbeck-Seeger (Hrsg.), R. Faust, G. Knaus, U. Siemeling
Chemie-Rekorde
Menschen, Märkte, Moleküle
1997, ISBN 3-527-29452-X

Herbert W. Roesky

Chemie en miniature

WILEY-VCH

Weinheim · New York · Chichester · Brisbane · Singapore · Toronto

Prof. Dr. Herbert W. Roesky
Institut für Anorganische Chemie
Universität Göttingen
D-37077 Göttingen

Abbildung auf dem Einband: **„Der Mönch Lullus als Alchemist“**, aus einem Manuskript der *Opera chemica*, das Raimundes Lullus zugeschrieben wird. Das Buch enthält 14 Miniaturen, die Lullus bei seiner Arbeit zeigen. Original in Florenz, Bibliotheca Magliabecchiana. Entnommen aus: Petra Schramm, Die Alchemisten, Gelehrte, Goldmacher, Gaukler, Edition Rarissima Taunusstein **1984**, S. 9.

Die Deutsche Bibliothek – CIP-Einheitsaufnahme
Roesky, Herbert W.: Chemie en miniature / Herbert W. Roesky . - Weinheim ; New York ; Chichester ; Brisbane ; Singapore ; Toronto : WILEY-VCH, 1998
ISBN 3-527-29564-X

Gedruckt auf säurefreiem und chlorfrei gebleichtem Papier

Satz: TypoDesign Hecker GmbH, D-69115 Heidelberg
Druck: Strauss Offsetdruck, D-69509 Mörlenbach
Bindung: Wilhelm Oswald & Co., D-67933 Neustadt

Geleitwort

Haben wir uns schon einmal klar gemacht, daß in unserer materiellen Welt alles, aber auch alles, Chemie ist?

Ja, wir selber gehören dazu, und sogar alles, was wir denken, basiert auf chemischen Reaktionen. Nicht erst, wenn unsere Sinne „reagieren“, nicht erst, wenn wir unsere Gedanken fixieren, indem wir sie niederschreiben, sondern schon, wenn wir den Gedanken fassen, laufen in tausenden und abertausenden von Nervenzellen und Nervenkontakten chemische Prozesse ab: Chemie en miniature! Eine einzelne Nervenzelle wiegt weniger als ein Milliardstel Gramm. Das entspricht bereits einem Äquivalent von Billionen von Molekülen, chemischen Verbindungen aus Wasserstoff, Sauerstoff, Kohlenstoff, Stickstoff, etwas Schwefel und Phosphor sowie Metall- und Chloridionen.

Chemie ist eben nicht nur, „was stinkt und knallt“. Zwar stinkt es in unserer Umwelt oft, und gelegentlich knallt es auch, und das hat die Chemie – zu Unrecht – in Verruf gebracht. Wollen wir uns und unsere Welt erhalten, so sollten wir die Chemie als das begreifen, was sie wirklich ist. Das vorliegende Buch von Herbert W. Roesky vermittelt hierfür einen bemerkenswerten Anreiz.

„Klein aber fein“! Das ist ein sympathisches Motto, und es ist vor allem ein Hinweis: so läuft Chemie in der Natur zumeist ab und zwar in der Regel so, daß wir es gar nicht merken. Hier wird uns das meisterlich vor Augen geführt – eine faszinierende Idee, auch für den Schulunterricht! Möge dieses Buch einen großen Leserkreis gewinnen, nicht allein dem Autor, sondern uns allen, und das heißt zugleich „unserer Umwelt zuliebe“.

La Jolla, Ca./U.S.A., im April 1998 — Manfred Eigen

Wenn Du ein Schiff bauen willst, dann trommele nicht Männer zusammen, um Holz zu beschaffen, Aufgaben zu vergeben und die Arbeit einzuteilen, sondern lehre sie die Sehnsucht nach dem endlosen Meer.

Antoine de Saint-Exupéry

Vorwort

„In der Beschränkung zeigt sich der Meister." Beschränkung soll hier nicht Einschränkung sein, sondern Bewahren des Wesentlichen. Wesentlich bei chemischen Experimenten ist die Reaktion. Diese läuft sowohl mit großen, mittleren und kleinen Mengen ab. Warum also sollte man nicht auch winzige Mengen einsetzen können, um Studenten und Schülern im Chemieunterricht, im Praktikum und in der Experimentalvorlesung chemische Reaktionen vorzuführen?

Zum Vergleich können wir Großmutters Kochrezepte heranziehen. Der Kuchen, der früher nur schmeckte, wenn er 10 bis 20 Eier in sich barg, ist heute genauso gut, wenn man nur ein Drittel dieser Menge verwendet. Warum also soll man in der heutigen Zeit dann noch „Chemie à la grand-mère" machen? Das war die Grundidee zu „Chemie en miniature".

Das Ziel eines jeden Chemieunterrichts ist es, Schülern und Studenten optimales Sehen, Erleben, Erfragen und Verstehen chemischer Vorgänge zu ermöglichen. Ein Student, der in einem für 500 Personen ausgelegten Hörsaal in der letzten Reihe sitzt, sieht wenig, selbst wenn der Experimentator mit überdimensionalen Gefäßen arbeitet. Bedient er sich aber der modernen Technik, die in diesem Buch beschrieben wird, dann ist Chemie plötzlich ganz hautnah. Mit dieser Technik wird es dem Lehrer in der Schule möglich, mit seinen Schülern einen Chemieunterricht zu verwirklichen, der mit kleinen Mengen an Chemikalien auskommt, außerdem wenig Kosten verursacht und fast keine umweltschädlichen Abfälle zurückläßt.

Faszinierend wie alles, was „klein aber fein" ist, zeigen sich die Experimente im Miniaturmaßstab. Miniaturen in allen Kunstrichtungen sind etwas Besonderes. Sie verlangen Geschick, Fingerspitzengefühl und das Bewußtsein für Details. „Chemie en miniature" setzt dem Erfindungsreichtum keine Grenzen aber ein festes Ziel: ausgefeiltes Experimentieren, um den an der Chemie Interessierten Freude am Experiment zu vermitteln. Zur Freude am Experiment kommt der ästhetische Genuß. Kleine Tropfen einer Lösung, die sich in einem Feuerwerk an Farben mit einer anderen Lösung vermischen, machen aus einem Experiment ein Kunstwerk und aus dem Experimentator einen Künstler.

Dieses Buch bringt nicht nur Anleitungen für Experimente. Es zeigt in mehreren Themenbereichen die Geschichte der einzelnen für die Reaktionen verwendeten Stoffe. Der werdende und der gestandene Experimentator werden auf Entdeckungsreise geschickt. Zunächst wandern sie in die Vergangenheit, in die Geschichte, die Tradition, um sich dann den Herausforderungen der Zukunft zu stellen. Auf den folgenden Seiten bedeutet Zukunft die Rückbesinnung auf die Jahrtausende alte Kunst der Miniatur, die hier mit modernsten Mitteln auf die Chemie angewendet wird.

> *Neben dem Psalter lag, gleichfalls offenbar erst vor kurzem fertiggestellt, ein zierliches goldenes Büchlein, so unglaublich klein, daß man es in der Handfläche hätte halten können. Die Miniaturen an den Seiten der winzigen Schrift waren auf den ersten Blick kaum zu erkennen und verlangten Betrachtung aus nächster Nähe, um ihre ganze Schönheit zu offenbaren (und staunend fragte man sich, mit welchem übermenschlichen Werkzeug der Künstler sie gemalt haben mochte, um auf so engem Raum so lebendige Wirkungen zu erzielen).*
>
> Umberto Eco „Der Name der Rose"

Mein Dank gilt Frau Barbara Engler, Herrn Henri Fraatz und Herrn Dipl.-Chem. Christian Kusche für die experimentellen Beiträge zu diesem Buch. Dem Fonds der Chemischen Industrie bin ich für finanzielle Unterstützung sehr dankbar. Dem Verlag WILEY-VCH gebührt Dank für die Bereitwilligkeit, mit der er den Wünschen des Autors entgegengekommen ist.

Inhaltsverzeichnis

I. Technik 1

II. Wasserstoff 3

Reaktionen des Wasserstoffs 7

1. Herstellung von Knallgas 7
2. Wasserstoff in status nascendi 8
3. Reduktion von CuO mittels Wasserstoff 9

III. Kohlenstoff 11

Reaktionen mit kohlenstoffhaltigen Verbindungen 15

1. Darstellung von Kohlenstoffdioxid 15
2. Kohlenstoffdioxidnachweis als $BaCO_3$ 16
3. Kohlenstoffdioxidnachweis durch Entfärben einer phenolphthaleinhaltigen Na_2CO_3-Lösung 17
4. Darstellung von Kohlenstoffmonoxid 18
5. Nachweis von Kohlenstoffmonoxid durch Reduktion von Palladium-(II)-chlorid 19
6. Oxalatnachweis durch Bildung von Diphenylaminblau 21
7. Darstellung von Ethin 22
8. Nachweis von Ethin durch Entfärben einer Iod-Stärkelösung 24
9. Cyanidnachweis als Berliner Blau 25
10. Thiocyanatnachweis durch $Fe(SCN)_3$-Bildung 26
11. Hexacyanoferratnachweis als Berliner Blau und Turnbulls Blau 27
12. Hexacyanoferrat-(II)-nachweis als $Cu_2[Fe(CN)_6]$ 28
13. Hexacyanoferrat-(III)-nachweis als $Ag_3[Fe(CN)_6]$ 29
14. Tartratnachweis als Farbreaktion mit Resorcin 29

IV. Stickstoff 31

Reaktionen des Stickstoffs 34
1. Silberspiegel durch Reduktion von Silberionen mit Hydraziniumsulfat-Lösung 34
2. Kupfertetraamminkomplex 34
3. Neßlers Reagenz zum Nachweis von Ammoniak 34

V. Sauerstoff 35

Reaktionen des Sauerstoffs 43
1. Herstellung von O_2 aus MnO_2 und H_2O_2 43
2. Nachweis von Peroxiden mit Titanoxidsulfat 44
3. Hydrolyse von Diammoniumperoxodisulfat 45
4. Entfärben einer Kristallviolett-Lösung 46
5. Entfärben einer Kaliumpermanganat-Lösung 47

VI. Halogene 49

Reaktionen der Halogene 57
1. Darstellung von Chlor 57
2. Nachweis von Chlor 58
3. Darstellung von Brom 59
4. Nachweis von Brom 60
5. Addition von Brom an Cyclohexen 62
6. Darstellung und Nachweis von Iod 63
7. Sublimation von Iod unter Verwendung eines Peltierelements als Kühlfinger 64
8. Kaliumiodid-Elektrolyse 65
9. Darstellung von Fluorwasserstoff 65
10. Darstellung von Chlorwasserstoff 67

VII. Aluminium 69

Reaktionen des Aluminiums 74
1. Aluminiumnachweis als Aluminiumhydroxid 74
2. Aluminiumnachweis als fluoreszierender Morin-Farblack 75
3. Aluminiumnachweis als Alizarin-S-Farblack 76
4. Aluminiumnachweis als Chinalizarin-Farblack 78

VIII. Phosphor 81

Reaktionen des Phosphors 87

1. Abgestufte pH-Werte beim Lösen von Na_3PO_4, Na_2HPO_4 und NaH_2PO_4 in Wasser 87
2. Darstellung von Orthophosphorsäure 88
3. Phosphatnachweis als Silberphosphat 89
4. Phosphatnachweis als tertiäres Bariumphosphat 90
5. Phosphatnachweis als Ammoniummolybdophosphat 91

IX. Schwefel 93

Reaktionen des Schwefels 100

1. Darstellung von Schwefeldioxid 100
2. Nachweis von Schwefeldioxid durch Säure-Base-Indikator 101
3. Nachweis von Schwefeldioxid durch Entfärben einer Iodlösung 102
4. Darstellung von Schwefelwasserstoff 103
5. Darstellung von Schwefel 104
6. Kationennachweis durch Sulfidfällung in saurer Lösung 105
7. Kationennachweis durch Sulfidfällung in alkalischer Lösung 106
8. Sulfidfällungen auf Filterpapier 108
   8.1 Sulfidfällungen im sauren Milieu 109
   8.2 Sulfidfällungen im alkalischen Milieu 109
9. Sulfatnachweis als $BaSO_4$ 110

X. Eisen 111

Reaktionen des Eisens 114

1. Passivierung des Eisens 114
2. Fe(III) als $Fe(SCN)_3$ 115
3. Fe(III) als $FePO_4$ 115
4. Fe(II) als FeS 116
5. Hydroxidfällung mit Natronlauge 117

XI. Kupfer 119

Reaktionen des Kupfers 124
1. Indirekter Kupfer-(I)-nachweis durch Bildung des Iod-Amylose-Komplexes 124
2. Kupfernachweis als $Cu(OH)_2$ 125
3. Darstellung von Fehling'scher Lösung 126
4. Zuckernachweis mit Fehling'scher Lösung 127
5. Kupfernachweis durch Bildung des Kupfertetraammin-Komplexes 127
6. Kupfernachweis als Kupfer-(III)-sulfid 129
7. Kupfernachweis als $Cu_2[Fe(CN)_6]$ 130
8. Kupfer-(II)-nachweis als Kupfer-(I)-reineckat 131

XII. Silber 133

Reaktionen des Silbers und seiner Verbindungen 138
1. Chlorid-, Bromid- und Iodidnachweis durch Silberhalogenidfällung 138
   1.1 Nachweis von Clorid als AgCl 138
   1.2 Nachweis von Bromid als AgBr 139
   1.3 Nachweis von Iodid als AgI 140
2. Cyanid-, Cyanat- und Thiocyanatnachweis als Silbersalze 141
   2.1 Cyanidnachweis als AgCN 141
   2.2 Cyanatnachweis als AgOCN 142
   2.3 Thiocyanatnachweis als AgSCN 143
3. Hexacyanoferrat-(II)-nachweis durch Komplexierung zu $Ag_4[Fe(CN)_6]$ 144
4. Hexacyanoferrat-(III)-nachweis als $Ag_3[Fe(CN)_6]$ 144
5. Silbernachweis als Silberspiegel 145

XIII. Alkohol 147

Reaktionen der Alkohole 150
1. Alkoholnachweis mit Cer-(IV)-ammoniumnitrat 150
2. Nachweis primärer und sekundärer Alkohole durch Oxidation mit Chrom-(VI)-oxid 151
3. Alkoholnachweis durch Solvatisierung von Vanadiumoxinat 152

4. Nachweis von primären und sekundären Alkoholen durch Xanthogenatbildung 153
5. Nachweis von 1,2-Glycolen durch Cyclisierung mit Borsäure 154

XIV. Aldehyde 157

Reaktionen der Aldehyde und Ketone 159
1. Aldehyd- und Ketonnachweis durch Hydrazonbildung 159
2. Aldehydnachweis durch Bildung von Schiff'schen Basen 160
3. Aldehydnachweis mit Schiff's Reagenz 161
4. Aldehydnachweis durch Bildung von Indigo 163
5. Ketonnachweis mit Natriumpentacyanonitrosylferrat 164

XV. Phenol 167

Reaktionen der Phenole 170
1. Phenolnachweis mit Eisen-(III)-chlorid 170
2. Phenolnachweis durch *Reimer-Tiemann*-Reaktion 171
3. Phenolnachweis durch die *Liebermann*-Probe 172
4. Darstellung von Azofarbstoffen 174

XVI. Amine 177

Reaktionen der Amine 179
1. Aminnachweis durch Bildung Schiff'scher Basen 179
2. Nachweis von primären und sekundären aliphatischen Aminen 180
3. Nachweis von primären und sekundären aromatischen Aminen durch Kompelxbildung 181
4. Nachweis von primären aliphatischen Aminen mit 2,4-Dinitrochlorbenzol 182
5. Nachweis von alipathischen und aromatischen Aminen durch Oxidation mit Tetrachlorbenzochinon 183
6. Nachweis primärer Amine durch Diazotierung 184

XVII. Kohlenhydrate 187

Reaktionen der Kohlenhydrate 191

1. Zuckernachweis durch *Mölisch*-Test 191
2. Glucosenachweis durch Bildung eines Silberspiegels 193
3. Stärkenachweis durch Bildung eines Charge-Transfer-Komplexes 194
4. Glucosenachweis mit Fehling'scher Lösung 195

XVIII. Ausgesuchte Experimente 197

1. Chromat-Dichromat-Gleichgewicht 197
2. Redoxpotentiale unter Standardbedingungen 198
3. Chemischer Garten 199
4. Darstellung eines Zinkbaumes 200
5. Einschlußverbindung mit einem Kronenether 201
6. Überspannung an Zinkmetall 202
7. Zauberschrift 203
8. Darstellung der Runge'schen Ringe 203
9. Nachweis von Säuren und Basen durch Universalindikatorstäbchen 205
10. Dünnschichtchromatographie 206

Farbabbildungen 209

Register 221

Namenregister 221

Sachwortregister 223

I Die Technik

Videokamera-Projektor-System

Modernste Techniken und Neuentwicklungen ermöglichen es, vor einem großen Publikum „en miniature“ zu experimentieren.

Zunächst einmal sind spezielle Gefäße notwendig. Die Reaktionen werden in 3 mL UV-Küvetten oder in Probiergläsern entsprechender Größe durchgeführt. Die Probiergläser sind mit einem Septum und Schraubverschluß versehen, so daß keine toxischen oder geruchsbelästigenden Dämpfe austreten können. Um die Standfestigkeit der Küvetten und Probiergläser zu erhöhen, sind einfache Kunststoffhalterungen angefertigt worden. Eine Alternative bietet ein Klettband, welches auf einer festen Unterlage und dem Probierröhrchen angebracht ist.

Die verwendeten Lösungsvolumina liegen zwischen 0.5 und 1.0 mL. Die Reaktionslösung wird in der Regel tropfenweise zugegeben mittels einer Einwegspritze aus Kunststoff oder einer Mikropipette. Um die Versuche optimal übertragen zu können, ist es wichtig, die Probe mit einer Lampe zu beleuchten.

Für die Präsentation der Miniaturversuche in einem großen Saal wird ein Videokamera-Projektor-System eingesetzt. Es besteht aus einem Flüssigkristallprojektor[1] und einer Videokamera[2]. Diese Kleinstkamera hat einen flexiblen, um 30° schwenkbaren „Schwanenhals“. Sie kann zwischen 1 cm und unendlich focussieren und damit eine effektive Vergrößerung bis auf das 50fache erreichen. So werden kleinste Details erfaßt und durch den Anschluß an den Projektor groß auf die Leinwand projiziert. Dieser Projektor ist ein kompaktes, mobil einsetzbares Gerät, für das kein zusätzlicher Overheadprojektor notwendig ist. Er ist mit Computeranschlüssen ausgerüstet, so daß gefilmte Experimente digitalisiert und im Computer gespeichert werden können.

Videokamera-Monitor-System

Experimente „en miniature“ lassen sich hervorragend und ohne Gefahr in Schulklassen oder Seminarräumen durchführen. Toxische oder geruchsintensive Lösungen

1 Hitachi CP-L550E
2 Flexcam, hergestellt von: VideoLabs Inc., 5270 West 84th Street Minneapolis, MN 55437–9876

können vorher unter einem Abzug in die mit einem Septum versehenen Glasgefäße gegeben werden.

Experimentiert man in kleinen Räumen, wird man das Videokamera-Monitor System benutzen. Man setzt auch hier die Videokamera mit Schwanenhals ein, schließt diese jedoch an einen Monitor an. Vorteilhaft bei dieser Methode ist, daß man auf eine teure und oft auch unhandliche Leinwand verzichten kann.

Dieses mobile Präsentationssystem zusammen mit Miniaturbehältern und kleinsten Mengen an Chemikalien ist besonders für den Schulunterricht praktisch, handlich und ungefährlich: ein Chemielabor im Koffer (Farbabb. 1–5).

Literatur

[1] F. Feigl, Tüpfelanalyse, 4. Auflage, Akademische Verlagsgesellschaft m. b. H., Frankfurt/Main **1960.**

II Wasserstoff

Wer das Alter der Erde erfahren will, der schaue bei Sturm auf die See. Das Grau dieser unermeßlichen Oberfläche, die Windfurchen auf dem Antlitz der Wogen, die riesigen Massen hin und her geschleuderter wallender Gischt, die weißem Greisenhaar gleichen, lassen die See im Sturm ehrwürdig alt, glanzlos, matt und stumpf erscheinen, als wäre sie noch vor der Schöpfung des Lichts erschaffen worden.

Joseph Conrad „Der Spiegel der See"

Wie die Luft galt vom Altertum bis ins 18. Jahrhundert das Wasser als Element und einheitlicher Stoff. Bergkristall beispielsweise war kristallisiertes Wasser, das je nach Interpretation durch Kälte oder durch himmlisches Feuer entstanden sein sollte.

Als Element war das Wasser wie das Feuer fest in die Vier-Elementenlehre der Alchimisten eingebunden. Es war aber auch Gegenstand vieler Experimente. So hat noch *Antoine Laurent Lavoisier* sich mit der Frage beschäftigt, ob Wasser in Erde verwandelt werden könne. Drei Monate lang destillierte er unentwegt Wasser in einem zugeschmolzenen Pelikangefäß. Dann stellte er fest, daß die beobachtete Trübung und Ausscheidung von der Glaswand stammte. Die endgültige Erkenntnis, daß Wasser kein Element sondern aus Sauerstoff und Wasserstoff zusammengesetzt ist, hängt eng mit der Entdeckung des Sauerstoffs zusammen.

Das Gas Wasserstoff, das sich entwickelt, wenn man ein Metall mit Säuren behandelt, war wahrscheinlich schon *Paracelsus* (1493–1541) bekannt. *Paracelsus*, oder wie er eigentlich hieß *Theophrastus Bombastus von Hohenheim*, war ein schweizer Alchimist und Arzt. Er studierte an der Universität Basel, unternahm viele Reisen und wurde schließlich Arzt in Basel, wo er seit 1527 auch Vorlesungen an der Universität hielt. Schon früh gab er sich den Namen *Paracelsus*, wahrscheinlich um sich von dem römischen Medizinschriftsteller *Celsus* abzugrenzen und seine Überlegenheit zu zeigen. Während seiner Antrittsvorlesung meinte er, man solle alle Bücher von *Galen*, *Avicenna* und anderen antiken Ärzten verbrennen. Damit wollte er seine Verachtung für diese Gelehrten zeigen. *Paracelsus* war eine kuriose Mischung aus abergläubischem Alchimisten und modernem Experimentalisten. Sein Temperament und seine Verachtung für die Kollegen machten ihn nicht sonderlich beliebt. Er hat jedoch die Chemie und die Medizin seiner Zeit revolutioniert und die Wissenschaft lange beeinflußt.

Paracelsus also hatte beobachtet, daß sich ein Gas entwickelte, als er Eisen in Vitriol auflöste. „Luft erhebt sich und bricht herfür als wie ein Wind". Er erkannte allerdings nicht, daß dieser Wind entzündlich war. Das bemerkte als erster *Turquet de Mayerne* (1573–1655) als er Schwefelsäure und Eisen reagieren ließ. Nach ihm beschrieb *Nicolas Lémery* die Entzündung des Wasserstoffs als eine „fulmination violente et éclatante". Allerdings war man damals immer noch der Meinung, daß dieses brennbare Gas ein dem Metall anhaftender sogenannter Schwefel sei.

Die in der ersten Hälfte des 18. Jahrhunderts herrschende Phlogistontheorie der *Stahl'schen* Schule bezeichnete den Wasserstoff als das geheimnisvolle „Etwas", das bei der Verbrennung entweicht.

Erst *Sir Henry Cavendish*, ein reicher englischer Privatmann, dessen ganzes Leben den Naturwissenschaften gewidmet war, untersuchte dieses „Etwas" genauer. Er entwickelte es durch die Einwirkung verschiedener Säuren auf Zink, Eisen und Zinn und nannte es „factitious air". Die Entzündlichkeit des Gases führte er darauf zurück, daß das Phlogiston der Metalle entweiche, ohne seine Eigenschaften zu verändern. Seine entzündliche Eigenschaft verliere es jedoch bei der Behandlung der Metalle mit Salpeter- oder Schwefelsäure, verbinde sich mit der Säure und verflüchtige sich teilweise mit deren Dämpfen. Was ihm besonders auffiel war die Unlöslichkeit des Gases in Wasser.

Cavendish arbeitete immer sehr sorgfältig und genau. Er machte zahlreiche Experimente, um die Zusammensetzung des Wassers herauszufinden. Immer blieb jedoch ein kleiner Rest Gas übrig. Erst als er einen Raumteil Sauerstoff und zwei Raumteile Wasserstoff zur Explosion brachte, war das Ergebnis ausschließlich Wasser. Das Gas war vollständig verschwunden. *Cavendish* berichtete 1781 *Priestley* von seiner Entdeckung. Über diesen gelangte die Neuigkeit zu *Lavoisier*, der unverzüglich eigene Experimente zur Gewinnung von Wasserstoff machte. Auch er arbeitete gründlich, und auch er bildete Wasser aus Sauerstoff und Wasserstoff. Allerdings übergab er 45 g des kostbaren künstlichen Wassers der französischen Akademie, wo man es bis heute bewundern kann. Von *Lavoisier* bekam das neuentdeckte Gas auch seinen Namen. Er nannte es „hydrogène", was auf griechisch „Wasserhersteller" heißt. Dieser Name wurde 1787 endgültig von der antiphlogistischen Nomenklatur für den Wasserstoff als einfachen Stoff aufgenommen. *Cavendish* blieb im Hintergrund und ging allen öffentlichen Ehrungen und Anerkennungen aus dem Weg.

Cavendish hatte natürlich auch die auffallendste Eigenschaft des Wasserstoffs entdeckt: sein niedriges spezifisches Gewicht. Die Luft ist 14,4 mal schwerer. *Georg Christoph Lichtenberg* machte bereits 1782 in seiner Vorlesung den Versuch, Seifenblasen mit Wasserstoff – der sogenannten inflammablen Luft – zu füllen, „die mit so großer Geschwindigkeit aufstiegen, daß sie sich oft vom Rohr losrissen, ehe sie noch die Größe hatten, die ich ihnen geben wollte". Von diesem Experiment bis zum ersten Heißluftballon der Brüder Montgolfier, der am 5. Juni 1783 auf 2000 Meter stieg war kein weiter Weg. Daraufhin bat die Académie des Sciences den Physikprofessor der Sorbonne *Jacques Alexandre César Charles*, Wasserstoff für einen Ballon herzustellen. Am 27. August 1783 stieg dieser von den Brüdern *Robert* konstruierte Ballon.

Füllung des ersten Gasballons in Paris am 27. August 1783
Entnommen aus: Faujas de Saint-Fond, Beschreibung der Versuche mit der Luftkugel, Nachdruck der Ausgabe 1783, Physik-Verlag, Weinheim, **1981**

Am 19. September stiegen Ente, Hahn und Hammel und am 21. November die ersten Menschen in die Luft. Der Zeppelin als größtes mit Wasserstoff gefülltes Luftschiff fiel allerdings der anderen Eigenschaft des Wasserstoffs, nämlich seiner leichten Brennbarkeit, zum Opfer.

Die außerordentlich starke Hitze der Wasserstoff-Sauerstoff-Flamme wird im Knallgasgebläse zum autogenen Schweißen und Schneiden von Stahl und Schmiedeeisen genutzt. Eine besondere Eigenschaft des Wasserstoffs ist sein Reduktionsvermögen, das in vielen chemisch-technischen Prozessen eine große Rolle spielt. So werden für die Ammoniakgewinnung nach dem Haber-Bosch-Verfahren heute fast 56% der Welterzeugung an Wasserstoff gebraucht. Wasserstoff, der in Öle und Tran eingeführt wird, hilft bei der Fetthärtung und trägt so zur Lieferung von zusätzlichem Nahrungsfett bei.

Vernichtend wirkt der Wasserstoff, wenn man ihn zur Herstellung der sogenannten H-Bombe benutzt. Wenn diese Bombe explodiert, setzt sie die Energie von mehreren Megatonnen TNT frei. Da ist es kein Wunder, daß man auch den „Urknall“ auf den Wasserstoff zurückführt. Neben kleineren Mengen Helium soll ausschließlich Wasserstoff gebildet worden sein, der sich dann durch kernchemische Reaktionen teilweise in die übrigen Elemente verwandelte.

Die Verbrennung des Wasserstoffs zu Wasser ist eine umweltfreundliche Energiequelle. Man kann mit Recht annehmen, daß das nächste Jahrhundert das Jahrhundert des Wasserstoffs sein wird.

Literatur

[1] Gmelins Handbuch der Anorganischen Chemie, Verlag Chemie GmbH, Berlin, **1936**.

[2] D.F. Shriver, P.W. Atkins, C.H. Langford, Anorganische Chemie, WILEY-VCH, Weinheim, 2. Auflage, **1997**.

Reaktionen des Wasserstoffs

1. Herstellung von Knallgas

Geräte

4 mL Probiergläschen mit Schraubkappe und Septum aus Silicon/Teflon,
2 Metall-Büroklammern,
2 Stromkabel,
2 Krokodilklemmen,
1 Trafo mit Gleichrichter,
5 mL Glasspritze,
1 Feuerzeug,
1 Porzellanschale (Durchmesser ca. 5 cm),
1 Glimmspan,
1 Pasteurpipette mit Pipettensauger,
1 Stativ,
2 Klammern,
2 Muffen,
Schutzbrille,
Schutzhandschuhe

Chemikalien

1 mol/L Schwefelsäure (C, ätzend; MAK-Wert: 1mg/m^3; R: 35; S: 2, 26, 30, 45) oder

2 mol/L Natronlauge (C, ätzend; MAK-Wert: 2 mg/m^3; R: 35; S: 2, 26, 27, 37/39),

käufliche Seifenblasenlösung

Versuchsdurchführung

In das 4 mL Gläschen werden 3 mL Schwefelsäure oder Natronlauge der oben angegebenen Konzentration eingefüllt. Nach Verschließen des Gefäßes mit der Schraubkappe und Septum werden 2 Büroklammern als Elektroden durch das Septum in die Elektrolyselösung eingeführt und mittels Krokodilklemmen und Kabel mit dem Trafo mit Gleichrichter verbunden. Es ist darauf zu achten, daß die Elektroden sich nicht berühren! Anschließend wird die Kanüle der Glasspritze in den Gasraum des Gläschens eingeführt und die Spritze senkrecht über dem Gläschen gehaltert. Das entstehende Knallgas sammelt sich in der 5 mL Spritze.

Gut zu beobachten ist hierbei der Hub des Spritzenstempels. Sobald sich genügend Knallgas in der Spritze gebildet hat, wird der Strom abgeschaltet, die Spritze herausgenommen und das entstandene Knallgas vorsichtig in die Seifenblasenlösung, die sich in der Porzellanschale befindet, eingespritzt. Die entstehenden kleinen Seifenblasen werden dann mit dem brennenden Holzspan gezündet. Ein Knall ist deutlich hörbar. Dieser wird beim Wiederholen deutlich stärker, weil sich beim ersten Versuch noch Luft im Probiergläschen befindet (Farbabb. 6).

Entsorgung

Die Schwefelsäure im Probiergläschen wird mit Natronlauge neutralisiert und in das Abwasser gegeben.

2. Wasserstoff in status nascendi

Geräte

4 mL Küvette mit Halterung, Pinzette, Spatel, Pasteurpipette, Pipettensauger, Schutzbrille, Schutzhandschuhe

Chemikalien

WO_3, Zinkgranulat, 12 mol/L Salzsäure (C, ätzend; MAK-Wert: 7 mg/m^3; R: 34, 37; S: 2, 26, 45), dest. Wasser

Versuchsdurchführung

In der Küvette werden festes WO_3 (ca. 50 mg) mit 1 mL Wasser aufgeschlämmt. Danach gibt man 1 Stück granuliertes Zink und 0.5 mL Salzsäure hinzu. Die zunächst gelbgrüne Aufschlämmung färbt sich blau bis dunkelblau (Farbabb. 7).

Bei einem Parallelversuch mit Wasserstoff aus der Vorratsflasche oder dem Kippschen Apparat beobachtet man keine Farbänderung. Beim Einleiten von Wasserstoff aus dem Kippschen Apparat sind Wasserstoffmoleküle gegenwärtig, die keine Reduktion durchführen. Hingegen entstehen bei der Produktion von Wasserstoff an Ort und Stelle Wasserstoffatome, die WO_3 zu blauem $W_4O_{10}(OH)_2$ reduzieren.

Entsorgung

Nach der Neutralisation mit Natronlauge werden die Rückstände aus der Küvette im Behälter für Schwermetalle gesammelt.

3. Reduktion von CuO mittels Wasserstoff

Geräte

1 Quarzrohr (Länge 10 cm, Durchmesser 2 cm), 2 einfach durchbohrte Gummistopfen, 1 gerades Glasrohr (Länge 6 cm, Durchmesser 8 mm), 1 gewinkeltes Glasrohr mit Spitze (Durchmesser 8 mm), 1 Magnesiarinne oder 1 kleines Schiffchen, 1 Gasbrenner, 3 kleine Reagenzgläser, Stativ, Muffe, Klammer, PVC-Schlauch, Schutzbrille, Schutzhandschuhe

Chemikalien

CuO gepulvert (R: 22; S: 2, 24), H_2-Gasflasche (F+, hochentzündlich; R: 12; S: 2, 7, 9, 16, 33)

Versuchsdurchführung

In der Mitte des eingespannten Quarzrohres wird die Magnesiarinne mit 100 mg CuO plaziert. Der vordere Teil des Glasrohres wird mit einem Stopfen mit geradem Glasrohr verschlossen und über einen Schlauch mit der H_2-Gasflasche verbunden, während der hintere Teil mit einem Stopfen mit gewinkeltem Glasrohr versehen wird (Farbabb. 8).

Man spült das Glasrohr etwa eine Minute lang mit Wasserstoff, um die Luft aus der Apparatur zu verdrängen (Knallgasbildung). Anschließend wird die Knallgasprobe am Ausgang mindestens zweimal mit jeweils einem neuen Reagenzglas durchgeführt (H_2 verbrennt im Reagenzglas nicht sichtbar!). Ist die Knallgasprobe negativ, kann die Magnesiarinne mit dem CuO mittels Brenner erhitzt werden. Nach kurzer Zeit ist ein deutlicher Reaktionsablauf sichtbar. Das schwarze CuO glüht und verfärbt sich rot. Am Ausgang des Glasrohres bildet sich gut sichtbar Wasser. Nach Versuchsende wird noch solange mit H_2 gespült, bis das Rohr auf Raumtemperatur abgekühlt ist (Knallgasbildung). Durch Auswiegen des entstandenen Kupfers kann man die Stöchiometrie der Reaktion bestimmen.

$$CuO + H_2 \rightarrow Cu + H_2O$$

Entsorgung

Das entstandene Kupfer wird gesammelt und kann für andere Versuche eingesetzt werden.

III Kohlenstoff

Kohle also und überhaupt Stoffe, die nicht unmittelbar in Wasser übergehen und dennoch nicht unveränderlich sind, geben notwendig einen wilden Geist (spiritum solvestrem) von sich. Zum Beispiel entsteht bei der Verbrennung von 62 Pfund Eichenkohle ein Pfund Asche. Die restlichen 61 Pfund sind also jener wilde Geist, der, noch immer glühend, sich nicht in ein geschlossenes Gefäß zurückziehen kann. Diesen bisher unbekannten Geist benenne ich mit dem Namen Gas. Er kann weder in Gefäße eingeschlossen noch in eine sichtbare Substanz zurückgeführt werden, es sei denn, das Grundprinzip (prius semine) ist ausgelöscht.

J.B. van Helmont, Ortus medicinae (Complexionum atque mistionum 14, Leiden 1667, übersetzt von Dr. Schönemann)

In der Erdhülle ist der Kohlenstoff mit 0.02 Prozent vertreten. Damit spielt er bezogen auf die Häufigkeit der Elemente eine Aschenputtelrolle. In der Biosphäre dagegen ist der Kohlenstoff einzigartig. Dort ist er König der Elemente.

Graphit und Diamant, die beiden hochmolekularen kristallinen Formen des Kohlenstoffs ebenso wie auch die Ruße, die amorphen Formen des Kohlenstoffs, sind seit alters her bekannt.

So ist dem Menschen Ruß zum ersten Mal begegnet, als er lernte, Feuer zu machen. Jeder kennt das Rußen einer Kerzenflamme, die schwarzen Wolken eines kaltstartenden Dieselmotors oder den qualmenden Schornstein einer mit Kohle betriebenen Lokomotive. The „Chemical History of a Candle" gehört zu der berühmten Serie der Weihnachtsvorlesungen, die *Michael Faraday* im letzten Jahrhundert gehalten hat.

Ruß gehört zu den Begleiterscheinungen der menschlichen Zivilisation. Seine Bedeutung ist allerdings janusköpfig: während der rußgeschwärzte Schornsteinfeger als Glücksbringer verehrt wird, verheißen von Demonstranten entzündete brennende Autoreifen oftmals Chaos und Gewalt. Jeder Autoreifen enthält bis zu 10 kg Ruß.

Rußteilchen besitzen sphärische Gestalt mit charakteristischen Eigenschaften, die große technische Bedeutung haben. So gibt es etwa 100 verschiedene Rußsorten, die häufig als Füllstoffe und Adsorptionsmittel verwendet werden. Jährlich werden etwa 5–6 Millionen Tonnen Ruß hergestellt.

Graphit ist ein weicher, glatter schwarzer Stoff, der oft unter dem Namen „Plumbago", bleiähnlich, schwarzes Blei oder Silberblei auftritt. Der Name „Graphit" kommt aus dem Griechischen und bedeutet schreiben. Er wurde 1789 von *Abraham Gottlob Werner* für diese Art des Kohlenstoffs deshalb ausgewählt, weil schon im Altertum Graphit als eine Art Griffel benutzt wurde.

Im Gegensatz zum Diamanten, kristallisiert Graphit in Schichtstrukturen. Jede Schicht besteht aus miteinander kondensierten sechsgliedrigen Kohlenstoffringen.

Im Graphit findet man zwei unterschiedliche Bindungen. Innerhalb der Schichten ist jedes Kohlenstoffatom gleichmäßig mit drei Nachbaratomen durch σ-Bindungen verknüpft. Das vierte Elektron der Kohlenstoffatome bildet delokalisierte π-Bindungen aus, die sich über die ganze Schicht erstrecken. Dies führt zu einer Verkürzung der C-C-Abstände innerhalb der Schicht (142 pm) im Vergleich zum entsprechenden Bindungsabstand in der Struktur des Diamanten (154 pm). Dadurch erklärt sich die gute elektrische Leitfähigkeit des Graphits innerhalb der Schichten. Graphit wird aus diesem Grunde als Elektrodenmaterial verwendet. Zwischen den Schichten des Graphits sind nur schwache Van der Waal's Kräfte wirksam. Dies führt zu einem größeren Abstand der Schichten (335 pm) und erklärt, warum sich die Schichten leicht gegeneinander verschieben. Graphit wird deshalb gerne als Schmiermittel bei höheren Temperaturen verwendet. Graphitischer Kohlenstoff entsteht durch thermische Zersetzung von Kohle, Erdöl oder Erdgas als Ruß, Aktivkohle, Pyro- oder Faserkohlenstoff.

Die gekrönten Häupter dieser Welt waren jahrhundertelang die einzigen, die sich Diamanten als Schmuck leisten konnten und zur Demonstration ihres Reichtums auch benötigten. Bis zum 18. Jahrhundert kamen Diamanten ausschließlich aus Indien, das als Lieferant allerdings heute keine Rolle mehr spielt. Brasilianische Diamanten wurden erst 1725 wirtschaftlich interessant, die südafrikanischen Diamantenminen wurden 1867 in Betrieb genommen. Über 70% aller Diamanten kommen aus Afrika. Seit 1957 liefert Rußland einen großen Teil der Diamanten. Einige wenige Diamantvorkommen gibt es in den USA.

Reine Diamanten sind farblos. Der größte je gefundene Diamant war der faustgroße Cullinam, der zu 105 Brillanten verarbeitet wurde. Die Qualität eines geschliffenen Diamanten (Brillant) wird nach Farbe, Reinheit, Schliffigkeit und Gewicht (Karat, 1 ct = 0.2 g) beurteilt.

Heute dient der Diamant nicht mehr nur als Schmuck für die Reichen und Schönen. Er ist der härteste bekannte Stoff (Mohr'sche Härteskala 10.0) und aufgrund dieser Materialeigenschaft hochgeschätzt. Seit 1955 gibt es künstlich hergestellte Industriediamanten. Ein Agglomerat von kleinen Diamanten wird zu einer kompakten Masse verarbeitet. Dieses Material wird als Belag für Schmiede-, Bohr- und Schleifwerkzeuge benutzt. Aluminium, Glas und Keramik werden damit bearbeitet. Diamantstaub benutzt man als Schleif- und Poliermittel für Stahl.

In neuester Zeit gibt es auch synthetisch hergestellte Diamanten. Bereits *Henri Moissan* versuchte 1893 das begehrte Material auf synthetischem Wege herzustellen. Aber erst 1970 gelang es, ein dem echten Diamanten qualitätsmäßig vergleichbares Produkt herzustellen. Synthetische Diamanten werden unter hohem Druck aus Graphit in Gegenwart von feinverteilten Metallen als Katalysatoren hergestellt. Man kann Diamant aber auch unter Normalbedingungen über die Gasphase herstellen.

Dazu werden Verbindungen wie Methan durch Plasmaentladungen zersetzt und der entstehende Kohlenstoff auf einem geeigneten Substrat kondensiert.

In der Diamantstruktur haben die Kohlenstoffatome eine tetraedrische Umgebung und bilden eine dreidimensionale Netzstruktur aus. Die Kohlenstoff-Kohlenstoff-Abstände sind alle gleich groß und die Kohlenstoffatome werden durch σ-Bindungen zusammengehalten (Farbabb. 9). Diamant ist metastabil und wandelt sich unter Ausschluß von Luft ab 1500 °C in den thermodynamisch stabileren Graphit um. In Gegenwart von Luft verbrennt Diamant ab 800 °C zu Kohlenstoffmonoxid und Kohlenstoffdioxid.

Kohlenstoff mit seinen vielen technischen Anwendungen trat in das Blickfeld der Wissenschaftler, als im Jahre 1985 *Robert Carl*, *Herold Kroto* und *Richard Smalley* Graphit mit Hilfe eines Lasers verdampften und die flüchtigen Produkte im Massenspektrometer untersuchten. Zunächst fanden sie, daß bei m/z 720 ein Signal auftritt, das sie dem C_{60} zuordneten, während sie außerdem ein Signal mit geringerer Intensität für C_{70} beobachteten. Die Wissenschaftler optimierten Versuche und zogen den richtigen Schluß, daß das Molekül C_{60} besonders stabil ist, sphärische Struktur und die Form eines gekappten Icosaeders mit I_h-Symmetrie hat. Sie nannten dieses Molekül nach dem Architekten *Buckminster Fuller*, dessen geodätische Kuppelbauten vergleichbare Bauprinzipien aufweisen. Für ihre Pionierleistung erhielten diese Wissenschaftler 1996 den Nobelpreis für Chemie.

Einer breiten Öffentlichkeit wurde dieses Gebiet jedoch erst bekannt, als *Wolfgang Krätschmer* und *Donald Hoffman* 1990 ein einfaches Verfahren publizierten, mit dem es möglich war, Fullerene in präparativem Maßstab herzustellen. Damit konnte der Strukturbeweis erbracht werden. Das C_{60} besteht aus zwanzig gleichseitigen sechs- und zwölf gleichseitigen fünfgliedrigen Ringen. Durch seine regelmäßige Form wirkt es sehr ästhetisch auf den Betrachter.

Während im Graphit durch die sechsgliedrigen Ringe ebene Strukturen entstehen, bewirken die fünfgliedrigen Ringsysteme eine Krümmung der Ebene, die schließlich zur geschlossenen Form der Fullerene führt.

In Platons Dialog Timaios heißt es dazu:

„Wir müssen also erklären, dank welcher Beschaffenheit gerade vier Körper zu den schönsten werden, die sich zwar ähnlich sind, aber doch indem sie sich auflösen, die Möglichkeit haben, daß der eine aus dem anderen entsteht.“

Zu den Platonischen Körpern zählte man das Tetraeder, das Octaeder, den Würfel, das Dodecaeder und das Icosaeder (Farbabb. 10). Diese fünf regulären Polyeder zeichnen sich dadurch aus, daß sie äquivalente Flächen, Ecken und Kanten haben. Auf der Abbildung erkennt man, daß das Tetraeder vier, das Octaeder acht und das Icosaeder zwanzig gleichseitige Dreiecke haben. Die Flächen des Würfels bestehen aus 6 Quadraten und die des Dodecaeders aus zwölf regelmäßigen Fünfecken.

Literatur

[1] G. Jander, E. Blasius, Lehrbuch der analytischen und präparativen anorganischen Chemie, 12. Auflage, S. Hirzel Verlag, Stuttgart, **1983**.
[2] A.F. Holleman, E. Wiberg, Lehrbuch der Anorganischen Chemie, 101. Auflage, Walter de Gruyter Verlag, Berlin, **1995**.
[3] E. Pilgrim, Entdeckung der Elemente, Mundus Verlag, Stuttgart, **1950**.
[4] R. Fischer, Vortrag über Fullerene, gehalten am Gymnasium Unterhaching.
[5] F.A. Cotton, G. Wilkinson, Advanced Inorganic Chemistry, 5. Ed., John Wiley & Sons, New York, **1988**.
[6] C.E. Mortimer, Chemie, 6. Auflage, G. Thieme Verlag, Stuttgart, **1996**.

Reaktionen mit kohlenstoffhaltigen Verbindungen

1. Darstellung von Kohlenstoffdioxid

Geräte

2 Probiergläschen mit Deckel und Septum, Spatel, 1 mL Glasspritze, 5 mL Glasspritze, 2 Injektionsnadeln (0.9 × 40 mm), Stativ (klein), 2 Muffen, 2 Klemmen, Schutzhandschuhe, Schutzbrille

Chemikalien

$CaCO_3$,

12 mol/L Salzsäure (C, ätzend; MAK-Wert: 7 mg/m^3; R:34, 37; S: 2, 26, 45)

Versuchsdurchführung

In das Gläschen wird Calciumcarbonat (2 Spatelspitzen, ca. 30 mg) gegeben und dieses anschließend mit Septum und Deckel verschlossen. Nun werden die Klemmen übereinander am Stativ in einem Abstand von ca. 6 cm angeordnet. Mit der unteren wird das Reaktionsgefäß befestigt, während die obere als Halterung für die 5 mL Glasspritze dient.

Danach werden in die 1 mL Spritze 0.6 mL konzentrierte Salzsäure gefüllt und die Injektionsnadel in das Probiergläschen eingeführt. Nun wird die Nadel der 5 mL Glasspritze ebenfalls montiert, wobei die Spitze ca. 2–3 mm in das Gläschen hineinragen soll. Anschließend wird die konzentrierte Salzsäure langsam zum Calciumcarbonat getropft. Nach wenigen Tropfen ist eine starke Gasentwicklung zu erkennen. Durch den Gasdruck wird der Stempel der Glasspritze nach oben getrieben und das Kohlenstoffdioxid in der Glasspritze aufgefangen.

Bei der Zugabe der konzentrierten Salzsäure zum festem Calciumcarbonat entsteht Kohlenstoffdioxid.

$$CaCO_3 + 2\,HCl \rightarrow CaCl_2 + H_2O + CO_2\uparrow$$

Diese Umsetzung wird im Labor zur problemlosen Darstellung von Kohlenstoffdioxid verwendet. Eine weitere Möglichkeit zur Darstellung von Kohlenstoffdioxid ist die Umsetzung einer gesättigten Kaliumhydrogencarbonatlösung mit 50prozentiger Schwefelsäure.

Entsorgung Die Reaktionslösung wird neutralisiert und in das Abwasser gegeben.

2. Kohlenstoffdioxidnachweis als $BaCO_3$

Geräte

Probiergläschen, Spatel, 5 mL Glasspritze, 2 Injektionsnadeln (0.9 × 40 mm), Schutzhandschuhe, Schutzbrille

Chemikalien

CO_2-Gas (S: 7, 23),

1 mol/L $Ba(OH)_2$-Lösung (C, ätzend; R: 20/22, 34; S: 26, 36/37/39, 45) oder

1 mol/L $Ca(OH)_2$-Lösung (C, ätzend; MAK-Wert: 5 mg/m^3; R: 34; S: 2, 26, 36, 45)

Versuchsdurchführung

Das Probiergläschen wird mit 0.6 mL Bariumhydroxidlösung oder der entsprechenden $Ca(OH)_2$-Lösung gefüllt. Die Nadel der mit Kohlenstoffdioxid gefüllten 5 mL Glasspritze wird nun in das Reaktionsgefäß eingeführt, wobei sie möglichst tief in die Lösung eintauchen soll. Sobald das Kohlenstoffdioxid injiziert wird und mit der Lösung in Berührung kommt, bildet sich ein schwerlöslicher milchig-weißer Niederschlag.

Durch Einleiten des Kohlenstoffdioxids in die Bariumhydroxidlösung bildet sich schwerlösliches weißes Bariumcarbonat.

$$Ba(OH)_2 + CO_2 \rightarrow BaCO_3\downarrow + H_2O$$

Entsorgung Die geringen Mengen an Barium- oder Calciumverbindungen können über das Abwasser entsorgt werden.

3. Kohlenstoffdioxidnachweis durch Entfärben einer phenolphthaleinhaltigen Na_2CO_3-Lösung

Geräte

Probiergläschen mit Deckel und Septum, Spatel, 1 mL Glasspritze, 5 mL Glasspritze, 2 Injektionsnadeln (0.9 × 40 mm), Schutzhandschuhe, Schutzbrille

Chemikalien

CO_2-Gas (MAK-Wert: 9.0 g/m^3; S: 7, 23), Na_2CO_3 (Xi, reizend; R: 36; S: 22, 26), dest. H_2O, Phenolphthalein

Versuchsdurchführung

In das Gläschen werden etwas Natriumcarbonat (kleine Spatelspitze ca. 5 mg) und 0.6 mL destilliertes Wasser gegeben. Anschließend wird die Lösung mit einem Tropfen Phenolphthalein versetzt, wobei eine schwache Rotfärbung der Lösung auftritt. Nun wird die Nadel der mit Kohlenstoffdioxid gefüllten Glasspritze in das Gläschen eingeführt. Bei diesem Arbeitsschritt muß darauf geachtet werden, daß die Spitze möglichst tief in die Lösung eintaucht. Danach wird das Gas langsam (ca. 3 mL/min) in die Natriumcarbonatlösung eingeleitet. Nach wenigen Augenblicken setzt eine Entfärbung der Reaktionslösung ein.

Beim Lösen von Natriumcarbonat in Wasser entsteht ein schwach basisches Milieu, das mit Phenolphthalein als pH-Indikator nachgewiesen wird. Im sauren Milieu ist Phenolphthalein farblos, während es im alkalischen Milieu rot gefärbt ist.

$$Na_2CO_3 \rightarrow 2\,Na^+ + CO_3^{2-}$$
$$CO_3^{2-} + H_2O \rightleftharpoons HCO_3^- + OH^-$$

Das Kohlenstoffdioxid reagiert mit dem Carbonatanion, wobei dieses aus dem oben angegebenen Gleichgewicht entfernt wird.

$$CO_2 + CO_3^{2-} + H_2O \rightarrow 2\,HCO_3^-$$

Hierdurch wird der pH-Wert der Lösung erniedrigt, was an dem Farbumschlag des Phenolphthaleins zu erkennen ist.

Entsorgung

Die Rückstände können in das Abwassernetz gespült werden.

4. Darstellung von Kohlenstoffmonoxid

Geräte

Probiergläschen mit Verschlußdeckel und Septum,
Spatel,
2 1 mL Glasspritzen,
Stativ (klein),
5 mL Glasspritze,
3 Injektionsnadeln (0.9 × 40 mm),
2 Muffen,
2 Klemmen,
Schutzhandschuhe,
Schutzbrille

Chemikalien

21 mol/L Ameisensäure (C, ätzend; MAK-Wert: 9 mg/m^3; R: 35; S: 2, 23, 26),

18 mol/L Schwefelsäure (C, ätzend; MAK-Wert: 1 mg/m^3; R: 35; S: 2, 26, 30, 45)

Vorsicht

Kohlenstoffmonoxid und Luft können explosive Mischungen bilden.

Offene Flammen vermeiden.

Versuchsdurchführung

Mit einer 1 mL Glasspritze werden 0.5 mL der konzentrierten Schwefelsäure im Probiergläschen vorgelegt und das Gläschen mit dem Deckel und Septum verschlossen. Nun werden die Klemmen übereinander in einem Abstand von ca. 6 cm am Stativ befestigt. Mit der unteren wird das Reaktionsgefäß befestigt, während die obere als Arretierung für die 5 mL Spritze dient. Die zweite 1 mL Spritze wird nun mit 0.5 mL konzentrierter Ameisensäure gefüllt und ihre Injektionsnadel in das Reaktionsgefäß eingeführt. Die Nadel darf nur soweit eingeführt werden, daß sich ihre Spitze auch nach Zugabe der Ameisensäure noch über dem Flüssigkeitsspiegel befindet. Danach wird die Nadel der 5 mL Spritze ca. 2–3 mm in das Glas eingebracht. Daraufhin wird die Ameisensäure langsam zur Schwefelsäure getropft. Nach einigen Sekunden ist eine starke Gasentwicklung zu beobachten. Findet nur eine geringe Gasentwicklung statt, so kann die Reaktion durch gelindes Erwärmen (Fön) beschleunigt werden. Das gebildete Kohlenstoffmonoxid (T, giftig/F+, hochentzündlich) treibt den Stempel nach oben und sammelt sich in der Glasspritze.

Bei Zugabe der Ameisensäure zur Schwefelsäure wird Ameisensäure aufgrund der starken hygroskopischen Eigenschaft der Schwefelsäure zu Wasser und Kohlenstoffmonoxid zersetzt.

$$HCOOH + H_2SO_4 \rightarrow H_3O^+ + HSO_4^- + CO\uparrow$$

Entsorgung Die Schwefelsäure wird mit verdünnter NaOH neutralisiert und in das Abwasser gegeben.

5. Nachweis von Kohlenstoffmonoxid durch Reduktion von Palladium-(II)-chlorid

Geräte

Probiergläschen mit Deckel und Septum, 5 mL Glasspritze, Spatel, 2 Injektionsnadeln, (0.9 × 40 mm), Stativ (klein), 2 Muffen, 2 Klemmen, Schutzhandschuhe, Schutzbrille

Chemikalien

$PdCl_2$ (T, giftig; MAK-Wert: 0.1 mg/m^3; R: 61, 62, 20/22, 33; S: 53, 45),

NaCl, CH_3COONa,

CO-Gas (T, giftig/F+, hochentzündlich, MAK-Wert: 33 mg/m^3; R: 12, 23, 63; S: 7, 16, 45)

Versuchsdurchführung

Mit Hilfe des Spatels wird in dem Probiergläschen eine kleine Menge Palladiumdichlorid (Spatelspitze, ca. 5 mg) und jeweils die doppelte Menge Natriumchlorid und Natriumacetat vorgelegt. Daraufhin werden 2 mL destilliertes Wasser hinzugegeben und das Reaktionsgefäß verschlossen.

Nun werden die beiden Klemmen im Abstand von ca. 6 cm übereinander am Stativ befestigt. Mit der unteren Klemme wird das Gläschen arretiert, während in die oberere die mit Kohlenstoffmonoxid gefüllte Glasspritze eingespannt wird. Durch das Septum des Probiergläschens wird nun die Injektionsnadel der Glasspritze eingeführt. Hierbei ist es wichtig, daß die Nadelspitze soweit wie möglich in die Lösung eintaucht. Im Idealfall befindet sich die Spitze direkt über dem Boden des Reaktionsgefäßes. Die zweite Injektionsnadel wird ebenfalls durch das Septum eingeführt, wobei diese nur 1–2 mm in das Reaktionsgefäß hineinragen soll. Diese Nadel dient zum Ausgleich des Überdruckes, der sich beim Injizieren des Gases in das Reaktionsgefäß aufbaut.

Im Anschluß daran wird das Kohlenstoffmonoxid sehr langsam (ca. 3 mL/min) in das Probiergläschen eingeleitet. Es ist wichtig, das Gas langsam zuzuführen, da bei zu schneller Zugabe das Gas aus der Palladium-(II)-lösung austritt, ohne daß eine Reaktion stattgefunden hat. Während des Einleitens verfärbt sich die leicht gelbe Lösung grauschwarz. Die Farbänderung ist auf die Bildung von metallischem Palladium zurückzuführen. Es ist zu beobachten, daß die Farbintensität der Lösung auch nach beendeter Zugabe weiterhin zunimmt.

Durch die Zugabe des Natriumacetats zur Palladiumdichloridlösung bildet sich der gut lösliche Palladiumacetatkomplex. Dies ist äußerst wichtig, da das eingesetzte Palladiumdichlorid selbst nur eine sehr geringe Löslichkeit besitzt.

$$PdCl_2 + 4\ CH_3COO^- \rightarrow [Pd(CH_3COO)_4]^{2-} + 2\ Cl^-$$

Beim Einleiten des Kohlenstoffmonoxids in die Lösung wird das Palladium von der Oxidationsstufe Pd^{2+} zu Pd^0 reduziert, während der Kohlenstoff von der formalen Oxidationsstufe C(+II) zu C(+IV) oxidiert wird. Die weitere Zunahme der Farbintensität ist auf die katalytischen Eigenschaften des Pd^0 zurückzuführen. In diesem Fall katalysiert Pd^0 die Reduktion von Pd^{2+} mit noch nicht umgesetztem Kohlenstoffmonoxid.

Entsorgung

Die Reaktionslösung wird getrennt in einem Behälter aufgefangen. Die gesammelten Metallabfälle können anschließend Spezialfirmen zur Wiederaufarbeitung zugeführt werden.

6. Oxalatnachweis durch Bildung von Diphenylaminblau

Geräte

Probiergläschen,
Spatel,
2 1 mL Glasspritzen,
2 Injektionsnadeln
(0.9 × 40 mm),

Heizquelle (z.B. Fön),
Stativ,
Muffe,
Klemme,
Schutzhandschuhe,

Schutzbrille

Chemikalien

8.5 mol/L Phosphorsäure (C, ätzend; R: 34; S: 26),

C_2H_5OH (F, leichtentzündlich; R: 11; S: 7, 16),

CaC_2O_4 (Xn, mindergiftig; R: 21/22; S: 24/25),

Diphenylamin (T, giftig; R: 23/24/25, 33; S: 28, 36/37, 45)

Vorsicht

Diphenylaminblau muß wie Diphenylamin als giftig und eventuell krebserregend angesehen werden.

Versuchsdurchführung

In dem Gläschen werden Calciumoxalat (kleine Spatelspitze, ca. 5 mg) und etwa die dreifache Menge Diphenylamin (ca. 15 mg) vorgelegt. Anschließend wird das Gemisch mit 0.05 mL konzentrierter Phosphorsäure versetzt und das Glas mit der Klemme arretiert. Dann wird das Reaktionsgemisch langsam mit dem Fön erhitzt. Nach 60–90 Sekunden beginnt die Lösung sich gelb, dann grün-türkis zu verfärben. Man erhitzt weitere 30 Sekunden und läßt das Reaktionsgemisch abkühlen. Während des Erkaltens färbt sich die Lösung blaßorange. Nun werden 0.5 mL Ethanol hinzugegeben. Es entsteht eine intensiv blaue Lösung. Für ein gutes Ergebnis ist es ausschlaggebend, die angegebene Menge an Calciumoxalat nicht zu überschreiten. Ist die Calciumionenkonzentration zu hoch, bildet sich schwerlösliches Calciumphosphat. Infolgedessen erhält man bei Zugabe des Ethanols nicht die erwünschte intensiv blaue sondern eine bläulich-milchig-trübe Lösung.

Das Calciumoxalat oxidiert in der Wärme in Gegenwart der sirupösen Phosphorsäure Diphenylamin zu Diphenylaminblau.

$$2\ \text{Diphenylamin} \xrightarrow[+\ H^+]{\text{Oxidation mit } CaC_2O_4} [\text{Diphenylaminblau}]^+$$

Diphenylamin — Diphenylaminblau

Bei Zugabe des Ethanols zum Reaktionsgemisch löst sich das Diphenylaminblau mit seiner intensiven Farbe in dem Alkohol.

Entsorgung

Der Rückstand wird im Abfallbehälter für brennbare organische Lösungsmittel gesammelt.

7. Darstellung von Ethin

Geräte

Probiergläschen mit Deckel und Septum,
Spatel,
1 mL Glasspritze,
5 mL Glasspritze,
2 Injektionsnadeln (0.9 × 40 mm),
Stativ (klein),
Muffe,
Klemme,
Fön,
Schutzhandschuhe,
Schutzbrille

Chemikalien

CaC_2 (F, leicht entzündlich; R: 15; S: 8, 43),
dest. H_2O

Vorsicht

Ethin kann mit Luftsauerstoff leicht explosive Gemische bilden. Offene Flammen vermeiden.

Versuchsdurchführung

In dem Gläschen wird Calciumcarbid (2 mittelgroße Spatelspitzen, ca. 30 mg) vorgelegt und das Reaktionsgefäß anschließend mit dem Deckel verschlossen. Nun werden die Klemmen in einem Abstand von ca. 6 cm am Stativ übereinander angeordnet und mit der unteren das Gläschen arretiert. Daraufhin wird die Injektionsnadel der 5 mL Glasspritze in den Reaktionsraum eingeführt und die Spritze mit Hilfe der oberen Klemme befestigt. Die Nadelspitze sollte nur ca. 2–3 mm in das Gefäß hineinragen. Danach wird die 1 mL Spritze mit 0.4 mL destilliertem Wasser gefüllt und ihre Injektionsnadel ebenfalls in das Gläschen eingeführt. In diesem Falle wird die Spitze direkt über dem Calciumcarbid plaziert. Der minimale Abstand muß so gewählt werden, daß die Spitze auch nach der Injektion des Wassers nicht in die Lösung eintaucht. Nun wird das Wasser langsam zum Calciumcarbid getropft. Sobald es mit dem Calciumcarbid in Berührung kommt, findet eine Gasentwicklung statt, die jedoch nur kurze Zeit anhält. Ist die erste Gasentwicklung beendet, wird die Reaktionslösung mit dem Fön erhitzt. Nach wenigen Augenblicken findet eine erneute Gasentwicklung statt. Durch den Gasdruck wird der Stempel der 5 mL Glasspritze nach oben getrieben und das Gas in dieser aufgefangen. Während des Abkühlens der Reaktionslösung klingt die Gasentwicklung wieder ab. Dieser Vorgang kann bis zum Verbrauch des gesamten Calciumcarbids wiederholt werden.

Bei der Zugabe des Wassers zum Calciumcarbid entsteht Ethin (Acetylen).

$$CaC_2 + 2\,H_2O \rightarrow Ca(OH)_2 + HC{\equiv}CH \uparrow$$

Ethin besitzt in der Technik große Bedeutung als Schweißgas.

Entsorgung

Der Rückstand wird mit Wasser versetzt und in das Abwassernetz gespült.

8. Nachweis von Ethin durch Entfärben einer Iod-Stärkelösung

Geräte

Probiergläschen mit Deckel und Septum,
1 mL Glasspritze,
5 mL Glasspritze,
2 Injektionsnadeln (0.9×40 mm),
Stativ (klein),
Muffe,
Klemme,
Schutzhandschuhe,
Schutzbrille

Chemikalien

Iodlösung (Xn, mindergiftig; R: 20/21; S: 2, 23.2, 25),
Stärkelösung (frisch hergestellte, gesättigte, 1prozentige Lösung),
dest. H_2O,

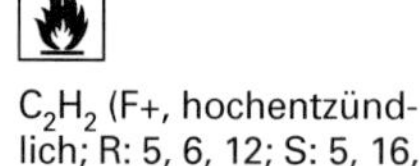

C_2H_2 (F+, hochentzündlich; R: 5, 6, 12; S: 5, 16, 33)

Vorsicht

Ethin kann mit Luftsauerstoff leicht explosive Gemische bilden. Offene Flammen vermeiden.

Versuchsdurchführung

In dem Probiergläschen werden 0.4 mL destilliertes Wasser und 0.2 mL frische gesättigte Stärkelösung vorgelegt. Anschließend wird Iodlösung zugetropft, bis eine schwache aber deutlich sichtbare Blaufärbung der Lösung auftritt. Nun wird die Nadel der 5 mL Spritze in das Reaktionsgefäß eingeführt, wobei sie möglichst tief in die Lösung eintauchen soll. Die zweite Nadel wird nun ebenfalls – jedoch nur 1–2 mm – eingesetzt. Sie dient zum Druckausgleich beim Injizieren des Gases. Daraufhin wird das Ethin langsam (ca. 3 mL/min) zur Reaktionslösung gegeben. Nach ca. 20–30 Sekunden tritt eine langsame Entfärbung ein, die sich nach kurzer Zeit vervollständigt.

Bei der Zugabe des Ethins zur Iod-Stärkelösung findet eine Addition des Iods an das Ethin statt. Hierbei entstehen Diiodethen (1) und Tetraiodethan (2).

$$HC{\equiv}CH + I_2 \rightarrow IHC{=}CHI \qquad (1)$$

$$IHC{=}CHI + I_2 \rightarrow I_2HC{-}CHI_2 \qquad (2)$$

Bei der Herstellung der Iod-Stärkelösung muß darauf geachtet werden, daß die Färbung nicht zu intensiv ist, da bei einer zu hohen Konzentration des Iods die Gefahr besteht, daß nicht die ganze Menge an Iod umgesetzt wird. Da dann in der Lösung weiterhin eine geringe Konzentration des Iod-Stärke-Komplexes vorliegt, erfolgt keine vollständige Entfärbung. Bei einer derart schwach gefärbten Lösung ist ein Farbunterschied aber nur schwer zu erkennen, eine Fehlinterpretation ist möglich.

Entsorgung

Die Rückstände werden mit Wasser verdünnt und in das Abwassernetz gegeben.

9. Cyanidnachweis als Berliner Blau

Geräte

Glasküvette, 1 mL Meßpipette, 4 Pasteurpipetten, Pipettenhütchen, Schutzhandschuhe, Schutzbrille

Chemikalien

0.1 mol/L KCN-Lösung (T+, sehr giftig; MAK-Wert: 5 mg/m^3; R: 26/27/28, 32; S: 1/2, 7, 28, 29, 45),

0.1 mol/L $FeSO_4$-Lösung (Xn, mindergiftig; R: 22, 41; S: 26, 39),

0.1 mol/L Na_2CO_3-Lösung (Xi, reizend; R: 36; S: 22, 26),

2 mol/L Salzsäure (C, ätzend; MAK-Wert: 7 mg/m^3; R: 34, 37; S: 2, 26, 45),

0.1 mol/L $FeCl_3$-Lösung (Xn, mindergiftig; R: 22, 38, 41; S: 26, 39)

Vorsicht

Kaliumcyanidlösungen gehören nicht in die Hände von Schülern!

Gefahr der Bildung von Blausäure beim Ansäuern.

Versuchsdurchführung

In die Glasküvette wird 1 mL Kaliumcyanidlösung eingetragen und diese anschließend mit 5 Tropfen Natriumcarbonatlösung alkalisch gemacht. Nun werden 5–6 Tropfen Eisen-(II)-sulfatlösung hinzugefügt und die Reaktionslösung mit wenigen Tropfen verdünnter Salzsäure angesäuert. Daraufhin wird langsam Eisen-(III)-chloridlösung zugetropft. Nach 4–5 Tropfen bildet sich ein intensiv blauer Niederschlag.

In alkalischer Lösung bildet Cyanid mit Eisen-(II)-salzen das Hexacyanoferrat-(II)-ion.

$$6\ CN^- + Fe(OH)_2 \rightarrow [Fe(CN)_6]^{4-} + 2\ OH^-$$

Dieses Anion reagiert mit Eisen-(III)-ionen unter Bildung von unlöslichem Berliner Blau.

$$4\,Fe^{3+} + 3\,[Fe(CN)_6]^{4-} \rightarrow Fe_4[Fe(CN)_6]_3$$

Entsorgung

Die Lösungen und Niederschläge werden im Abfallbehälter für Schwermetalle gesammelt.

10. Thiocyanatnachweis durch $Fe(SCN)_3$-Bildung

Geräte

Glasküvette, 1 mL Meßpipette, 2 Pasteurpipetten, Pipettenhütchen, Schutzhandschuhe, Schutzbrille

Chemikalien

0.1 mol/L $FeCl_3$-Lösung (Xn, mindergiftig; R: 22, 38, 41; S: 26, 39),

0.1 mol/L KSCN-Lösung (Xn, mindergiftig; R: 20/21/22, 30; S: 13),

2 mol/L Salzsäure (C, ätzend; MAK-Wert: 7 mg/m^3; R: 34, 37; S: 2, 26, 45)

Versuchs-durchführung

1 mL Kaliumthiocyanatlösung wird in der Glasküvette mit 2 Tropfen verdünnter Salzsäure schwach angesäuert. Bei Zugabe eines Tropfens Eisen-(III)-chloridlösung verfärbt sich die Reaktionslösung tiefrot.

Die Thiocyanat-Reaktion stellt einen sehr empfindlichen Nachweis sowohl für Thiocyanat als auch für Eisen-(III)-ionen dar. Eisen-(III)-ionen und Thiocyanat reagieren zu rotem, in Diethylether löslichem Eisen-(III)-thiocyanat.

$$[Fe(H_2O)_6]^{3+} + 3\,SCN^- \rightleftharpoons [Fe(SCN)_3\,(H_2O)_3] + 3\,H_2O$$

Die Reaktion verläuft über verschiedene Aquakomplexe. Anstelle von Kaliumthiocyanat kann auch Ammoniumthiocyanat verwendet werden.

Entsorgung

Die Lösung wird mit Wasser verdünnt und zum Abwasser gegeben.

11. Hexacyanoferratnachweis als Berliner Blau und Turnbulls Blau

Geräte

2 Glasküvetten, 2 1 mL Meßpipetten, 3 Pasteurpipetten, Pipettenhütchen, Schutzhandschuhe, Schutzbrille

Chemikalien

0.1 mol/L $K_4[Fe(CN)_6]$-Lösung (Xn, mindergiftig; R: 32; S: 22, 24/25),

0.1 mol/L $K_3[Fe(CN)_6]$-Lösung (T, giftig; R: 32; S: 22, 24/25),

2 mol/L Salzsäure (C, ätzend; MAK-Wert: 7 mg/m^3; R: 34, 37; S: 2, 26, 45),

0.1 mol/L $FeCl_3$-Lösung (Xn, mindergiftig; R: 22, 38, 41; S: 26, 39),

0.1 mol/L $FeSO_4$-Lösung (Xn, mindergiftig; R: 22, 41; S: 26, 39)

Versuchsdurchführung

In der ersten Glasküvette wird 1 mL Kaliumhexacyanoferrat-(II)-lösung (gelbes Blutlaugensalz), in der zweiten 1 mL Kaliumhexacyanoferrat-(III)-lösung (rotes Blutlaugensalz) vorgelegt. Durch Zugabe von je 3 Tropfen verdünnter Salzsäure werden beide Lösungen leicht angesäuert. Daraufhin werden zur Hexacyanoferrat-(II)-lösung 5 Tropfen Eisen-(III)-chloridlösung hinzugegeben. Es bildet sich ein blauer Niederschlag. Nun werden 5 Tropfen Eisen-(II)-sulfatlösung zur Hexacyanoferrat-(III)-lösung hinzugefügt. Auch bei dieser Reaktion fällt ein intensiv blauer Niederschlag an.

Bei der Umsetzung von gelbem Blutlaugensalz mit Eisen-(III)-ionen entsteht Berliner Blau.

$$K^+ + Fe^{3+} + [Fe(CN)_6]^{4-} \rightleftharpoons K[FeFe(CN)_6]$$

Wird rotes Blutlaugensalz mit Eisen-(II)-ionen umgesetzt, findet die Bildung von Turnbulls Blau statt.

$$K^+ + Fe^{2+} + [Fe(CN)_6]^{3-} \rightleftharpoons K[FeFe(CN)_6]$$

Es entstehen somit bei beiden Reaktionen zwei fast identische Produkte. Diese Übereinstimmung beruht auf dem Gleichgewicht, das zwischen beiden Komplexen besteht.

$$Fe^{2+} + [Fe(CN)_6]^{3-} \rightleftharpoons Fe^{3+} + [Fe(CN)_6]^{4-}$$

Entsorgung

Die Reaktionslösung wird in einem Behälter für Schwermetalle aufgefangen. Die gesammelten Schwermetallabfälle können anschließend zur Entsorgung gegeben werden.

12. Hexacyanoferrat-(II)-nachweis als $Cu_2[Fe(CN)_6]$

Geräte

Glasküvette, 1 mL Meßpipette, 2 Pasteurpipetten, Pipettenhütchen, Schutzhandschuhe, Schutzbrille

Chemikalien

0.1 mol/L $K_4[Fe(CN)_6]$-Lösung (Xn, mindergiftig; R: 32; S: 22, 24/25),

0.1 mol/L $CuCl_2$-Lösung (T, giftig; R: 25, 36/37/38; S: 26, 36/37/39, 45),

2 mol/L Salzsäure (C, ätzend; MAK-Wert: 7 mg/m^3; R: 34, 37; S: 2, 26, 45)

Versuchs-durchführung

Mit der Meßpipette wird 1 mL der Kaliumhexacyanoferrat-(II)-lösung in die Glasküvette eingetragen. Die Lösung wird mit 3 Tropfen verdünnter Salzsäure leicht angesäuert. Bei Zugabe von 5 Tropfen Kupfer-(II)-chloridlösung bildet sich ein rotbrauner Niederschlag.

Hexacyanoferrat-(II) reagiert mit Kupfer-(II) unter Bildung von Kupferhexacyanoferrat-(II).

$$2\ Cu^{2+} + [Fe(CN)_6]^{4-} \rightarrow Cu_2[Fe(CN)_6]$$

Entsorgung

Die Reaktionslösung wird in einem Behälter für Schwermetalle aufgefangen. Die gesammelten Schwermetallabfälle können anschließend zur Entsorgung gegeben werden.

13. Hexacyanoferrat-(III)-nachweis als $Ag_3[Fe(CN)_6]$

Geräte

Glasküvette,
1 mL Meßpipette,
Pasteurpipette,
Pipettenhütchen,
Schutzhandschuhe,
Schutzbrille

Chemikalien

0.1 mol/L $K_3[Fe(CN)_6]$-Lösung (T, giftig; R: 32; S: 22, 24/25),

0.1 mol/L $AgNO_3$-Lösung (C, ätzend; R: 34; S: 2, 26, 45)

Versuchsdurchführung

1 mL Kaliumhexacyanoferrat-(III)-lösung wird in der Glasküvette vorgelegt. Bei Zugabe von 3 Tropfen Silbernitratlösung bildet sich ein orangeroter schwerlöslicher Niederschlag. Bei der Umsetzung von Hexacyanoferrat-(III)-ionen mit Silberionen entsteht Silberhexacyanoferrat-(III).

$$3\,Ag^+ + [Fe(CN)_6]^{3-} \rightarrow Ag_3[Fe(CN)_6]$$

Entsorgung

Die Reaktionslösung wird in einem Behälter für Silberabfälle aufgefangen. Die Abfälle können anschließend zur Rückgewinnung des Silbers aufgearbeitet werden.

14. Tartratnachweis als Farbreaktion mit Resorcin

Geräte

Probiergläschen,
2 1 mL Glasspritzen,
2 Injektionsnadeln (0.9 × 40 mm),
Spatel,
Stativ (klein),
Muffe,
Klemme,
Fön,
Schutzhandschuhe,
Schutzbrille

Chemikalien

Weinsäure (Xi, reizend; R: 36/37/38; S: 26, 36),

Resorcin (Xn, mindergiftig; MAK-Wert: 45 mg/m^3; R: 22, 36/38; S: 2, 26),

1 mol/L Schwefelsäure (C, ätzend; MAK-Wert: 1 mg/m^3; R: 35; S: 2, 26, 30, 45),

18 mol/L Schwefelsäure
(C, ätzend;
MAK-Wert: 1 mg/m^3;
R: 35; S: 2, 26, 30, 45)

Versuchsdurchführung

In das Reaktionsgefäß werden eine Spatelspitze Weinsäure (ca. 15 mg), 2–3 Plättchen Resorcin und 0.5 mL Schwefelsäure gegeben. Sollten sich die Weinsäure und das Resorcin nicht vollständig lösen, wird das Probiergläschen etwas geschwenkt und gegebenenfalls vorsichtig erwärmt.

Nun wird die zweite Spritze mit 0.5 mL konzentrierter Schwefelsäure gefüllt. Mit ihr soll die Reaktionslösung vorsichtig unterschichtet werden. Beim Unterschichten sollte man langsam und vorsichtig vorgehen, um eine Vermischung der Säure mit der Lösung zu vermeiden. An der Grenzfläche zwischen der konzentrierten Schwefelsäure und der Reaktionslösung tritt eine Rotfärbung auf.

Die Weinsäure reagiert mit der Schwefelsäure u. a. zu Glycolaldehyd, der mit Resorcin ein rotes Kondensationsprodukt bildet.

Entsorgung

Die Reaktionslösung wird mit Natronlauge neutralisiert und in einem Behälter für organische Abfälle aufgefangen. Die gesammelten organischen Abfallprodukte können anschließend entsorgt werden.

IV Stickstoff

Die Luft als eines der vier Elemente – Feuer, Wasser, Erde, Luft – aus der Lehre *Platons* und später *Aristoteles*, hat die Menschen und vor allem die Wissenschaftler seit Jahrhunderten fasziniert. *Aristoteles* gibt den Elementen Eigenschaften. So ist das Feuer warm und trocken, das Wasser kalt und feucht, die Erde kalt und trocken und die Luft warm und feucht. Die passiven Eigenschaften der Elemente sind Feucht (oder flüssig), Fest (oder trocken). Die aktiven Eigenschaften sind Warm und Kalt. Da die Elemente immer nur die Erscheinungsweisen der ersten, der Urmaterie sind, können sie ineinander umgewandelt werden und zwar durch die Veränderung jeweils einer Qualität. So wird Erde durch Flüssigwerden zu Wasser, Wasser durch Warmwerden zu Luft, Luft durch Trockenwerden zu Feuer und Feuer durch Kaltwerden zu Erde.

Zu der Vier-Elementenlehre kommt bei *Paracelsus* die Tradition der Alchimie hinzu, in der die Prozesse der Natur von den Prinzipien „Sulfur" und „Mercurius" bestimmt werden. *Paracelsus* fügt diesen noch das dritte Prinzip „Sal" hinzu. Das ist die Basis, auf der sich im Laufe der Jahrhunderte die Chemie entwickelt.

Jan Baptista van Helmont, ein belgischer Arzt (1577–1644) war einer der ersten Kritiker der Vier-Elementenlehre. Er zeigte, daß es verschiedene Luftarten gab und löste damit das klassische Element Luft in vielfältige Teile auf, denen er den Namen „Gase" gab. Der Name „Gas" leitet sich vom griechischen Ausdruck „Chaos" ab, der ja auch bereits von *Paracelsus* verwendet wurde.

Helmont entdeckte Kohlenstoffdioxid und begründete damit die „Chemie der Gase". In einem anderen Versuch brannte er eine Kerze in einem mit Wasser abgesperrten Gefäß ab. Die Flamme wurde immer kleiner und erlosch schließlich. Allerdings unterließ er es, die übrig gebliebene Luft zu untersuchen.

Dies tat dann 1669 *J. Mayow* in seiner Abhandlung „de sal nitro et spiritu nitroaerëo". Er stellte nämlich fest, daß die Luft, die nach der Verbrennung in einem mit Wasser abgesperrten Gefäß übrig bleibt, die weitere Verbrennung oder auch die Atmung nicht mehr unterhält. Außerdem wird sie von Wasser nicht absorbiert.

Diese Erkenntnisse sind zunächst nicht weiter aufgegriffen worden. Erst in der zweiten Hälfte des 18. Jahrhunderts wurden die Untersuchungen über die Luft wieder aufgenommen. Und da war es wieder *Sir Henry Cavendish*, der englische Privatgelehrte, der 1772 eine Luftart erhalten hatte, die etwas leichter war als natürliche Luft und eine Flamme zum Erlöschen brachte. Er hatte Luft über glühende Holzkohle geleitet und nach Absorption des dabei gebildeten Kohlenstoffdioxids mit Kalk das von ihm als phlogistisierte Luft bezeichnete Gas erhalten. Da er ein sehr systematisch und genau arbeitender Wissenschaftler war, untersuchte er die Zusammensetzung der Luft unter unterschiedlichen Bedingungen. Er sammelte bei Regen, Sonnenschein und Nebel und an verschiedenen Orten. Immer fand er die beachtenswert genauen Resultate von 79.16% Stickstoff und 20.84% Sauerstoff.

Auch *Joseph Priestley* war auf dem Weg zur Entdeckung des Stickstoffs, als er feststellte, daß eine Flamme ständig neue Luft braucht, um brennen zu können, und daß die zurückbleibende Luft leichter war als normale Luft. Er hatte außerdem gefunden, daß Pflanzen die durch die Verbrennung einer Kerze geschädigte Luft wieder auffrischen. Dazu setzte er eine Pflanze in einen mit Wasser abgeschlossenen Krug, in dem die Luft durch das Abrennen einer Kerze verbraucht war. Nach Monaten hatte sich die Luft wieder so aufgefrischt, daß man erneut eine Kerze abbrennen konnte.

Carl Scheele hatte wahrscheinlich bereits 1770 den Stickstoff isoliert, veröffentlichte seine Ergebnisse jedoch erst im Jahr 1777. Er nannte ihn „verdorbene Luft“.

Die große öffentliche Anerkennung für die Entdeckung des Stickstoffs wurde schließlich *Daniel Rutherford* zuteil, der im Jahre 1772 seine Dissertation über „De aere fixo aut mephitico“ herausgab. Er hatte grundsätzlich die gleichen Versuche wie *Cavendish*, *Priestley* und *Scheele* gemacht. Wie *Helmont* fand er im Rückstand kohlenstoffhaltiger Verbrennungskörper Kohlenstoffdioxid. Er fand aber auch den anderen Bestandteil, der die Verbrennung und Atmung nicht unterhält. So war er der erste, der den Unterschied zwischen Stickstoff und Kohlenstoffdioxid klar herausstellte.

Jean Chaptal, französischer Chemiker aus Montepellier, gab dem neuen Gas einen Namen: „Nitrogène“ mit dem Symbol „N“. *Lavoisier*, der sich auch mit eigenen Versuchen an der Isolierung des Stickstoffs beteiligte, nannte das Gas zunächst „mofette atmosphérique“ und später „azote“ (Stickstoff).

Der Stickstoff allein ist zwar für die Unterhaltung von Atmung und Feuer untauglich, aber ohne ihn gibt es kein Leben. Die Pflanze baut sich aus dem Stickstoff ihre Nährstoffe auf, die Menschen und Tiere dann als pflanzliches Eiweiß in der Nahrung zu sich nehmen. Bei der Verwesung von Tier und Pflanze bleibt er in Form von Nitraten, Ammoniumsalzen und anderen Stickstoffverbindungen zurück und steht so den Pflanzen wieder zur Verfügung. Bakterien wie Azotobakter oder Mikroorganismen, die in Symbiose mit den Wurzelknöllchen von Schmetterlingsblütlern vorkommen, können den Stickstoff der Luft direkt u.a. in Eiweißstoffe umwandeln.

Bei intensiver Landwirtschaft wird Stickstoff in Form von Ammoniumsalzen als Düngemittel eingesetzt. Es war *Justus von Liebig*, der erstmals darauf hingewiesen hat, daß dem Boden der erforderliche Stickstoffbedarf als Dünger zugeführt werden sollte.

Untersuchungen zur Stickstoffassimilation der lebenden Natur sind ein aktuelles Forschungsthema.

Literatur

[1] E. Pilgrim, Die Entdeckung der Elemente, Mundus Verlag, Stuttgart, **1950**.
[2] G. Böhme, H. Böhme, Feuer, Wasser, Erde, Luft, Eine Kulturgeschichte der Elemente, Verlag C.H. Beck, München, **1996**.

Reaktionen des Stickstoffs

1. Silberspiegel durch Reduktion von Silberionen mit Hydraziniumsulfat-Lösung

Siehe Kapitel Silber

Die Hydraziniumsulfat-Lösung für diesen Versuch muß gesättigt sein (Löslichkeit 3 g/100 mL H_2O).

2. Kupfertetraamminkomplex

Siehe Kapitel Kupfer

3. Neßlers Reagenz zum Nachweis von Ammoniak

Geräte

4 mL Küvette mit Halterung, Pasteurpipetten mit Pipettensaugern, Schutzhandschuhe, Schutzbrille

Chemikalien

2prozentige $HgCl_2$-Lösung (T+, sehr giftig; R: 28, 34, 48/24/25; S: 2, 36/37/39, 45),

10prozentige KI-Lösung (S: 22–24/25),

50prozentige KOH-Lösung (C, ätzend; R: 36/38; S: 2, 26, 27, 37, 39),

1 mol/L Ammoniaklösung (Xi, reizend; MAK-Wert: 35 mg/m^3; R: 36/37/38; S: 2, 7, 26, 45)

Versuchsdurchführung

In die 4 mL Küvette werden zu 10 Tropfen 2prozentiger $HgCl_2$-Lösung 5 Tropfen 10prozentige KI-Lösung gegeben. Der rote Niederschlag von HgI_2 löst sich im Überschuß von KI-Lösung durch Schütteln als $[HgI_4]^{2-}$ Komplex wieder auf. Mit 3 Tropfen 50prozentiger Kalilauge wird stark alkalisch gemacht. Gibt man nun einen Tropfen Ammoniaklösung zu, so fällt ein brauner Niederschlag von $[Hg_2N]I$ aus. Mit geringeren Ammoniakkonzentrationen entsteht eine orange gefärbte Lösung.

Entsorgung

Der Inhalt der Küvette wird in den Abfallbehälter für Schwermetalle gegeben.

V Sauerstoff

Am Anfang war das Feuer. Es wurde den Göttern von Prometheus geraubt und war als Gabe an den Menschen zugleich die Basis von Technik und Zivilisation. In der Mythologie und Symbolgeschichte ist es das Feuer des Hephaistos, das Schmiedefeuer und das Herdfeuer. Herd- und Schmiedefeuer mußten immer sorgfältig „gehütet" werden. Man war sich also der Gefährlichkeit aber auch der Kostbarkeit des Göttergeschenks bewußt.

Die Menschen der Vorzeit betrachteten das Feuer wie alles andere in ihrer Umgebung als ein Lebewesen, das ernährt werden mußte, weil ein Mangel an Ernährung es sterben ließ. Aus Erfahrung wußten sie, daß die „Nahrung" des Feuers der Wind war. So ist schon früh die Aufmerksamkeit auf den eigentlichen Vorgang des Brennens und Verbrennens gelenkt worden. Man blies in das Feuer oder man fächelte mit Vogelflügeln. Bald jedoch wurden besondere Blaswerkzeuge entwickelt. In ägyptischen Gräbern aus der Zeit zwischen 2000 und 3000 v. Chr. gibt es Darstellungen, wie man Feuer mit Hilfe von Blasrohren „am Leben erhält". Erst über tausend Jahre später finden sich Zeichnungen eines Blasebalgs, der zum Schmelzen von Kupfer verwendet wurde. In Syrien und Palästina hat man Tonrohre gefunden, durch die man die Luft aus einem Blasebalg in den Ofen beförderte. Anweisungen zum Glasblasen aus dem 6. Jahrhundert v. Chr. weisen auf schon lange Zeit benutzte Techniken der Luft- oder Windführung hin, um hellbrennende oder stark rußende Flammen zu erzeugen.

Das Feuer wurde gleichbedeutend mit Leben und Fortschritt. Man fragte sich, was es eigentlich sei und wie es zusammengesetzt sei. Es wurde als ein Wesen eigener Art, als Urstoff betrachtet. Mit Wasser, Erde und Luft war Feuer das vierte Element. Diese Elemente sind die Wurzeln, die Grundbestandteile der Natur.

Die Vier-Elementenlehre nimmt ihren Anfang bei *Empedokles* (5. Jahrhundert v. Chr.), bei der sie noch stark in der Symbolik verhaftet ist. Bei *Platon* und *Aristoteles* wird sie zur Wissenschaft. Die Elemente werden hier zu den vier regulären Körpern, dem Tetraeder, Octaeder, Icosaeder und dem Würfel in Beziehung gesetzt. Dem Feuer wird das Tetraeder zugeordnet, weil es die beweglichsten, kleinsten und schärfsten Teilchen hat, die aber wegen ihrer Kleinheit unsichtbar sind. Nach *Platon* besteht der Verbrennungsvorgang darin, daß diese Feuerteilchen wegen ihrer Winzigkeit und Schärfe in andere Stoffe eindringen und sie zum Zerfall bringen. Unterschiedliche Formen des Feuers sind die Flamme, das Licht und der rotglühende Rückstand des Feuers.

Aristoteles unterscheidet beim Element Feuer scharf von der Flamme. Das Feuer ist wie auch die anderen drei Elemente Grundbestandteil, in die ein Körper zerlegt werden kann, die aber selbst unzerlegbar sind. Für ihn ist Verbrennung Zufuhr von Wärme, die als Element auch in der Luft vorhanden ist. Nicht mangelnde Luftzufuhr sondern ein Übermaß an Wärme, das die Nahrung des Feuers verzehrt, bringt es zum Erlöschen.

Straton, ein Schüler von *Aristoteles*, macht in seiner Abhandlung „Über das Leere", in dem er die Wirkung des Schröpfkopfs dem „horror vacui" zuschreibt, eine für die weitere Entwicklung der Verbrennungstheorie sehr wichtige Beobachtung:

> *Das in sie eingeführte Feuer verdirbt und verdünnt die in ihnen verbliebene Luft, wie auch die anderen Körper durch Feuer verdorben und in eine leichtere Materie verwandelt werden, nämlich Wasser, Luft und Erde. Daß sie verdorben werden, ergibt sich klar aus den zurückgebliebenen Kohlen. Denn obgleich diese dasselbe oder ein wenig geringeres Volumen besitzen wie vor Beginn der Verbrennung, unterscheiden sie sich doch dem Gewicht nach bedeutend von dem anfänglichen.*
>
> *So wird auch der Luftgehalt des Schröpfkopfs durch das Feuer verdorben und verdünnt und fällt infolge seiner Dünne heraus: der nun vorhandene leere Raum zieht die benachbarte Materie an.*
>
> Zit. nach H. Diehls, Ber. Berl. Akad. 1893, 122 u. 124

Von noch größerer Bedeutung für die Vorgeschichte des Sauerstoffs ist ein Versuch von *Philon von Byzanz*, den er machte, um ebenfalls den „horror vacui" zu erklären:

> *Man gießt Wasser in ein Gefäß, in dessen Mitte ein Leuchter mit brennender Kerze steht; darüber stülpt man eine Flasche mit weitem Hals so, daß ihre Mündung in das Wasser reicht und die Flamme in ihrer Mitte ist. Nach einiger Zeit steigt das Wasser in der Flasche, was nur durch die Wirkung des horror vacui zu erklären ist, da die in dem Gefäß vorhandene Luft infolge der Entzündung des Feuers zugrunde gegangen ist, weil sie nicht mit dem Feuer bestehen kann. Nachdem aber diese Luft infolge der Bewegung des Feuers zugrunde gegangen ist, geschieht es, daß das Feuer das Wasser heben wird entsprechend der Menge desjenigen, was an Luft zugrunde gegangen ist; nämlich in dem über die Kerze gestülpten Gefäß wird die Luft verzehrt, weil sie sozusagen alt geworden ist, erschöpft durch das Feuer; und daher wird das nachsteigende Wasser gehoben.*
>
> V. Rose, Anecdota graeca et latina, Heft 2, Berlin 1870, S. 308

Wie *Straton* nimmt auch *Philon* die Luft als Ganzes, das durch das Feuer zerstört wird. Auf dem Weg zur Erklärung des Verbrennungsvorgangs waren diese Versuche jedoch zumindest ein kleiner Schritt in die Zukunft.

Das Feuer kann ohne die „Nahrung" Luft nicht brennen. Die Beobachtung, daß die Körperwärme und das Atmen beim lebenden Menschen und das Aufhören der Atmung und das Erkalten beim Toten zusammenhängen, führte zu der Erkenntnis, daß es ohne die „Nahrung" Luft kein Leben geben kann. Alle Theorien der griechischen Wissenschaft lassen der Luft jedoch nur die Aufgabe des Abkühlens, damit der Verbrennungs- oder der Atmungsvorgang nicht zu schnell abläuft.

Pro Atemzug verbraucht der Mensch durchschnittlich 500 Milliliter Luft.

Soviel Luft atmet er pro Minute ein und aus:	
– beim Schlafen	5 Liter
– beim Spazierengehen	14 Liter
– beim Radfahren	40 Liter
– beim Schwimmen	43 Liter
– beim Rudern	140 Liter
– beim Schnell-Lauf	170 Liter

Die Menge der ein- und ausgeatmeten Luft beträgt mindestens	
– täglich	10 000 Liter
– im Leben	285 000 000 Liter

Die Alchimisten betrachteten den Verbrennungsvorgang aus einem anderen Blickwinkel. Ihr Interesse galt vor allem den Metallen. Die Verbindung von Metallen mit Sauerstoff nannte man damals Kalzination. Bei *Al-Razi* findet man folgende Beschreibung:

> *Die Verkalkung ist das Zersetzen der Körper und das Verbrennen dessen, was in ihnen von den Schwefeln und Ölen enthalten ist. Die Verkalkung verwandelt sie in weiße Nugra, so daß sie unfühlbar fein wird. Sie findet bei den schmelzbaren Metallen auf drei Arten statt: eine Art ist die Verkalkung durch Brennen, eine Art die Verkalkung durch Rostenlassen und eine Art die Verkalkung durch Amalgamieren. Bei andern als diesen geschieht die Verkalkung ausschließlich durch Brennen.*
>
> Zit.n. J. Ruska, Al-Razis Buch Geheimnis der Geheimnisse, Berlin 1937, S. 126

Aber auch die Alchimisten haben schließlich keine neuen Erkenntnisse über den Verbrennungsvorgang gewonnen. In den großen Enzyklopädien des 13. Jahrhunderts entsprechen die allgemein verbreiteten theoretischen Aussagen über Feuer und Verbrennung nahezu exakt den Anschauungen des Altertums.

Der Beginn der Neuzeit in der Geschichte fällt nicht mit einer neuen Zeit in der Geschichte des Sauerstoffs zusammen. Forschungsdrang und Entdeckerfreude fügten den bereits bekannten Experimenten neue hinzu, umwälzende Erkenntnisse über die Verbrennungsvorgänge ergaben sich jedoch nicht. Allerdings entdeckte *Leonardo da Vinci* im 15. Jahrhundert erstmals, daß Luft aus mehreren Bestandteilen zusammengesetzt ist, von denen einer die Verbrennung unterhält.

Das 17. Jahrhundert bringt dann einen großen geheimnisumwitterten Entdecker hervor: *Cornelis Drebbel* (1572–1633), der bereits mit 17 Jahren ein Unterseeboot, besser gesagt eine Taucherglocke mit Rudern, gebaut haben soll. In einem perpetuum mobile, einer Art Thermometer, in dem eine Flüssigkeit durch die sich täglich ändernde Temperatur bewegt wurde, hat er wahrscheinlich Sauerstoff benutzt. *Drebbel* äußert sich zu diesem Gas:

> *Gleiches sehen wir, wenn der Leib des Salpeters durch die Kraft des Feuers gebrochen und entbunden und so in die Natur der Luft verwandelt wird.*
> C. Drebbel, Van de natuere der elementen, Rotterdam 1631, S. 32

Drebbel hat also gewußt, daß beim Erhitzen des Salpeters Gas entsteht. Dieses Gas hat er auch in seinem Unterseeboot zur Verbesserung der Atemluft eingesetzt. *Robert Boyle* und *B. de Monconys* berichten übereinstimmend davon, daß *Drebbels* eine Flüssigkeit bereit hielt, um damit den verbrauchten Teil der Luft im Unterseeboot zu ersetzen. Er nannte es die Quintessenz der Luft. Man könnte *Drebbel* als Entdecker des Sauerstoffs bezeichnen, wenn man genau nachweisen könnte, daß er der einzige war, der diese Kenntnisse besaß, die dann durch die Geheimniskrämerei seiner Erben leider wieder verloren gegangen sind. Über seinen Schwiegersohn *Kuffler* und vor allem über *R. Boyle* haben die Berichte weitergewirkt.

Viele kleine Schritte sind auf dem Weg zur endgültigen Erkenntnis des Verbrennungsvorgangs gemacht worden. Der Alchimist *Michael Sendivogius* spricht davon, daß aus der reinsten Substanz der Luft die Lebensgeister der Lebewesen geschaffen sind. *J. Rey* meinte, daß „jede Verbrennung durch die winzigen Poren des verbrennenden Körpers hindurchdringt, so daß die Verbrennung unterwühlt, gräbt und sticht, wie wenn es unendlich viele Nadelspitzen wären.“ Das Rosten der Metalle führt er darauf zurück, daß in jedem Körper ein Geist lebt, der immer versucht zu entfliehen. In den festen Körpern findet er keine Poren, durch die er entweichen kann, und muß daher feste Teilchen vor sich herschieben, daß sie mit ihm herausgehen. So entsteht der Rost.

Auch *R. Descartes* beschäftigte sich eingehend mit Verbrennung und Atmung. Zunächst einmal unterscheidet er drei Elemente: Das Feuerelement oder den Sonnenstoff, das Luftelement oder den Himmelsstoff, und das Erdelement. Daraus ergibt sich:

Damit Feuer irgendwo zuerst hervorgerufen wird, müssen die Himmelskügelchen durch irgendeine Kraft aus den Zwischenräumen der Erdteilchen ausgetrieben werden. Diese sind nun voneinander getrennt, schwimmen allein in der Materie des ersten Elements und werden durch dessen rasche Bewegung fortgerissen und überall hingetrieben. Und damit das Feuer erhalten bleibt, müssen diese Erdteilchen genügend dick, solide und zur Bewegung geeignet sein, damit sie nach ihrem Antrieb durch die erste Materie Kraft haben, die Himmelskügelchen von dem Ort, wo das Feuer ist und an den zurückzukehren sie bereit sind, zurückzudrängen und so zu verhindern, daß diese Kügelchen wieder die Zwischenräume einnehmen, die sie dem ersten Element überlassen haben und so das Feuer löschen, indem sie seine Kräfte brechen.

R. Descartes, Le monde. Traité de la lumière, 1. Ausgabe 1664

Die Verkalkung erklärt *Descartes* folgendermaßen:

Die Art, wie man das Feuer anwendet, wandelt seine Wirkung ab. So werden gewisse Stoffe flüssig, wenn sie gleichzeitig in ihrer gesamten Masse heiß werden; wenn aber eine starke Flamme ihre Oberfläche bedeckt, verwandelt sie diese in Kalk. Denn von allen harten Körpern, die nur durch Einwirkung des Feuers zu feinstem Pulver gemacht werden, nämlich dadurch, daß ihre dünneren Teilchen zerbrochen und ausgetrieben werden, sagen die Chemiker gemeinhin, sie würden in Kalk verwandelt. Zwischen Aschen und Kalk besteht kein anderer Unterschied als der, daß die Aschen die Überbleibsel derjenigen Körper sind, die größtenteils vom Feuer verzehrt werden, der Kalk aber derjenigen, die nach vollzogener Verkalkung fast ganz zurückbleiben.

Den Zweck der Atmung suchte auch *Descartes* in der Abkühlung, und zwar der Abkühlung des Bluts, die in der Lunge vor sich geht.

R. Boyle wies Ende des 17. Jahrhunderts nach, daß frisches Blut unter Vakuum stark schäumt, also lufthaltig ist. Außerdem hatte er gezeigt, daß im luftleeren Raum keine Verbrennung möglich ist. Bei der Kalzination werden nach seiner Ansicht nicht die feuchten und flüchtigen Teilchen der Metalle ausgetrieben, vielmehr nehmen die Metalle an Gewicht zu.

Im Gegensatz zu seinen englischen und französischen Kollegen ist *J.J. Becher* mit seiner Verbrennungstheorie noch stark in der Alchimie verhaftet. Eine wirklich neue Theorie hat erst *G.E. Stahl* aufgestellt. Für ihn ist das Feuer kein Element.

... zur Darstellung des versengenden, brennenden, flammenden Feuers ist es vielmehr nötig, daß diese Materie sich mit anderen vereinigt, in deren Gesellschaft sie erst in die Bewegung versetzt wird, die wir feurig ... nennen ... Kurz, zum Zustandekommen einer Mischung trägt das Feuer als Mittel bei und ist besonders wichtig; zur Substanz des Gemischten tritt nicht das Feuer selbst, sondern die Materie und das Prinzip des Feuers als Bestandteil (...) als materielles Prinzip und konstituierender Teil der ganzen Verbindung hinzu, ich habe es zuerst Phlogiston genannt.

G.E. Stahl, Zufällige Gedancken und nützliche Bedencken über den Streit von dem sogenannten Sulphure, Halle 1718.

Phlogiston ist nach *Stahl* das, was den Körpern die Eigenschaft der Brennbarkeit verleiht, eine wirkliche Substanz, nicht eine metaphysische Qualität. Das Phlogiston ist auch der Träger von Farbe, Geschmack und Geruch. In reinem Zustand läßt es sich nicht nachweisen und gibt für sich allein weder Feuer noch Licht, sondern nur Wärme; nur durch Brenngläser und -spiegel läßt es sich zusammen mit der Luft in so rasche Bewegung versetzen, daß Feuer entsteht. Die Phlogistontheorie fand überall ihre Anhänger, obwohl man weder die Verkalkung noch die Atmung damit erklären konnte.

Mitte des 18. Jahrhunderts beschäftigen sich *F. Hoffmann* und *H. Boerhaave* mit *Stahls* Phlogistontheorie, die sie jedoch nicht voll anerkannten. Für *Hoffmann* war die „Flamme eine Ansammlung unzähliger unendlich kleiner Bläschen, die frei sind von unserer dickeren Luft und die von einer Kraft, deren Wesen mir noch unbekannt ist, ausgedehnt werden ... infolge ihrer Leichtigkeit emporsteigen." Bei der Atmung „durchdringt die atmosphärische Luft die Häutchen der Lungenbläschen nicht und vermischt sich nicht unmittelbar mit dem Blut." *Boerhaave* hat bereits erkannt, daß in der Luft eine verborgene Kraft ist, „die aus denjenigen ihrer Eigenschaften, die bis jetzt an der Luft erforscht sind, nicht zu verstehen ist."

S. Hales hat zum ersten Mal Sauerstoff hergestellt, allerdings ohne es zu wissen. Alle Gase, die er herstellte, waren für ihn „Luft" und das einzige, was er dazu sagt, ist, daß die Entstehung einer so großen Menge Luft die Ursache der Explosion bei der Erhitzung von Salpeter mit kalzinierten Knochen gewesen sei.

Die eigentliche Entdeckung des Sauerstoffs gelang dem Schweden *C.W. Scheele* und unabhängig aber fast gleichzeitig dem Engländer *J. Priestley*. Am 1. August 1774 erhitzte *Priestley* Mercurius calcinatus per se und gewann daraus ein Gas. Er stellte fest, daß eine Kerze in diesem Gas mit einer bemerkenswert kräftigen Flamme brannte. Im Anschluß an eine Reise nach Paris, wo er unter anderem *Lavoisier* von seiner Entdeckung berichtete, stellte er weiter fest, daß das gewonnene Gas in Wasser unlöslich sei. Der Versuch mit einer Maus, die eine halbe Stunde in dem gefundenen Gas lebte, während sie unter normaler Luft nur eine viertel Stunde gelebt hätte, ließ ihn erkennen, daß er etwas völlig Neues gefunden hatte. Erst im März 1755 jedoch stellte *Priestley* fest, daß das Stickstoffmonoxid Phlogiston abgibt. Er nannte das neuentdeckte Gas daher „dephlogistisierte Luft".

C.W. Scheele hatte bereits vor dem 12. November 1772, wie aus seinen Aufzeichnungen hervorgeht, den Sauerstoff entdeckt. Er kannte auch schon mehrere Verfahren, ihn herzustellen: Durch Erhitzen von Quecksilberoxid, durch Auflösen von Braunstein in Arsensäure, durch Destillieren von Magnesiumnitrat, durch Erhitzen von Salpeter und wahrscheinlich durch Auflösen von Braunstein in Schwefelsäure.

Zur gleichen Zeit begann auch *Antoine Laurent Lavoisier* sich mit dem Verbrennungsvorgang zu beschäftigen. Eigentlich hatte *Lavoisier* Jura studiert, widmete sich aber den Naturwissenschaften. Seine erste wissenschaftliche Arbeit legte er 1765 der Académie des Sciences vor. 1770 begann er seine berühmten Untersuchungen über die Verbrennung. Zwei Jahre später übergab er der Académie eine versiegelte Notiz, in der er berichtete, daß Phosphor und Schwefel bei der Verbrennung an Gewicht zunehmen, während Bleioxid bei der Reduktion zu Blei an Gewicht abnimmt. 1774 stellte er fest, daß bei der Verbrennung und Verkalkung der Metalle ein Luftbestandteil, der schwerer ist als die atmosphärische Luft im Ganzen, sich mit den betreffenden Stoffen verbindet und ihre Gewichtszunahme verursacht.

Früher als *Lavoisier* hat *P. Bayen* erkannt, daß die aus Quecksilberoxid gewonnene Luft in Wasser nicht löslich ist und ein von der atmosphärischen Luft unterschiedliches spezifisches Gewicht hat. Er gibt aber keine endgültige Antwort auf die Frage nach der Beschaffenheit des Gases. Diese Antwort gab dann 1777 *Lavoisier*. „Die reinste Luft, die beste Atemluft ist der Grundbestandteil der Säuren … ich werde in Zukunft die dephlogistisierte Luft oder die beste Atemluft mit dem Namen säurebildendes Element bezeichnen, oder, wenn man einen griechischen Namen vorzieht, *principe oxigyne*“.

Je mehr Forschungsergebnisse er mit dem *principe oxigyne* erhielt, desto weiter entfernte sich *Lavoisier* von der Phlogistontheorie. Er ging sogar so weit zu sagen, daß „dieses Wesen, das von *Stahl* in die Chemie eingeführt worden ist, keine Erleuchtung gebracht hat, sondern, wie mir scheint, aus der Chemie eine dunkle und unverständliche Wissenschaft für die gemacht hat, die sich nicht intensiv mit ihr beschäftigen“. In seiner 1786 in Paris erschienenen „Encyclopédie méthodique de chimie“ Band I benutzt er zum ersten Mal den französischen Ausdruck für Sauerstoff: *oxygène.*

Lavoisiers Forschungen führten zu einem völlig neuen System in der Klassifizierung der Elemente und der Nomenklatur. Obwohl viele Forscher die neue Theorie *Lavoisiers* ablehnten, manche auch versuchten die Phlogistontheorie der neuen Theorie anzupassen, waren alle Angriffe auf die Dauer erfolglos. Die Richtigkeit der von *Lavoisier* unternommenen Versuche war nicht zu bestreiten. Er machte jeden seiner Versuche aufs genaueste mit der Waage und führte scharfe Messungen und gewichtsanalytische Bestimmungen durch. Man könnte ihn den ersten quantitativ arbeitenden Chemiker nennen. Seiner Forschung wurde 1794 durch die Guillotine ein Ende gesetzt. Sein letzter Wunsch, eine bereits begonnene Untersuchung noch zu Ende führen zu dürfen, wurde mit den Worten abgeschlagen: „Die Republik braucht keine Gelehrten!“

Sauerstoff ist das Grundelement aller Lebewesen. Menschen und Tiere benötigen ihn zur Atmung, grüne Pflanzen produzieren ihn bei der Photosynthese. Alle Lebewesen bestehen außerdem aus Sauerstoffverbindungen nicht nur in Form von Wasser sondern auch aus Kohlenwasserstoffen wie Fett und Proteinen.

Der menschliche Körper setzt sich aus folgenden Elementen zusammen:

Element	Anteil im Körper
Sauerstoff	63 %
Kohlenstoff	20 %
Wasserstoff	10 %
Stickstoff	3 %
Calcium	1.5 %
Phosphor	1 %
Kalium	0.25 %
Schwefel	0.2 %
Chlor	0.1 %
Natrium	0.1 %
Magnesium	0.04 %
Eisen	0.004 %
Kupfer	0.0005 %
Mangan	0.0002 %
Iod	0.00004 %
Übrige	0.80526 %

Es gibt Sauerstoff als O, O_2 und auch O_3. O_3, Ozon, ist relativ giftig. Atmet man über längere Zeit Luft mit einer höher als gewöhnlich vorhandenen Konzentration an Ozon ein, kann dies zu gesundheitlichen Schäden wie Kopfschmerzen und Schwindelanfällen führen. Ozon wird zu bestimmten Zwecken aber auch industriell hergestellt. Es ist ein sehr gutes Desinfektionsmittel, das man zur Reinigung von Wasser oder zur Desinfektion von Lebensmitteln einsetzt. Außerdem läßt sich Ozon zum schnelleren Reifen von Obst und als Bleichmittel verwenden.

Die Ozonschicht in der Stratosphäre schützt die Erde weitgehend vor dem Einfall energiereicher Sonnenstrahlung.

Literatur

[1] Sauerstoff, Gmelins Handbuch der Anorganischen Chemie, 8. Auflage, Teil 1, **1943**.

[2] G. Böhme, H. Böhme, Feuer, Wasser, Erde, Luft, Eine Kulturgeschichte der Elemente, Verlag C.H. Beck, München, **1996**.

Reaktionen des Sauerstoffs

1. Herstellung von O_2 aus MnO_2 und H_2O_2

Geräte

1 Glasküvette Typ 6030 mit Halterung (Inhalt 4 mL),
1 Mikrospatel,
Feuerzeug,
Glimmspan,
Pasteurpipette mit Hütchen,
Schutzhandschuhe,
Schutzbrille

Chemikalien

MnO_2, (Xn, mindergiftig; MAK-Wert: 5 mg/m^3; R: 20/22; S: 25),

10 prozentige H_2O_2-Lösung (C, ätzend; O, brandfördernd; MAK-Wert: 1.4 mg H_2O_2/m^3; R: 8, 36/38; S: 2, 3, 28, 36/39)

Versuchsdurchführung

In die Küvette werden mit Hilfe des Mikrospatels 0.2 g MnO_2 gegeben. Beim Zutropfen von 2–3 Tropfen der 10prozentigen H_2O_2 Lösung erfolgt eine heftige Reaktion. Der entstehende Sauerstoff wird mit einem glimmenden Holzspan nachgewiesen.

Das MnO_2 fungiert als Katalysator. Es zersetzt das H_2O_2 zu Wasser und Sauerstoff.

$$2\,H_2O_2 \rightarrow 2\,H_2O + O_2$$

Entsorgung

Der Braunstein kann nach dem Trocknen wieder verwendet werden.

2. Nachweis von Peroxiden mit Titanoxidsulfat

Geräte

4 mL Küvette mit Halterung, Pasteurpipetten mit Hütchen, Schutzbrille, Schutzhandschuhe

Chemikalien

3prozentige H_2O_2-Lösung (C, ätzend; O, brandfördernd, MAK-Wert: 1.4 mg H_2O_2/m^3; R: 8, 36/38; S: 2, 3, 28, 36/39),

Titanoxidsulfat (C, ätzend; R: 35; S: 26, 36/37/39, 45),

18 mol/L Schwefelsäure 96% (C, ätzend; MAK-Wert: 1 mg H_2SO_4/m^3; R: 35; S: 2, 26, 30, 45)

Die Titanoxidsulfatlösung wird wie folgt hergestellt:

In 50 mL H_2O gibt man etwa 0.5 g $TiOSO_4$. Die milchige Lösung wird mit 2.5 mL konzentrierter H_2SO_4 angesäuert. Man läßt mehrere Tage stehen und dekantiert oder filtriert die klare Lösung vom Bodensatz ab.

Versuchsdurchführung

In die Küvette werden 0.5 mL 3prozentige H_2O_2-Lösung gegeben. Bei der Zugabe von 2 Tropfen Titanoxidsulfatlösung färbt sich die Lösung gelborange bis bräunlich. Dabei werden an den Ti(IV)-Ionen die Hydroxyl- teilweise durch Peroxogruppen ersetzt.

$$[Ti(OH)_3(H_2O)_3]^+ + H_2O_2 \rightarrow \underset{\text{gelborange}}{[Ti(O_2)OH(H_2O)_3]^+} + 2\,H_2O$$

Entsorgung

Die Lösung aus der Küvette kann in das Abwasser gegeben werden.

3. Hydrolyse von Diammoniumperoxodisulfat

Geräte

4 mL Küvette mit Halterung, Pasteurpipette mit Hütchen, Spatel, Schutzbrille, Schutzhandschuhe

Chemikalien

$(NH_4)_2S_2O_8$ (Xn, mindergiftig, O, brandfördernd; R: 8, 22, 42/43; S: 2, 16, 26, 43.8),

18 mol/L Schwefelsäure 96% (C, ätzend; R: 35; S: 2, 26, 30, 45; MAK-Wert: 1 mg H_2SO_4/m^3),

10prozentige Titanoxidsulfatlösung (C, ätzend; R: 35; S: 26, 36/37/39, 45),

dest. H_2O

Versuchsdurchführung

In die Küvette werden 0.5 g $(NH_4)_2S_2O_8$ vorgelegt und mit 0.5 mL H_2O versetzt. Nach Zugabe von 3 Tropfen konzentrierter H_2SO_4 werden 1–2 Tropfen Titanoxidsulfatlösung zugegeben. Die Lösung färbt sich gelborange.

Anstelle von $(NH_4)_2S_2O_8$ kann alternativ BaO_2 eingesetzt werden.

Eine schwefelsaure Lösung von Ti(IV)-Ionen ist das beste Reagenz auf Wasserstoffperoxid.

$$[Ti(OH)_3(H_2O)_3]^+ + H_2O_2 \rightarrow [Ti(O_2)OH(H_2O)_3]^+ + H_2O$$

Entsorgung

Nach dem Verdünnen der Lösung mit Wasser kann diese in das Abwasser gegeben werden.

4. Entfärben einer Kristallviolett-Lösung

Geräte

4 mL Küvette,
Pasteurpipette mit Hütchen,
Schutzbrille,
Schutzhandschuhe

Chemikalien

2 mol/L Natronlauge (C, ätzend; MAK-Wert: 2 mg/m³; R: 35; S: 2, 26, 27, 37/39),

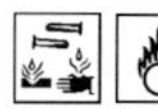

3prozentige H_2O_2-Lösung (C, ätzend; O, brandfördernd; MAK-Wert: 1.4 mg H_2O_2/m^3; R: 8, 36/38; S: 2, 3, 28, 36/39),

Kristallviolett-Indikator

Die Kristallviolettlösung stellt man aus 2–3 mg Kristallviolett-Indikator her, den man in 100 mL Wasser löst.

Versuchs-durchführung

0.5 mL Kristallviolett-Lösung werden in der Küvette mit 2 Tropfen NaOH versetzt. Nach Zugabe von etwa 3 Tropfen 3prozentiger H_2O_2-Lösung entfärbt sich die Lösung.

Mit diesem Experiment kann man sehr schön die oxidierende Eigenschaft des H_2O_2 in alkalischer Lösung zeigen. Dabei liegt H_2O_2 hauptsächlich als HO_2^--Ion vor und dieses wird zu Hydroxylionen reduziert.

$$HO_2^- + H_2O \xrightarrow{+2e} 3OH^-$$

Entsorgung

Die Lösung wird in das Abwasser gegeben.

5. Entfärben einer Kaliumpermanganat-Lösung

Geräte

4 mL Küvette mit Halterung,

Pasteurpipette mit Hütchen,

Schutzhandschuhe, Schutzbrille

Chemikalien

$KMnO_4$ (O, brandfördernd; Xn, mindergiftig; R: 8, 22; S: 2),

1 mol/L Schwefelsäure (C, ätzend; MAK-Wert: 1 mg/m^3; R: 35; S: 2, 26, 30, 45),

30prozentige H_2O_2-Lösung (C, ätzend; O, brandfördernd; MAK-Wert: 1.4 mg H_2O_2/m^3; R: 8, 34; S: 2, 3, 28, 36/39)

Einige Körnchen $KMnO_4$ in soviel mL Wasser lösen, daß eine rosarot gefärbte Lösung vorliegt.

Versuchsdurchführung

In die Küvette werden zu 0.5 mL stark verdünnter $KMnO_4$-Lösung 3 Tropfen H_2SO_4 gegeben. Nach der Zugabe von 0.5 mL 30prozentiger H_2O_2-Lösung muß man etwa eine Minute lang warten, bis die rosa Lösung völlig entfärbt ist.

Gegenüber Permanganat wirkt H_2O_2 in saurer Lösung als Reduktionsmittel.

$$2\,MnO_4^- + 5\,H_2O_2 + 6H_3O^+ \rightarrow 2Mn^{2+} + 5O_2 + 14\,H_2O$$

Entsorgung

Die entfärbte Lösung in der Küvette kann in das Abwasser gegeben werden.

VI Halogene

Der Name Halogen kommt aus dem Griechischen und wird gebildet von *hals* = Salz und *gennan* = bilden. Die Elemente Fluor, Chlor, Brom, Iod und Astat tragen den Namen Halogene, weil ihre Metallverbindungen den Charakter von Salzen von der Art des Kochsalzes haben.

Das Salz hatte schon immer eine große Bedeutung. Sogar das Wort *Alchimie* wird von Salz abgeleitet.

„... bedenke was Alchemy sey, wovon sie den Namen habe, von dem Wort Hals, d.i. [griechisch] Salz und Chymia, d.i. [griechisch] Schmelzung und Scheidung. Denn Salz ist das fürnehmste in der Alchemie ..."

Brotoffer, Elucidarius major, zitiert nach Archarion, 1983

1770 erschien „Das Geheimnis vom Salz" von *Elias Artista Hermetica*, das mit folgenden Worten beginnt: „Salz ist ein gut Ding, sagt Christus, der Mund der ewigen Wahrheit. Es ist das edelste und herrlichste Wesen, die höchste und größte Wohltat Gottes in dem ganzen Reich der Natur..."

Sal Ammoniak weist auf den ägyptischen Gott *Ammon* und auf Salomon, den Weisen aus Jeru-Sal-em, hin. Die Urstofftheorie der Alchimisten sagt, daß der Urstoff aus Merkur – Wasser, Sulfur – Luft, Feuer und Sal – Erde besteht. Ammoniumchlorid ist ein Mittler zwischen Mineralreich, Pflanzenreich und Tierreich, denn es gehört allen drei Reichen an.

In den natürlichen Lebensräumen tierischer und pflanzlicher Organismen trifft man überall auf Halogenide. Als anorganische Salze findet man sie in Mineralien, Böden und Gewässern. Von dort werden Halogene in den Stoffwechsel einbezogen.

Im Gegensatz zu Chlor, Brom und Iod erhielt das Fluor seinen Namen schon bevor es isoliert worden war. Merkwürdigerweise war es der französische Physiker und Mathematiker *A.-M. Ampère*, dessen großes Interesse an der Chemie ihn darauf brachte, daß Flußsäure und Salzsäure sich gleichen. Er schrieb 1810 an *Sir Humphry Davy* nach London, daß die unbekannte Substanz, die in der Flußsäure an den Wasserstoff gebunden ist, elektrolytisch isoliert werden könne. Diese Substanz nannte er „Oxy-Fluorique". In einem zweiten Brief von 1812 ersetzte er den Namen „Oxy-Fluorique" durch „fluorine" passend zu dem eben entdeckten „chlorine". Als endgültiger Name wurde dann „Fluor" eingeführt.

Fluorspat ist schon lange bekannt. Bereits *Agricola* beschrieb ihn im 15. Jahrhundert in seiner Schrift „De Re Metallica". Ende des 18. Jahrhunderts wurden die Bezeichnungen „Fluor", „Fluorspat" und „Fluorit" für das gleiche Mineral benutzt.

Dieses Mineral beschreibt *Thomas Thomson,* englischer Chemiker und Chemiehistoriker, folgendermaßen:

„Das Mineral Fluorspat … kommt in Bleiminen so häufig vor und ist wegen seiner Transparenz, seiner zarten Farben und der Größe seiner kubischen Kristalle so schön, daß es schon sehr früh die Aufmerksamkeit der Menschen erregt haben muß. Es besteht kaum ein Zweifel, daß *Theophrastus* und *Plinius* es unter dem Namen *falscher Smaragd* erwähnten. Zu Zeiten *Agricolas* wurde es als Flußmittel für Erze benutzt und er nennt es Fluor."

Die systematische Untersuchung der Chemie des Fluors setzte 1764 ein, als der deutsche *A.S. Marggraf* die Zusammensetzung des Fluorspats untersuchte, indem er es mit Schwefelsäure in einem Glasgefäß erhitzte, das mit einem mit Wasser gefüllten Rezipient verbunden war. Er erhielt „ein weißes salziges Sublimat" und bemerkte zu seiner Überraschung, daß „das Glasgefäß an vielen Stellen Löcher hatte". 1771 wiederholte *K.W. Scheele Marggraf*s Experiment und stellte fest, daß Schwefelsäure eine spezielle Säure freisetzt, die zusammen mit Kalk im Fluorspat vorhanden ist. Da man feststellte, daß Glasgefäße unbrauchbar waren, benutzte man Gefäße, die nicht so leicht angegriffen wurden. Am stärksten beeindrucken die Arbeiten der deutschen Chemiker *Meyer* und *Wenzel*. *Meyer* benutzte ein gußeisernes Faß, *Wenzel* eine Bleiapparatur. *Scheele* berichtet später von einer Zinnapparatur.

Viele Chemiker, unter anderen *Gay-Lussac* und *Thénard*, arbeiteten daran, Fluor aus seinen Verbindungen zu isolieren. Endlich, am 26. Juni 1886, gelang es *Henri Moissan* in Paris, das gasförmige Element in beachtlicher Menge herzustellen. Am 28. Juni verkündete *Debray* vor der Akademie der Wissenschaften *Moissans* Erfolg und verlas die folgende kurze Notiz:

Wasserfreie Flußsäure, hergestellt nach der Vorschrift von Frémy mit allen von ihm empfohlenen Vorsichtsmaßnahmen, wurde in ein U-förmiges Platinrohr gefüllt und der Elektrolyse unterworfen mit Hilfe eines von einer Batterie mit 50 Bunsenelementen hergestellten elektrischen Stroms. Gearbeitet wurde bei –50 °C, die Ergebnisse waren folgende:

Am negativen Pol: Freisetzung leicht zu bestimmenden Wasserstoffs. Am positiven Pol: Ein ständiger Gasstrom mit folgenden Eigenschaften: In Gegenwart von Quecksilber völlige Absorption unter Bildung von leicht gelbem Quecksilber – Protofluorid; beim Kontakt mit Wasser Zersetzung des letzteren unter Ozonbildung.

Phosphor entzündete sich in Gegenwart dieses Gases und wurde zu Phosphorfluorid. Schwefel heizte sich schnell auf und schmolz. Kohlenstoff schien nicht zu reagieren. Geschmolzenes Kaliumchlorid zersetzte sich im kalten Zustand und Chlor wurde freigesetzt. Kristallines Silicium, schließlich, das mit Salpetersäure und Flußsäure gewaschen worden war, entzündete sich im Kontakt mit diesem Gas und brannte lebhaft, wobei Siliciumfluorid entstand. Die Platin-Iridium Elektrode, die als positiver Pol diente, war stark korrodiert, während die Platinelektrode am negativen Pol intakt war.

Ich zögere, irgendeine definitive Schlußfolgerung aus der Art zu ziehen, wie der elektrische Strom auf die Flußsäure wirkt.

P.S. Es ist tatsächlich möglich, einige Vermutungen über die Art des entstandenen Gases zu äußern; die einfachste wäre, zu sagen, wir hätten Fluor gefunden, aber es könnte zum Beispiel genauso gut sein, daß es Hydrogen-Perfluorid oder sogar eine Flußsäure/Ozon Mischung ist, die stark genug ist, den stark energetischen Effekt dieses Gases auf kristallines Silicium zu erklären.

Ich habe heute nur einfach die Anfangsergebnisse angegeben. Ich forsche weiter und ich hoffe, daß es mir möglich sein wird, der Akademie über neue Experimente in dieser Richtung zu berichten.

Am 26. Juli schließlich konnte *Moissan* vor der Akademie den qualitativen und quantitativen Beweis antreten, daß er das Element Fluor gefunden hatte, nachdem ein Jahrhundert lang immer wieder geduldige, einfallsreiche und mutige Wissenschaftler sich bemüht hatten, das Element Fluor zu isolieren.

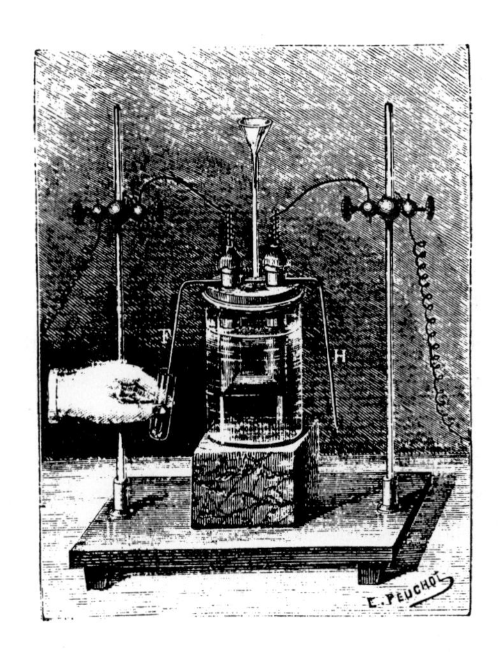

L'expérience qui a permis d'isoler le fluor a été faite pour la première fois le 26 juin 1886

Henri Moissan

Apparatur zur Darstellung von Fluor nach Henri Moissan, 1906
Original: „Hommage au Professeur Henri Moissan" 22. Dezember 1906, 22seitige Broschüre, gedruckt von Lahure, Paris
Entnommen aus: R.E. Banks, D.W.A. Sharp, J.C. Tatlow, Fluorine – The First Hundred Years (1886 – 1986), Elsevier Sequoia, **1986**
Auch erschienen in J. Fluorine Chem. **1986**, 33

Fluorierte Kohlenwasserstoffe zeichnen sich durch eine besondere Reaktionsträgheit aus. Verbindungen wie CF_2Cl_2 (Difluordichlormethan, FCKW) dienten als Treibmittel in Spraydosen oder als Kühlmittel. Aufgrund ihrer Flüchtigkeit gelangen sie in die höheren Schichten der Atmosphäre, wo sie durch die energiereiche Strahlung der Sonne zersetzt werden. Die freiwerdenden Chloratome tragen dabei hauptsächlich zum Abbau der schützenden Ozonschicht bei (Ozonloch).

Lange suchte man nach einem noch unterhalb des Iods im Periodensystem vermuteten Element. Erst im Jahre 1940 gelang es drei amerikanischen Forschern – *D.R. Corson*, *K.R. McKenzie*, *E. Segrè* – durch Bestrahlung von Bismut Astat herzustellen. Drei Jahre später wurde es von zwei Oesterreicherinnen auch in der Natur gefunden.

Der Name Astat kommt aus dem Griechischen von *astatos*, was „unbeständig" bedeutet. Es ist das seltenste natürlich vorkommende Element, und man kann es nicht in größeren Mengen ansammeln wie die übrigen Halogene. Die chemischen Untersuchungen beschränken sich daher auf Untersuchungen mit Spurenmengen.

Das Element Chlor steht bezogen auf seine Häufigkeit in der Erdkruste an 20. Stelle, unter Einbeziehung des Chloridgehaltes der Meere an 11. Stelle. In Form des Natriumchlorids ist Chlor an der zellulären osmotischen Regulation beteiligt. Das Kochsalz kannte und benutzte man schon in ältesten Zeiten. So wandte man die Methode der Zementation an, indem man silberhaltiges Gold mit Kochsalz und Vitriol oder Alaun erhitzte. Bei dieser Mischung entwickelt sich Salzsäure. Die arabischen Alchimisten kannten bereits die Salzsäure in der Mischung mit Salpetersäure, das Königswasser.

„Bis zur Entdeckung des Chlors und zu der Revision der Chemie durch die antiphlogistische Theorie galt das Königswasser als eine in gewisser Hinsicht eigenthümliche Säure." *Basilius Valentinus* bemerkte im 15. Jahrhundert *„Du sollst aber wissen, daß der Geist des gemeinen* salis *eben dasselbige thut, was der* Salarmoniac *vermag; daß dieses Salzgeistes drei theile genommen werden, und darzu gemischt* spiritus salis nitri *ein Theil, so hast du ein Wasser, das stärkere Kraft hat, als das gemeldete* Salarmoniac*wasser."*

Als erstes der Halogene wurde das chemische Element Chlor im freien Zustand von *Carl Wilhelm Scheele* 1774 entdeckt. Bei der Einwirkung von Salzsäure auf Braunstein bemerkte er einen Geruch nach Königswasser. Um die Ursache zu ergründen, fing er das Gas, das sich bei dieser Reaktion bildete, auf. Er fand, daß dieses gelbe Gas die Pflanzenfarben so zerstört, daß sie weder durch Säuren noch durch Alkalien wieder hergestellt werden können, daß alle Metalle, selbst Gold, davon angegriffen werden, daß Tiere darin ersticken und die Flamme erlischt. *Scheele* nannte das neue Gas „dephlogistisierte Salzsäure". Da die wässrige Lösung des Chlors im Sonnenlicht unter Bildung von Salzsäure Sauerstoff entwickelt, meinte

Claude L. Berthollet, daß Chlor ein sauerstoffhaltiger Körper sei und bezeichnete es als „oxidierte Salzsäure“. Da es jedoch niemandem gelang, Sauerstoff abzuspalten, ist Chlor 1810 von *Humphry Davy* als chemisches Element identifiziert und wegen seiner gelb-grünen Farbe *chloros*, „chloric gas“ oder „chlorine“ genannt worden. *Davy* zeigte, daß die bisherige Hypothese über Chlor und Salzsäure das Vorhandensein vieler nicht dargestellter Körper voraussetze. Viele Substanzen enthielten Bestandteile, die sich nicht nachweisen ließen. Die Ansicht, das Chlor sei ein einfacher Körper, sei nur der Ausdruck der Tatsachen. Diese Ansicht wurde von vielen Chemikern mit Ausdauer bekämpft. Auch *Berzelius* gehört eine zeitlang zu den Gegnern. *„Ich werde mich sogleich von der Unrichtigkeit der ältern Lehre überzeugt bekennen, wenn irgend Jemand eine Erscheinung, die Salzsäure, Flußsäure oder Jodsäure betreffend, entdecken sollte, welche von dieser Lehre nicht übereinstimmend mit der übrigen chemischen Theorie erklärt werden kann; ich werde mich aber auch nicht eher für einen Anhänger der neuen Lehre erklären, als bis diese Lehre vollkommen consequent und zusammenhängend mit der neuen theoretischen Wissenschaft wird geworden sein, welche man auf den Ruinen der von ihr niedergerissenenen chemischen Theorie wird aufgebaut haben. Denn ich fordere unnachlässig von einem jeden chemischen Satze, daß er mit der übrigen chemischen Theorie übereinstimmt, und ihr einverleibt werden könne; im entgegengesetzten Falle muß ich ihn verwerfen, es sei denn, daß die unumstößliche Evidenz desselben eine Revolution in der mit ihm nicht passenden Theorie nothwendig mache.“*

Als *Faraday* 1821 mehrere Verbindungen von Chlor mit Kohlenstoff entdeckte, war die „alte Theorie“ nicht mehr zu halten. Schon die Entdeckung des Iods 1812, das man als einen dem Chlor analogen Stoff erkannte, trug zur Verbreitung der neuen Lehre bei, da die Chemiker, die die Verbindungen des neuen Elements bearbeiteten, nur auf der Grundlage der *Davy*'schen Theorie arbeiteten.

Die bleichende Eigenschaft des Chlors, die *Scheele* entdeckt hatte, benutzte *Claude Louis Berthollet* als erster für die technische Anwendung. Er versuchte mit „jenem Körper“ im großen Ausmaß zu bleichen. Zunächst benutzte er Chlorwasser, später dann, im Jahre 1789, wurde in *Javelles* eine der ersten Bleichereien eingerichtet, wo die Bleichflüssigkeit aus Chlor und Pottasche bestand. Bereits 1795 wurde Chlor in der Textil- und Papierindustrie als Bleichmittel eingesetzt. Die rasche Entwicklung der Textilindustrie im 19. Jahrhundert führte zu einem so hohen Bleichmittelbedarf, daß eine großtechnische Chlorproduktion notwendig wurde. 1895 setzte man Chlor zum ersten Mal in Croton Reservoir in Brewster, N.Y. ein, um die Wasserversorgung New Yorks zu schützen.

Viele Chlorverbindungen sind schon mit der Entdeckung des Chlors hergestellt worden. Chlorsäure hat man in der Verbindung mit Kali anscheinend bereits im 17. Jahrhundert dargestellt. *Scheele* untersuchte die Wirkung des Chlors auf Alkali, erhielt aber wegen Einsatzes zu geringer Mengen kein brauchbares Resultat. *Berthollet* entdeckte dann 1785 das chlorsaure Kali. Schwefelchlorid wurde 1810 entdeckt, Phosphortrichlorid entdeckten *Gay-Lussac* und *Thenard* 1808 und *Davy* findet 1810 eine Verbindung des Chlors mit Selen.

Chlor kommt im freien Zustand nur in geringen Mengen vor. Meist findet man es in den Gasen von Vulkanen. Es ist daher auch in Gesteinen vulkanischen Ursprungs und in vulkanischen Wässern vorhanden.

Auch in Pflanzen und Tieren hat man chlorhaltige Inhaltsstoffe nachweisen können. Viele Pilze enthalten chlorhaltige Verbindungen, die sie aus Mineralien im Regenwasser erhalten. Humusstoffe sind reich an Chlor, wie man an schwedischen Moorböden nachgewiesen hat, und die hohe Chloridkonzentration in den Ozeanen ermöglicht eine erstaunliche Menge und Vielfalt an Chlormetaboliten bei Meeresorganismen.

Brom wurde 1826 von dem französischen Chemiker *Antoine Jerôme Balard* entdeckt. Er wollte geringe Mengen von Iod im Meerwasser sowie in Tieren und Pflanzen des Mittelmeers nachweisen. Als er Chlorwasser auf die mit Stärke versetzten wässrigen Auszüge der Aschen von Meeresalgen einwirken ließ, bemerkte er oberhalb der gebläuten Stärke eine Zone von intensiv gelber Farbe. Diese Lösung hatte einen eigentümlichen Geruch. Bei der Destillation der gelb gefärbten Lösung entwichen rötliche Dämpfe, die sich zu einer rötlichen Lösung verdichteten. Wurden die Dämpfe vorher über $CaCl_2$ geleitet, so verdichteten sie sich beim Abkühlen zu tiefrot gefärbten Tröpfchen einer leichtflüchtigen Substanz. Weitere ausgedehnte Versuche schlossen sich an und ließen keinen Zweifel daran, daß diese Substanz ein neues Element sei. Das neue Element wurde zunächst „muride“ genannt, wurde jedoch bald in „Brome“ – von griechisch *bromos*, der Gestank – umgeändert.

Schon vor seiner Entdeckung ist freies Brom gelegentlich beobachtet worden. Man hat es jedoch nicht als neues Element erkannt. *J. Liebig* hat Kreuznacher Sole mit Chlor behandelt und destilliert und einige Monate vor der Veröffentlichung von *Balard* eine größere Menge flüssiges Brom erhalten. Er hielt es jedoch für Chloriod und hat es als solches auch signiert und aufbewahrt. So konnte er noch am gleichen Tag, als er von der Entdeckung erfuhr, bereits Versuche mit dem neuen Element machen.

Kurze Zeit nach der Entdeckung des Bromids im Wasser des Mittelmeers fand man das neue Element auch in anderen Meeren und in zahlreichen Quellen. Brom wurde als steter Begleiter des Chlors erkannt, wenn auch die Mengenverhältnisse stark wechseln. Brom ist weniger aggressiv als Chlor. Allerdings ist es für den Menschen gefährlich, denn es reizt Augen und Schleimhäute und im Kontakt mit der Haut entstehen Wunden, die nur sehr langsam heilen.

Fast alle wichtigen Bromverbindungen hat *Balard* schon in seiner ersten Veröffentlichung über das Brom beschrieben, wie beispielsweise HBr, Bromsäure, einige Bromate und Verbindungen des Broms mit Chlor, Iod, Phosphor und Schwefel.

Da Bromid in sehr vielen Mutterlaugen von Solen und Salinen vorkommt, hat man diese sehr bald zur Gewinnung von Brom benutzt. Die älteste Bromfabrik Deutschlands, die heute allerdings nicht mehr existiert, befand sich auf der Insel Wangerooge. Brom wurde zunächst hauptsächlich für die Daguerrotypie verwendet und zu diesem Zweck bis 1856 in Pennsylvania industriell hergestellt. Silberbromid wird bis heute in der Photographie benutzt. Natrium- und Kaliumbromid setzt man in der Medizin als Sedative ein. Mit der Anwendung des Broms als Arzneimittel begann man in den USA, nach einer Pause von 10 Jahren, Brom wieder in großen Mengen zu produzieren. Bis heute sind die USA der größte Bromproduzent der Welt.

Ioeides, veilchenblau, ist die Farbe des Iods. Im Jahre 1811 behandelte *Bernard Courtois*, ein französischer Salpetersieder, eine starke alkalische Flüssigkeit, die er aus der Asche von Seegras gewonnen hatte und die man bei der Salpeterherstellung benutzte, mit heißer Schwefelsäure. Dabei entstand ein veilchenblauer Dampf, aus dem sich beim Abkühlen Kristalle bildeten. *Courtois* hatte das Element Iod entdeckt. Seinen Namen erhielt das Element allerdings erst zwei Jahre später von *Joseph Louis Gay-Lussac,* der gleichzeitig mit und unabhängig von *Sir Humphry Davy* die von *Courtois* erhaltenen Kristalle noch einmal herstellte und untersuchte.

Iod ist in der Natur viel stärker verbreitet als man gemeinhin annimmt. Es kommt allerdings nirgendswo im freien Zustand und auch sonst nur in geringen Mengen vor. Man hat es in Mexiko in Quecksilber und Silber gefunden. Im Steinsalz von Hall in Tirol und in vielen Solen, aus denen man Kochsalz gewinnt, kommt es vor. Es ist im Meerwasser, in Mineralwässern und in großen Mengen in Seegewächsen vorhanden. Die Schalen der Seeigel, Seekrebse und Seesterne enthalten große Mengen an Iodid. Die wichtigsten Iodvorkommen sind die Natriumnitratlager in Chile.

Im Handwörterbuch der reinen und angewandten Chemie, herausgegeben von *Dr. J. Liebig*, *Dr. J.C. Poggendorff* und *Dr. Fr. Wöhler* kann man folgendes über die Iodgewinnung nachlesen:

> *Man gewinnt das Jod aus den Aschen der genannten Seealgen etc. Früher wurde diese zu harten Massen zusammengesinterte, Kelp genannte Asche, hauptsächlich behufs der Sodagewinnung auf der Westküste von Irland und den schottischen Inseln bereitet, und zwar in so großer Menge, dass allein auf den Orkney-Inseln 20,000 Menschen damit beschäftigt waren, man verwandte die letzten Mutterlaugen der Aschenlaugen zur Jodbereitung. Jetzt, seit die Sodafabrikation aus Kochsalz allgemein geworden ist, sind die Kelp-Sodafabriken aufgegeben und man verbrennt die Seegewächse, vorzüglich Rhodomenia palmata, nur noch in einer Fabrik jener Gegend, um aus der Asche das Jod zu gewinnen, woher auch der jetzige hohe Preis zu erklären ist. Diese Seegewächse liefern durchscnittlich nur 4 Proc. Asche und diese wieder nur 3–5 Procent Soda. Der Jodgehalt der Mutterlauge soll sehr unbestimmt seyn*

und bisweilen nicht zu einem 1/10 der zu anderer Zeit vorkommenden Mengen betragen. Man laugt die etwa zur Hälfte lösliche Asche mit heißem Wasser aus, concentrirt die Lauge in offenen Pfannen, und zieht mit durchlöcherten Schaufeln die sich abscheidenden Salze: Kochsalz, kohlensaures, schwefelsaures Natron heraus; beim Abkühlen krystallisirt vorzüglich das Chlorkalium. Man wiederholt die Operation so lange, als noch krystallisirbare Salze erhalten werden, und verwendet die zuletzt bleibende Mutterlauge zur Gewinnung des Jods.

Auch der Umgang mit Iod wird beschrieben:

Jod, im festen Zustand verschluckt, erzeugt Geschwüre im Magen und wirkt leicht tödlich. Jodkalium und Natrium, sowie Jodstärke, können in bedeutenden Mengen gegeben werden, ohne giftig zu wirken. Es hat eine specifische Wirkung gegen alle Drüsenanschwellungen und ist das einzige erfolgreiche Heilmittel gegen den Kropf, wogegen es Coindet in Genf zuerst anwendete.

Iod wird auch heute noch als Heilmittel bei Schilddrüsenerkrankungen benutzt. Am bekanntesten ist seine Wirkung als Antiseptikum bei kleineren Verletzungen. In der Textilindustrie setzt man Iod beim Färben mit Anilinfarben ein. Silberiodid wird manchmal in der Photographie eingesetzt.

Literatur

[1] G. Jander, E. Blasius, Lehrbuch der analytischen und präparativen anorganischen Chemie, 12. Auflage, S. Hirzel Verlag, Stuttgart, **1983**.

[2] A.F. Holleman, E. Wiberg, Lehrbuch der Anorganischen Chemie, 101. Auflage, Walter de Gruyter Verlag, Berlin, **1995**.

[3] S.H. Pine, J.B. Hendrickson, D.J. Cram, G.S Hammond, Organische Chemie, 4. Auflage, Vieweg Verlag, Braunschweig, **1987**.

[4] R.C. Teitelbaum, S.C. Ruby, T.J. Marks, Darstellung und Nachweis von Iod, J. Am. Chem. Soc. **1978**, *100*, 3215.

[5] H.W. Roesky, C. Kusche, GIT-Zeitschrift für das Laboratorium **1996**, *40*, 504.

[6] Folienserie des Fonds der Chemischen Industrie, 24, Die Chemie des Chlors und seiner Verbindungen.

[7] H. Kopp, Geschichte der Chemie III, Nachdruck der Ausg. Braunschweig, **1845**, Georg Olms, Hildesheim, **1966.**

[8] R.E. Banks, D.W.A. Sharp, J.C. Tatlow, Fluorine – The First Hundred Years (1886 – 1986), Elsevier, Sequoia, **1986**. Auch erschienen in J. Fluorine Chem. **1986**, *33*.

Reaktionen der Halogene

1. Darstellung von Chlor

Geräte

Probiergläschen mit Deckel und Septum, Spatel, 1 mL Glasspritze, 5 mL Glasspritze, 2 Injektionsnadeln (0.9 × 40 mm), Stativ (klein), 2 Muffen, 2 Klemmen, Schutzhandschuhe, Schutzbrille

Chemikalien

MnO_2 (Xn, mindergiftig; MAK-Wert: 5 mg/m^3; R: 20/22; S: 25),

12 mol/L Salzsäure (C, ätzend; MAK-Wert: 7 mg/m^3; R: 34, 37; S: 2, 26, 45)

Vorsicht

Chlor wirkt aufgrund seiner oxidierenden und chlorierenden Wirkung stark toxisch. (T, giftig; MAK-Wert: 1.5 mg/m^3; R: 23, 36/37/38; S: 2, 7/9, 45)

Versuchs-durchführung

In das Gläschen wird Mangandioxid (3–4 Spatelspitzen, ca. 80 mg) gefüllt und das Probiergläschen anschließend mit Septum und Deckel verschlossen. Nun werden die Klemmen in einem Abstand von ca. 6 cm übereinander am Stativ angeordnet. Die obere Klemme dient als Halterung für die 5 mL Glasspritze, während die untere zur Befestigung des Reaktionsgefäßes verwendet wird.

Anschließend werden in die 1 mL Spritze 0.6 mL konzentrierte Salzsäure gezogen und die Injektionsnadel in das Probiergläschen eingeführt. Danach führt man die Nadel der 5 mL Glasspritze ebenfalls in das Glas ein. Hierbei sollte die Nadelspitze ca. 2–3 mm in das Gläschen hineinragen. Nun wird langsam die konzentrierte Salzsäure zum Mangandioxid getropft. Schon nach Zugabe weniger Tropfen ist eine starke Gasentwicklung zu beobachten. Durch den Gasdruck wird der Stempel der Glasspritze nach oben getrieben und das Chlor in der Spritze aufgefangen.

Bei der Umsetzung von Salzsäure mit Mangandioxid wird das Chlorid zu Chlor oxidiert. Das Mangan hingegen wird von seiner formalen Oxidationsstufe (+IV) zu (+II) reduziert.

$$2\ Cl^- \rightarrow Cl_2 + 2\ e^-$$
$$Mn^{4+} + 2\ e^- \rightarrow Mn^{2+}$$

Zur Darstellung des Chlors können auch andere Oxidationsmittel wie z.B. Kaliumpermanganat verwendet werden. Anstelle von konzentrierter Salzsäure kann auch ein Gemisch aus halbkonzentrierter Schwefelsäure und Natriumchlorid eingesetzt werden (Farbabb. 11, 12).

Entsorgung

Das Reaktionsgemisch wird in einem Behälter für Schwermetallabfälle gesammelt. Die gesammelten Schwermetallrückstände können anschließend Spezialunternehmen zur endgültigen Entsorgung übergeben werden.

2. Nachweis von Chlor

Geräte

Probiergläschen, 5 mL Glasspritze, 1 mL Glasspritze, 3 Injektionsnadeln (0.9 × 40 mm), Schutzhandschuhe, Schutzbrille

Chemikalien

Cl_2-Gas (T, giftig; MAK-Wert: 1.5 mg/m^3; R: 23, 36/37/38; S: 2, 7/9, 45), 0.1 mol/L KBr-Lösung

Vorsicht

Chlor wirkt aufgrund seiner oxidierenden und chlorierenden Wirkung stark toxisch.

Versuchsdurchführung

1 mL Kaliumbromidlösung wird in das Probiergläschen gefüllt und das Gläschen daraufhin mit Deckel und Septum verschlossen. Nun wird die Injektionsnadel der mit Chlorgas gefüllten 5 mL Glasspritze in das Reaktionsgefäß eingeführt. Um eine optimale Umsetzung zu gewährleisten, sollte die Nadelspitze möglichst tief in die Kaliumbromidlösung eintauchen. Anschließend führt man eine zweite Nadel in das Probiergläschen ein. Sie dient zum Ausgleich des Überdruckes, der sich beim Einleiten des Gases im Reaktionsgefäß aufbaut. Nun wird das Chlorgas langsam (1

mL/min) in die Lösung injiziert. Bei Zugabe des Gases zur Lösung verfärbt diese sich an der Eintrittsstelle des Gases rotbraun.

Bei Zugabe von elementarem Chlor zu Bromidlösungen findet eine Oxidation des Bromids zu Brom statt. Chlor hingegen wird zu Chlorid reduziert.

$$Cl_2 + 2\,Br^- \rightarrow 2\,Cl^- + Br_2$$

Anstelle von Kaliumbromid können auch andere Metallbromide wie z.B. Natriumbromid verwendet werden.

Entsorgung

Die bromhaltige Lösung wird mit verdünnter Natriumthiosulfatlösung bis zur vollständigen Entfärbung umgesetzt. Anschließend wird die Reaktionslösung mit verdünnter Natronlauge neutralisiert und in die Kanalisation gegeben.

3. Darstellung von Brom

Geräte

Probiergläschen mit Deckel und Septum,
Spatel,
1 mL Glasspritze,
5 mL Glasspritze,
2 Injektionsnadeln (0.9 × 40 mm),
Stativ (klein),
2 Muffen,
2 Klemmen,
Schutzhandschuhe,
Schutzbrille

Chemikalien

$KMnO_4$ (Xn, mindergiftig; O, brandfördernd; R: 8, 22; S: 2),

KBr,

1 mol/L Schwefelsäure (C, ätzend; MAK-Wert: 1 mg/m^3; R: 35; S: 2, 26, 30, 45)

Vorsicht

Brom führt zu schmerzhaften Wunden auf der Haut. Als Gegenmittel für lokale Verletzungen kann eine Lösung von Natriumthiosulfat verwendet werden. MAK-Wert: 0.7 mg/m^3

Versuchsdurchführung

Im Probiergläschen werden Kaliumpermanganat (2 Spatelspitzen, ca. 40 mg) (anstelle von $KMnO_4$ kann auch MnO_2 eingesetzt werden) und Kaliumbromid (2 Spatelspitzen, ca. 40 mg) vorgelegt (Farbabb. 13). Anschließend wird das Reaktionsgefäß mit Deckel und Septum verschlossen. In die 1 mL Glasspritze werden nun 0.3 mL verdünnte Schwefelsäure gefüllt und die Injektionsnadel der Spritze in das Gläschen eingeführt. Daraufhin führt man die Nadel der 5 mL Glasspritze ebenfalls – ca. 2–3 mm – in das Reaktionsgefäß ein. Nun wird die Schwefelsäure langsam zu dem Reaktionsgemisch gegeben. Schon nach Zugabe weniger Tropfen ist die Bildung rotbrauner Dämpfe zu beobachten.

In saurer Lösung oxidiert Kaliumpermanganat Bromid zu elementarem Brom. Mangan wird von der formalen Oxidationsstufe (+VII) zu (+II) reduziert.

$$2\,Br^- \rightarrow Br_2 + 2\,e^-$$
$$MnO_4^- + 8\,H^+ + 5\,e^- \rightarrow Mn^{2+} + 4\,H_2O$$

Eine weitere Darstellungsmöglichkeit für Brom ist das Einleiten von Chlor in eine Bromidlösung.

Entsorgung

Die Manganlösung wird in einem Behälter für Schwermetallabfälle aufgefangen. Die gesammelten Schwermetallabfälle können anschließend Unternehmen zur Entsorgung bzw. zur Aufarbeitung zugeführt werden.

4. Nachweis von Brom

Geräte

2 Probiergläschen mit Deckel und Septum,
1 mL Glasspritze,
1 mL Meßpipette,
Peleus-Ball,
Pasteurpipette,
Pipettenhütchen,
Injektionsnadel (0.9 × 40 mm),
Schutzhandschuhe,
Schutzbrille

Chemikalien

Br_2 (C, ätzend; T+, sehr giftig; MAK-Wert: 0.7 mg/m^3; R: 26, 35; S: 7/9, 26, 45),
2.0 mol/L Natronlauge (C, ätzend; MAK-Wert: 2 mg/m^3; R: 35; S: 2, 26, 27, 37/39),
0.1 mol/L $AgNO_3$-Lösung (C, ätzend; O, brandfördernd; R: 34; S: 2, 26, 45)

Vorsicht

Brom kann bei Kontakt zu schmerzhaften Wunden auf der Haut führen. Als Gegenmittel für lokale Verletzungen kann eine Lösung von Natriumthiosulfat verwendet werden.

Versuchsdurchführung

In ein Probiergläschen werden 0.05 mL Brom gegeben, mit 0.9 mL destilliertem Wasser versetzt und das Gläschen anschließend verschlossen. In einem zweiten Probiergläschen werden 0.7 mL verdünnte Natronlauge vorgelegt. Anschließend werden in die 1 mL Glasspritze 0.3 mL Bromwasser gefüllt und die Injektionsnadel in die Natronlauge getaucht. Nun wird das Bromwasser langsam in die Lösung injiziert. Beim Eintritt in die verdünnte Natronlauge findet augenblicklich eine Entfärbung der Bromlösung statt. Ist alles Bromwasser zugegeben, werden 5 Tropfen Silbernitratlösung zur Reaktionslösung hinzugefügt. Es ist die Bildung eines leicht gelb gefärbten Niederschlages von Silberbromid zu beobachten.

Beim Einleiten von Brom in verdünnte Natronlauge disproportioniert Brom zu Bromid und Hypobromit.

$$Br_2 + 2\,OH^- \rightarrow BrO^- + Br^- + H_2O$$

Die Bildung von Bromid wird durch Fällung des leicht gelb gefärbten schwerlöslichen Silberbromids nachgewiesen.

$$Ag^+ + Br^- \rightarrow AgBr$$

Beim Erwärmen disproportioniert Hypobromit zu Bromat und Bromid.

$$3\,BrO^- \rightarrow BrO_3^- + 2\,Br^-$$

Bromat kann durch Umsetzung mit einem Gemisch aus Mangan-(II)-sulfat und Schwefelsäure durch eine Rotfärbung nachgewiesen werden. Die Rotfärbung beruht auf der Bildung von Mn-(III)-sulfat (Oxidation des Mn^{2+} zu Mn^{3+}), welches in Lösung als Hexaaqua-Ion $[Mn(H_2O)_6]^{3+}$ vorliegt. Im ersten Schritt der Reduktion wird das Bromat zu Bromid reduziert. Bromid und Bromat komproportionieren in saurer Lösung zu Brom.

$$6\,Mn^{2+} + BrO_3^- + 6\,H^+ \rightarrow 6\,Mn^{3+} + Br^- + 3\,H_2O$$
$$BrO_3^- + 5\,Br^- + 6\,H^+ \rightarrow 3\,Br_2 + 3\,H_2O$$

Entsorgung

Die Reaktionslösung wird mit verdünnter Salzsäure neutralisiert und in einem Behälter für Silberabfälle aufgefangen. Die gesammelten Silberabfälle können anschließend aufgearbeitet werden.

5. Addition von Brom an Cyclohexen

Geräte

2 Probiergläschen,
1 mL Glasspritze,
1 mL Meßpipette,
Injektionsnadel
(0.9 × 40 mm),
Schutzhandschuhe,
Schutzbrille

Chemikalien

Br_2 (C, ätzend; T+, sehr giftig; MAK-Wert: 0.7 mg/m^3; R: 26, 35; S: 7/9, 26, 45),

Cyclohexen (F, leichtentzündlich; Xi, reizend; R: 11, 36/37/38; S: 9, 16, 23, 29, 33)

Vorsicht

Brom führt bei Kontakt zu schmerzhaften Wunden auf der Haut. Als Gegenmittel für lokale Verletzungen kann eine Lösung von Natriumthiosulfat verwendet werden.

Versuchs-durchführung

In ein Probiergläschen werden 0.05 mL Brom gegeben, mit 0.9 mL destilliertem Wasser versetzt und das Gläschen anschließend verschlossen. In ein zweites Probiergläschen wird 1 mL Cyclohexen eingetragen. Anschließend wird die 1 mL Glasspritze mit 0.2 mL Bromwasser gefüllt. Nun wird die Injektionsnadel in das Cyclohexen eingetaucht und das Bromwasser langsam hinzugegeben. Sobald die Bromlösung aus der Nadel austritt, entfärbt sich die rotbraune Lösung.

Bei der Umsetzung von Brom mit Cyclohexen findet die Addition des Broms an die Doppelbindung des Cyclohexens statt.

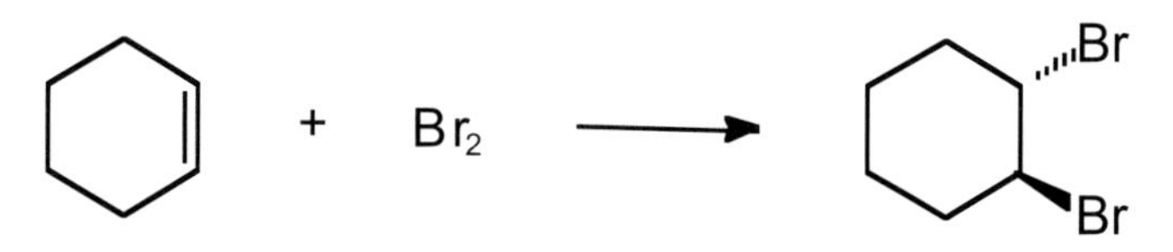

Es bildet sich 1,2-Dibromhexan.

Entsorgung

Die Reaktionslösung wird in einem speziellen Behälter für halogenhaltige organische Verbindungen aufgefangen.

6. Darstellung und Nachweis von Iod

Geräte

Probiergläschen, Pasteurpipette mit Pipettenhütchen, 5 mL Glasspritze, 2 Injektionsnadeln (0.9 × 40 mm), 2 1 mL Meßpipetten, Schutzhandschuhe, Schutzbrille

Chemikalien

Cl_2-Gas (T, giftig; MAK-Wert: 1.5 mg/m^3; R: 23, 36/37/38; S: 2, 7/9, 45), 0.1 mol/L KI-Lösung, 1prozentige Stärkelösung,

1 mol/L Schwefelsäure (C, ätzend; MAK-Wert: 1 mg/m^3; R: 35; S: 2, 26, 30, 45)

Vorsicht

Chlor wirkt aufgrund seiner oxidierenden und chlorierenden Wirkung stark toxisch.

Versuchsdurchführung

In das Probiergläschen werden 0.6 mL Kaliumiodidlösung und 0.4 mL gesättigte, frisch hergestellte Stärkelösung vorgelegt. Anschließend wird die Reaktionslösung mit 4 Tropfen verdünnter Schwefelsäure angesäuert und das Gläschen mit Deckel und Septum verschlossen. Nun wird die Injektionsnadel der mit Chlorgas gefüllten 5 mL Glasspritze in das Reaktionsgefäß eingeführt. Die Nadel sollte möglichst tief in die Kaliumiodid/Stärkelösung eintauchen, um eine optimale Umsetzung zu erreichen. Daraufhin wird zum Druckausgleich eine weitere Injektionsnadel in das Gläschen eingeführt. Nun wird das Chlorgas langsam (1 mL/min) in die Lösung injiziert. Sobald das Chlor aus der Nadelspitze austritt, findet eine blaue Verfärbung der Lösung statt.

Wird Chlorgas in eine Iodidlösung eingeleitet, so oxidiert es das Iodid zu Iod. Chlor selbst wird zu Chlorid reduziert.

$$Cl_2 + 2\,I^- \rightarrow 2\,Cl^- + I_2$$

In Gegenwart von Stärke tritt ein intensive blauviolette Färbung der Lösung auf. Sie beruht auf der Bildung eines Charge-Tranfer-Komplexes aus der Amylose-Komponente der Stärke und dem Polyhalogenidanion I_5^-.

$$I^- + 2\,I_2 + \text{Stärke} \rightarrow \text{Komplex}$$

Für die Darstellung von elementarem Iod in saurer Lösung können auch andere Oxidationsmittel wie z.B. Kaliumpermanganat verwendet werden.

Entsorgung

Die Reaktionslösung wird mit Natriumthiosulfat bis zur vollständigen Entfärbung umgesetzt. Daraufhin wird sie mit verdünnter Natronlauge neutralisiert und anschließend in das Abwasser gegeben.

7. Sublimation von Iod unter Verwendung eines Peltierelements als Kühlfinger

Geräte

1 Peltierelement mit eingebautem Kühlfinger (max. 1.9 Volt),
4 mL Fläschchen mit Schraubverschluß und Septum,
1 Fön,
Stativ,
Muffe,
Klammer,
Spatel,
Stelltrafo mit Gleichrichter,
2 Krokodilklemmen,
2 Kabel,
Schutzbrille,
Schutzhandschuhe

Chemikalien

Iod (Xn, mindergiftig; MAK-Wert: 1 mg/m^3; R: 20/21; S: 2, 23, 25)

Versuchsdurchführung

In das Fläschchen werden einige Körnchen Iod eingebracht. Nach Aufsetzen des Peltierelements wird das Fläschchen mit einem Fön erwärmt. Das Iod beginnt zu verdampfen. Legt man einen Gleichstrom von 1.5 V an, so wird das Iod aus der Gasphase an dem als Kühler geschalteten Peltierelement abgeschieden. Die Kristalle sind gut zu sehen (Farbabb. 14, 15).

Steht kein Peltierelement zur Verfügung, kann auch ein kleines Reagenzglas eingesetzt werden, welches mit Eis gekühlt werden sollte.

1834 entdeckte der französische Physiker *J.Ch.A. Peltier*, daß ein elektrischer Strom, entsprechend seiner Richtung, an der Verbindungsstelle zweier unterschiedlicher Metalle entweder Wärme oder Kälte erzeugt. Der umgekehrte Effekt wird sehr häufig zur Temperaturmessung mittels Thermoelementen genutzt.

8. Kaliumiodid-Elektrolyse

Geräte

4 mL Glasküvette mit Deckel (versehen mit 3 Löchern: 2 mit Durchmesser 0.5 mm und eins mit Durchmesser 1 mm),
Platindraht (Durchmesser 0.5 mm),
Halterung,
Teflondeckel,
2 Krokodilklemmen,
2 Kabel,
Stelltrafo mit Gleichrichter,
Pasteurpipette mit Hütchen,
Schutzbrille,
Schutzhandschuhe

Chemikalien

10prozentige KI-Lösung
(Xn, mindergiftig;
MAK-Wert: 1 mg/m^3;
R: 20/21; S: 2, 23, 25)

Versuchsdurchführung

In die Glasküvette werden 3 mL KI-Lösung eingefüllt und mit einem Deckel, der die Platinelektroden enthält, verschlossen. Nach dem Anschließen der Elektroden über Kabel an den Stelltrafo wird ein Gleichstrom von 2 V angelegt. An der Anode entsteht braunes Iod, das langsam auf den Boden der Küvette sinkt. An der Kathode ist deutlich ein Gasstrom von Wasserstoff erkennbar (Farbabb. 16, 17).

Entsorgung

Die KI-Lösung aus der Küvette kann in das Abwasser gegeben werden.

9. Darstellung von Fluorwasserstoff

Geräte

Kunststoffküvette,
Spatel,
1 mL Meßpipette,
Indikatorpapier,
Schutzhandschuhe,
Schutzbrille

Chemikalien

CaF_2 (S: 22, 24/25),

18 mol/L Schwefelsäure
(C, ätzend; MAK-Wert:
1 mg/m^3; R: 35; S: 2, 26,
30, 45)

Vorsicht

Flußsäure ist sehr giftig (T+, sehr giftig; C, ätzend; MAK-Wert: 2 mg/m^3; R: 26/27/28, 35; S: 7/9, 26, 36/37, 45). Schon geringe Verätzungen der Haut können schwer heilbare Wunden nach sich ziehen. Als Gegenmittel gegen lokale Verätzungen kann eine konzentrierte Lösung von Calciumglukonat aufgetragen werden.

Versuchsdurchführung

Mit dem Spatel wird Calciumdifluorid (ca. 80 mg) in die Küvette eingefüllt. Nun werden langsam 0.2 mL konzentrierte Schwefelsäure hinzugegeben. Anschließend wird die Küvettenöffnung mit feuchtem Indikatorpapier abgedeckt. Nach kurzer Zeit ist eine Gasentwicklung zu beobachten. Das Indikatorpapier verfärbt sich rot.

Durch Einwirkung von konzentrierter Schwefelsäure auf Calciumdifluorid bildet sich leicht flüchtiger Fluorwasserstoff, der durch Indikatorreaktion nachgewiesen wird.

$$CaF_2 + H_2SO_4 \rightarrow CaSO_4 + 2\ HF \uparrow$$

Werden bei der Synthese von Fluorwasserstoff Glasgefäße benutzt, so ist nach einiger Zeit eine Verätzung der Glaswand zu beobachten. Dies beruht auf einer Reaktion zwischen Fluorwasserstoff und Siliciumdioxid, dem Hauptbestandteil von Glas, wobei Siliciumtetrafluorid entsteht.

$$4\ HF + SiO_2 \rightarrow SiF_4\uparrow + 2\ H_2O$$

Die Verätzung von Glas kann auch als Nachweisreaktion für Fluorid verwendet werden.

Entsorgung

Die Reaktionslösung wird mit Natronlauge neutralisiert und in die Kanalisation entsorgt.

10. Darstellung von Chlorwasserstoff

Geräte

2 Probiergläschen, Deckel mit Septum, 5 mL Glasspritze, Spatel, 1 mL Glasspritze, 2 Injektionsnadeln (0.9 × 40 mm), 1 mL Meßpipette, Heizquelle (Magnetrührer/Fön), Schutzhandschuhe, Schutzbrille

Chemikalien

NaCl,

18 mol/L Schwefelsäure (C, ätzend; MAK-Wert: 1 mg/m^3; R: 35; S: 2, 26, 30, 45),

0.1 mol/L $AgNO_3$-Lösung (C, ätzend; O, brandfördernd; R: 34; S: 2, 26, 45)

Vorsicht

Chlorwasserstoff wirkt reizend auf die Schleimhäute.
MAK-Wert: 1.5 mg/m^3

Versuchsdurchführung

Eine Spatelspitze Natriumchlorid wird in das Probiergläschen gefüllt und dieses anschließend mit Deckel und Septum verschlossen. Nun werden die Klemmen in einem Abstand von ca. 6 cm übereinander am Stativ angeordnet. Die obere Klemme wird als Halterung für die 5 mL Glasspritze verwendet, während die untere zur Befestigung des Reaktionsgefäßes benutzt wird. Danach wird die 1 mL Glasspritze mit 0.5 mL konzentrierter Schwefelsäure gefüllt und die Injektionsnadel in das Gläschen eingeführt. Anschließend wird die Nadelspitze der 5 mL Glasspritze ebenfalls – ca. 2–3 mm – in das Reaktionsgefäß eingeführt und das Gläschen vorsichtig erhitzt. Es bildet sich ein farbloses Gas, das sich in der 5 mL Glasspritze ansammelt.

Nun werden mit der Meßpipette 0.5 mL Silbernitratlösung in das zweite Probiergläschen gegeben und der Chlorwasserstoff langsam in die Lösung eingeleitet. Es bildet sich ein weißer käsiger Niederschlag.

Bei der Umsetzung von Natriumchlorid mit konzentrierter Schwefelsäure entsteht leicht flüchtiger Chlorwasserstoff.

$$NaCl + H_2SO_4 \rightarrow HCl + NaHSO_4$$

Wird Chlorwasserstoff in eine Silbernitratlösung eingeleitet, bildet sich schwerlösliches Silberchlorid.

$$Ag^+ + Cl^- \rightarrow AgCl$$

Silbernitrat wird ebenfalls zum Nachweis von Bromid und Iodid verwendet. Eine Alternative zum Natriumchlorid ist die Verwendung von Kaliumchlorid.

Entsorgung

Die schwefelsäurehaltige Lösung wird mit Natronlauge neutralisiert und in die Kanalisation entsorgt. Die Silbernitratlösung wird in einem Behälter für Silberrückstände aufgefangen. Die gesammelten Silberabfälle können anschließend aufgearbeit werden.

VII Aluminium

Aluminium ist das am spätesten entdeckte Nutzmetall. Erst 1825 hielt man es in metallischer Form in den Händen. Eigentlich ist es unverständlich, daß dieses Metall erst so spät entdeckt wurde, denn das Aluminium ist das Metall, das am weitesten verbreitet ist. Allerdings kommt es in der Natur niemals in metallischer Form sondern ausschließlich in Form seiner Verbindungen vor. Neben dem Ton, der schon in frühester vorgeschichtlicher Zeit verwendet wurde, ist der Kali-Alaun, ein Kalium-Aluminium-Sulfat, die am längsten bekannte natürlich vorkommende Aluminiumverbindung. Alaun nahm man zum Gerben von Häuten. Da er austrocknend und fäulnishemmend wirkt, diente er in alten Zeiten zur Mumifizierung menschlicher und tierischer Leichen. Bis heute macht man sich die blutstillende Wirkung des Alauns zunutze.

Die Alaungewinnung hatte im Mittelalter große wirtschaftliche Bedeutung, vor allem für die Gerbereien und Färbereien. *Agricola* beschreibt in seinem Buch „De re metallica libri XII, Basel 1556", wie Alaun aus Alaunstein, -schiefer oder -erde gewonnen wurde. Man röstet diese Rohstoffe, laugt die verwitterten Mineralien aus und dampft die Lauge anschließend bis zum Auskristallisieren ein.

Im 18. Jahrhundert wußte man bereits, daß der Alaun aus verschiedenen kleinen Bausteinen besteht, von denen einer die sogenannte Tonerde ist. *Sir Humphry Davy*, der bereits mehrere Metalle aus „ihren Erden" freigesetzt hatte, versuchte nun auch das Metall der Tonerde zu isolieren. Er ist allerdings nicht ganz erfolgreich gewesen, denn er konnte nur eine Aluminium-Legierung herstellen. Dieser allerdings gab er den Namen des noch zu isolierenden Metalls „Aluminium", in Anlehnung an das Wort „alumen" für den jahrhundertelang so wichtigen Alaun.

Als nächstes versuchte der dänische Physiker und Chemiker *Hans Christian Oerstedt* das Aluminium freizusetzen. Er nahm als Ausgangsprodukt nicht die Tonerde, sondern setzte Aluminiumtrichlorid mit Kaliumamalgam um. Damit hatte er zum ersten Mal metallisches Aluminium, allerdings in verunreinigter Form, in der Hand. Er verzichtete dann auf weitere Versuche und ermunterte den deutschen Chemiker *Friedrich Wöhler*, diese Arbeiten fortzusetzen. *Wöhler* konnte jedoch das Ergebnis *Oerstedts* nicht wiederholen. So war er gezwungen, eigene Experimente zu entwickeln. Er nahm zwar Aluminiumtrichlorid als Ausgangsmaterial, setzte es dann aber mit reinem Kalium um. Diese Methode hatte heftige Explosionen zur Folge, war jedoch erfolgreich. 1827 veröffentlichte *Wöhler* seine Versuche unter dem Titel „Ueber das Aluminium".

> *Die reducirte Masse ist in der Regel völlig geschmolzen und schwarzgrau. Man wirft den völlig erkalteten Tiegel in ein großes Glas voll Wasser, worin sich die Salzmasse unter schwacher Entwicklung eines übelriechenden Wasserstoffgases auflöst und dabei ein graues Pulver abscheidet, das bei näherer Betrachtung, besonders im Sonnenscheine, aus lauter kleinen Metallflittern bestehend erscheint. Nachdem es sich abgesetzt hat, gießt man die Flüssigkeit ab, bringt es auf ein Filtrum, wäscht es mit kaltem Wasser aus und trocknet es. Es ist das Aluminium.*

18 Jahre später hatte *Wöhler* seine Methode so verbessert, daß er statt des grauen Metallpulvers einige kleine Metallkügelchen erhielt. Mit Hilfe dieser winzigen Mengen bestimmte er die Dichte des neuen Metalls. Stolz schrieb er an seinen Freund *Liebig*:

> *Ich habe das Aluminium in so großen Kugeln erhalten, daß ich das spec. Gewicht davon nehmen konnte. 2 Kugeln wogen 32 Milligramm und 2,50 spec. Gewicht. 3 Kugeln, wovon 2 ausgeglättet waren (zusammen 34 Milligramm) gaben 2,67 spec. Gew.*

Die stecknadelgroßen Kügelchen metallischen Aluminiums wurden 1845 noch als Kuriosität betrachtet, die zwar ein Wissenschaftlerherz höher schlagen ließ, sonst jedoch kaum Aufsehen erregte.

Unabhängig von *Oerstedt* und *Wöhler* stellte der französische Chemiker *Henri Sainte-Claire Deville* 1854 zufällig Aluminium her.

> *Irrtümer haber ihren Wert;*
> *jedoch nur hier und da.*
> *Nicht jeder der nach Indien fährt,*
> *entdeckt Amerika.*
> Erich Kästner

Er hatte die gleichen Ausgangsstoffe wie *Wöhler* genommen. Da diese aber weniger verunreinigt waren, erhielt er große Stücke des Metalls. Er erkannte sofort die Bedeutung dieses ja eigentlich fehlgeschlagenen Versuchs, und beschäftigte sich ausschließlich mit dem Thema „Aluminium“. Im Februar 1854 hielt einen Vortrag vor der „Académie des Sciences“ in Paris, in dem er von seinen Ergebnissen und den hervorragenden Eigenschaften des neuen Metalls berichtete. Es war ungeheuer dehnbar und hämmerbar und konnte so wie Gold zu sehr dünnen Blechen und Folien gewalzt werden. Es war ein guter Wärmeleiter und durch sein niedriges spezifisches Gewicht ein typisches Leichtmetall. Sauerstoff und Luftfeuchtigkeit griffen es praktisch nicht an.

In dieser Rede erwähnte *Sainte-Claire Deville* auch die Versuche *Wöhlers*.

Bekanntlich hat Wöhler Aluminium in Gestalt eines Pulvers erhalten, als er das Chlorür mit Kalium behandelte. Aendert man das Verfahren Wöhler's in geeigneter Weise ab, so kann man die Zersetzung des Chloraluminiums so reguliren, dass eine Weissglühhitze erzeugt wird, die hinreicht, um die Theilchen des Metalls zu Kügelchen zusammenzuschmelzen. Erhitzt man die aus Metall und Chlornatrium (es ist besser Natrium anzuwenden) bestehende Masse in einem Porzellantiegel bis zum lebhaften Rothglühen, so entweicht der Überschuss des Chloraluminiums, und es bleibt eine sauer reagierende Salzmasse zurück, in welcher sich mehr oder minder grosse Kügelchen von vollkommen reinem Aluminium finden.

Wöhler ärgerte sich über diesen in den „Comptes Rendus" der Académie des Sciences erschienen Bericht gewaltig. *Deville* beschrieb nur das von Wöhler gefundene Pulver und überging die von *Wöhler* bereits 1845 hergestellten reinen Aluminiumkügelchen, so daß man glauben mußte, *Deville* habe als erster im Jahre 1854 das Aluminium rein dargestellt.

Wöhler schrieb daraufhin an *Otto Linné Erdmann*, den Herausgeber des „Journal für praktische Chemie", in dem auch die „Comptes Rendus" der Pariser Akademie erschienen, er möge doch, wenn *Devilles* Rede nachgedruckt werde, in einer Zusatzbemerkung darauf hinweisen, daß er, *Wöhler*, bereits 1845 die gleichen Ergebnisse veröffentlicht habe. Am Schluß dieses Briefes ging er noch ein auf eine

Reclamation eines Mr. Schratz au nom de son oncle de Völher und Bemerkungen von Dumas darüber .... Was das zu bedeuten hat, ist mir rein unbegreiflich. Ich kenne Niemand dieses Nahmens und bin von Niemand ein Onkel, außer von einem kleinen Jungen, der kaum laufen kann. Ich denke, es steckt hier eine kleine französische Teufelei dahinter. Übrigens habe ich an Dumas geschrieben, daß ich an dieser Reclamation keinen Theil habe und von Hrn. Schratz nicht der Onkel sei.

Tatsächlich hatte jemand unter dem Pseudonym Schratz dagegen protestiert, daß *Deville* die Priorität der Entdeckung des Aluminiums für sich beanspruche. *Wöhler* schrieb daraufhin an *Dumas*, den Präsidenten der Akademie, und bat um Aufklärung.

Jahrelang wurde es nicht ruhig um das Aluminium. Halbrichtige Darstellungen über die Priorität der Herstellung des Aluminiums erschienen immer wieder in verschiedenen Zeitschriften. Da meinte dann selbst *Justus von Liebig*, *Wöhler* solle endlich gegen das „französische Aluminiumspektakel" vorgehen. Dieser reagierte aber erst in dem Moment, als ein Postscriptum, das er dem Brief an *Dumas* angefügt hatte, beim Abdruck in den „Comptes Rendus" weggelassen worden war und völlig entstellt in einer anderen Zeitschrift wieder auftauchte. *Wöhler* hatte geschrieben:

Ich habe mit dem lebhaftesten Interesse die Beobachtungen des Herrn Deville über das Aluminium verfolgt. Es ist äußerst bemerkenswert, daß dieser Chemiker Medaillen daraus geprägt hat. Da ich annehme, daß Sie selbst mehrere Proben seines Aluminiums besitzen – sei es in gewalzter Form oder als Draht -, wage ich es hiermit, Ihnen zu sagen, daß Sie mir eine große Freude machen würden, wenn Sie mir ein winziges Stückchen dieses Metalls zukommen lassen würden, damit ich es in meinen Vorlesungen als kostbares Andenken an Dumas vorzeigen kann.

Daraus wurde:

Ich habe mit dem lebhaftesten Interesse die Aluminium-Forschungen des Herrn Sainte-Claire Deville verfolgt. Mein Erstaunen war groß, als ich erfuhr, daß es ihm gelungen sei, eine Medaille aus reinem Aluminium zu prägen. Ich kann es mir nicht vorstellen, daß er es zuwege brachte, das Metall, das man zuvor nur als staubförmiges Pulver und ohne Metallglanz gekannt hatte, so darzustellen, daß es ein hohes Maß an Festigkeit besitzt, dazu dehnbar und hämmerbar ist. Wenn Sie mir zu einem kleinen Blättchen Aluminium verhelfen könnten, wäre das für mich das größte Glück und ich würde es stolz meinen Studenten in der Vorlesung zeigen.

Man hatte den Eindruck, *Wöhler* hielte die Nachricht, daß man Aluminium als zusammenhängende Metallmasse erhalten habe, für erfunden. Dabei hatte er doch bereits 1845 reines metallisches Aluminium in der Hand gehabt. Eine Gegendarstellung sollte nun verfaßt werden.

Doch *Deville* kam dem zuvor. Er schenkte seinem deutschen Kollegen eine Medaille aus Aluminium, die auf der einen Seite den Kopf des französischen Kaisers Napoleon III. zeigte und auf der anderen Seite die Schriftzüge „Wöhler 1827“. Das Datum erinnerte also daran, daß *Wöhler* bereits 1827 Aluminium, wenn auch nur als Pulver, erstmals freigesetzt hatte. Die Priorität *Wöhlers* war jetzt eindeutig festgestellt, der Streit war beigelegt.

Zeitgleich und unabhängig von *Deville* beschäftigte sich der deutsche Chemiker *Robert Wilhelm Bunsen* mit der elektrolytischen Darstellung des Aluminiums. Aber erst die Fortschritte in der Elektrotechnik am Ende des letzten Jahrhunderts machten es möglich, daß man Aluminium in größeren Mengen herstellte.

Zunächst ist Aluminium in Handarbeit ausschließlich zu Schmuck und ähnlichen Artikeln verarbeitet worden. Dann kamen die ersten industriell hergestellten Kunstgegenstände auf den Markt. Aber lange Zeit noch suchte man nach Verwendungsmöglichkeiten für dieses Metall. Erst Ende des letzten Jahrhunderts setzte man Aluminium in der Luftfahrt, in der Haushaltswarenbranche und in der feinmechanischen und optischen Industrie ein.

Obwohl sehr viel Energie für die Aluminiumherstellung benötigt wird, kann man Aluminium immer noch als das Metall der Moderne bezeichnen. Es läßt sich fast beliebig oft einschmelzen, zurückgewinnen und wieder verwenden. Bis heute ist Aluminium ein unentbehrlicher Rohstoff für die Autoindustrie, beim Bau, für die Verpackungsindustrie und für die Maschinen- und Elektrotechnik.

Literatur

[1] R. Gauguin, Anal. Chim. Acta **1948**, *2*, 175.
[2] E. Beilstein V 18/5, 492.
[3] H. Baumann, H. R. Hensel, Fortschr. Chem. Forsch. **1967**, *7*, 643.
[4] G. Jander, E. Blasius, Lehrbuch der analytischen und präparativen anorganischen Chemie, S. Hirzel Verlag, Stuttgart, **1995**.
[5] W. Schäfke, Th. Schleper, M. Tauch, Aluminium, Das Metall der Moderne, Gestalt – Gebrauch – Geschichte, Kölnisches Stadtmuseum, Köln, **1991**.

Reaktionen des Aluminiums

1. Aluminiumnachweis als Aluminiumhydroxid

Geräte

2 Probiergläschen mit Deckel und Septum,
2 Glasspritzen,
2 Injektionsnadeln,
Spatel,
1 mL Meßpipette,
Schutzhandschuhe,
Schutzbrille

Chemikalien

$Al_2(SO_4)_3$ (R: 41; S: 26, 39),
dest. H_2O

2 mol/L Natronlauge (C, ätzend; MAK-Wert: 2 mg/m^3; R: 35; S: 2, 26, 27, 37/39),

2 mol/L Salzsäure (C, ätzend; MAK-Wert: 7 mg/m^3; R: 34, 37; S: 2, 26, 45),

Versuchsdurchführung

In die beiden Probiergläschen werden jeweils eine Spatelspitze $Al_2(SO_4)_3$ (ca. 15 mg) gegeben und anschließend in jeweils 0.5 mL destilliertem Wasser gelöst. Daraufhin werden die Gläschen verschlossen. Danach werden mit Hilfe der Glasspritze zu beiden Lösungen drei Tropfen verdünnte Natronlauge gegeben. Es fallen weiße, voluminöse Niederschläge aus. Nun wird in das erste Probiergläschen langsam verdünnte Natronlauge zugetropft. Schon nach einigen Tropfen löst sich der Niederschlag wieder auf. Zur zweiten Reaktionslösung gibt man nun verdünnte Salzsäure. Auch hier löst sich der Niederschlag.

Bei der Reaktion von Aluminiumsulfat mit Natronlauge bildet sich Aluminiumhydroxid.

$$Al^{3+} + 3\,OH^- \xrightarrow{H_2O} Al(OH)_3\,aq$$

Aluminiumhydroxid besitzt amphoteren Charakter und löst sich somit sowohl in Säuren als auch in Laugen. Bei Zugabe von überschüssiger Säure zu Aluminiumhydroxid bilden sich hydratisierte Aluminiumkationen und Wasser.

$$Al(OH)_3 \quad + \quad 3\,H^+\,aq \rightleftharpoons Al^{3+}\,aq \quad + \quad 3\,H_2O$$

Wird zu Aluminiumhydroxid ein Überschuß an Lauge hinzugefügt, bildet sich der lösliche Aluminiumtetrahydroxy-Komplex (Aluminat).

$$Al(OH)_3 + OH^- \rightleftharpoons [Al(OH)_4]^-$$

Wird das Aluminat mit einer ausreichenden Menge Ammoniumchlorid versetzt, findet wiederum die Fällung von Aluminiumhydroxid statt.

$$[Al(OH)_4]^- + NH_4^+ \xrightarrow{H_2O} Al(OH)_3\,aq + NH_3 + H_2O$$

Entsorgung

Die Reaktionslösungen werden neutralisiert und können anschließend gefahrlos in das Abwasser gegeben werden.

2. Aluminiumnachweis als fluoreszierender Morin-Farblack

Geräte

2 Probiergläschen mit Deckel und Septum, Glasspritze, Injektionsnadel, Spatel, 1 mL Meßpipette, Schutzhandschuhe, Schutzbrille

Chemikalien

$Al_2(SO_4)_3$ (R: 41; S: 26, 39),

dest. H_2O

Morin (Xn, mindergiftig; R: 22; S: 22),

Methanol (T, giftig; F, leicht entzündlich; MAK-Wert: 260 mg/m^3; R: 11, 23/25; S: 7, 16, 24, 25),

Versuchsdurchführung

In das erste Probiergläschen wird eine Spatelspitze Aluminiumsulfat gegeben und anschließend in 1 mL destilliertem Wasser gelöst. Daraufhin wird das Gläschen verschlossen. Nun wird in das zweite Gläschen eine sehr kleine Spatelspitze Morin (1–2 mg) gefüllt und in 0.1–0.2 mL Methanol gelöst. Das Probiergläschen wird danach ebenfalls verschlossen. Mit der Glasspritze werden langsam zwei Tropfen der Morin-Methanol-Lösung zur Aluminiumsulfat-Lösung hinzugegeben. Es tritt augenblicklich eine grüne Fluoreszenz der Lösung auf.

Beim Umsetzen von Aluminium-(III) mit Morin in neutraler oder essigsaurer Lösung bildet sich eine intensiv fluoreszierende kolloidale Suspension eines Farblackes.

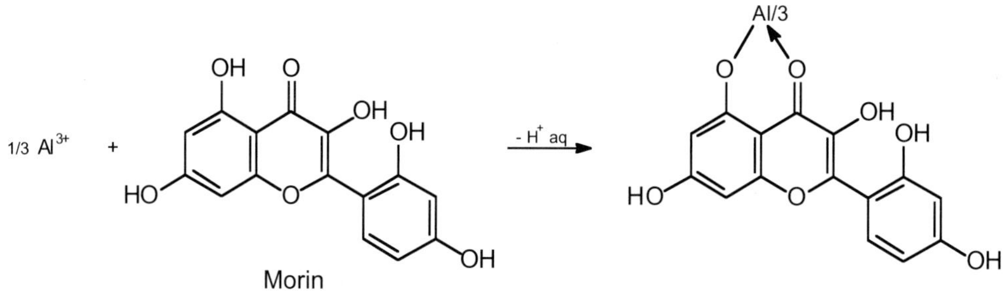

1/3 Al^{3+} + Morin $\xrightarrow{-H^+ aq}$ Al/3-Morin-Komplex

Morin

Morin kann zum Nachweis von Beryllium und Aluminium in einer Lösung verwendet werden, da Beryllium im Gegensatz zum Aluminium in alkalischer Lösung einen gelb-grünen fluoreszierenden Farblack bildet.

Entsorgung

Die Morin-Lösung wird in einem Behälter für organische Lösungsmittel entsorgt. Die Reaktionslösung kann bedenkenlos in das Abwasser gegeben werden.

3. Aluminiumnachweis als Alizarin-S-Farblack

Geräte

2 Probiergläschen mit Deckel und Septum,
2 Glasspritzen,
2 Injektionsnadeln,
Spatel,
1 mL Meßpipette,
Schutzhandschuhe,
Schutzbrille

Chemikalien

$Al_2(SO_4)_3$ (R: 41; S: 26, 39),
Natriumalizarinsulfonat, 
18 mol/L Essigsäure (99–100%) (C, ätzend; MAK-Wert: 25 mg/m^3; R: 10, 35; S: 23, 26, 45),
dest. H_2O

Versuchsdurchführung

In das erste Probiergläschen wird eine Spatelspitze Aluminiumsulfat gefüllt, in 1 mL destilliertem Wasser gelöst und das Gläschen verschlossen. Mit einer Glasspritze werden daraufhin 5 Tropfen Eisessig zur Reaktionslösung gegeben. In das zweite Gläschen werden eine sehr kleine Spatelspitze Natriumalizarinsulfonat (1–2 mg) und 0.1–0.2 mL destilliertes Wasser gefüllt. Das Probiergläschen wird danach ebenfalls verschlossen. Anschließend werden langsam drei Tropfen der Natriumalizarinsulfonat-Lösung zur Reaktionslösung hinzugegeben. Nach ca. 10 Sekunden tritt eine Rotfärbung der anfangs gelben Lösung auf.

Beim Umsetzen von Aluminium-(III) mit Natriumalizarinsulfonat bildet sich in essigsaurer Lösung ein gut sichtbarer roter Farblack.

$^{-}O_3S$ OH

OH

1/3 Al^{3+} + O O $\xrightarrow{-\,H^{+}\,aq}$ $^{-}O_3S$ OH O Al/3 O O

Alizarinsulfonat

Alizarin bildet mit zahlreichen Metallionen schwerlösliche Farblacke. Analytische Bedeutung besitzt hierbei der Zirconium-Farblack, da er als einziger aus salzsaurer Lösung gefällt werden kann.

Entsorgung

Die Reaktionslösung wird neutralisiert und gemeinsam mit der Natriumalizarinsulfonat-Lösung gefahrlos ins Abwasser entsorgt.

4. Aluminiumnachweis als Chinalizarin-Farblack

Geräte

2 Probiergläschen mit Deckel und Septum, 3 Glasspritzen, 3 Injektionsnadeln, Spatel, 1 mL Meßpipette, Schutzhandschuhe, Schutzbrille

Chemikalien

$Al_2(SO_4)_3$ (R: 41; S: 26, 39),

Chinalizarin,

10prozentige Ammoniaklösung (Xi, reizend; MAK-Wert: 35 mg/m³; R: 36/37/38; S: 2, 7, 26, 45),

Aceton (F, leicht entzündlich; MAK-Wert: 1200 mg/m³; R: 11; S: 2, 9, 16, 23, 33),

dest. H_2O

Versuchsdurchführung

In das erste Gläschen wird eine sehr kleine Spatelspitze Chinalizarin (1–2 mg) gefüllt und das Gläschen anschließend verschlossen. Danach werden mit zwei Glasspritzen 5 Tropfen Ammoniak-Lösung und 0.3–0.4 mL Aceton hinzugefügt. In das zweite Probiergläschen wird daraufhin eine Spatelspitze Aluminiumsulfat gegeben, in 1 mL destilliertem Wasser gelöst und das Gläschen ebenfalls verschlossen. Nun werden drei Tropfen der Chinalizarin-Lösung zur Reaktionslösung hinzugegeben. Nach ca. 10 Sekunden färbt sich die Aluminiumsulfat-Lösung rot.

Beim Umsetzen von Aluminium-(III) mit Chinalizarin bildet sich in leicht ammoniakalischer Lösung ein gut sichtbarer rot-rotvioletter Farblack.

1/3 Al^{3+} + Chinalizarin $\xrightarrow{-\ H^+\ aq}$ Al/3-Chinalizarin-Komplex

Chinalizarin

Im Vergleich zu dem entsprechenden Beryllium-Farblack ist der Aluminium-Farblack – einmal gebildet – gegen Essigsäure stabil.

Entsorgung

Die Reaktionslösung und die Chinalizarin-Lösung werden neutralisiert und können anschließend gefahrlos ins Abwasser entsorgt werden.

VIII Phosphor

„Man rauche Harn bis zur Honigdicke ab, und verkalke Menschenkoth und Weinhefen sehr wohl und vermische beydes. Hievon thue man so viel in den eingedickten Harn, bis alles Aufbrausen aufhört und distillire die Mischung bis zur Trockenheit. Das Übergegangene destillire man aus einem Kolben so lange, bis rothe Tropfen sich zeigen. Das zurückbleibende Oel hebe man besonders auf. Man thue in gereinigten Weingeist so viel von den verkalkten Hefen, bis ein dünner Brey davon wird, und destillire das Flüßige ab. Hiermit ziehe man aus dem getrockneten, (nicht verkalkten) Menschenkoth das Auflösbare aus, destillire und vermische dieses mit dem vorher bereiteten Harngeiste, worauf ein Aufbrausen erfolgen und eine Art des Mittelsalzes entstehen wird. Man gieße ebenfalls auf etwas von jenem getrockneten Kothe sehr starke Weineßig und destillire bis zur Trockenheit: man gieße es alsdenn zu dem oben angeführten zurückgebliebenen Oele; worauf wieder ein Aufbrausen erfolgen wird. Man vermische gleiche Theile des Extracts vom Harn, Koth, Wein und Eßig mit gleichem Gewichte vom getrockneten Kothe und rohem Weinsteine, destillire bei immer verstärkten, zuletzt sehr heftigem Feuer; und rectificire das Uebergegangene so lange über das Rückbleibsel, bis das fixe Salz emporgehoben werde und in butteriger Gestalt übersteige; es leuchtet alsdann des Nachts wie Feuer, so wohl für sich, als wenn es an irgend einen Körper gestrichen wird, den es jedoch nicht angreift, noch verbrennt; so daß es also ein feuchtes, leuchtendes und nicht brennbares Feuer genannt werden kann"

R. Lentilius, Chem.Ann.Crell 1 Nr. 2 [1783] 122/3

Die Entdeckung des Phosphors Ende des 17. Jahrhunderts war eine wissenschaftliche Sensation. Bis zu diesem Zeitpunkt gab es viele Vermutungen aber keine exakten Informationen über ein früheres Auftreten des Phosphors. So sollen die Edelsteine des Schildes aus dem Tempelschatz von Jerusalem von hinten durch „Phosphor" erhellt worden sein. Die Flammenschrift an der Wand bei König Nebukadnezar könnte ebenfalls mit weißem Phosphor geschrieben worden sein. Auch im Alten Testament soll der Phosphor schon bekannt gewesen sein. Nach Makkabäer II. Kap. 1 wird berichtet, daß vor der Verschleppung der Juden in die babylonische Gefangenschaft die Priester heimlich etwas vom Feuer des Brandopferaltars genommen und in einer Höhle versteckt haben. Nach der Rückkehr der Juden und dem Wiederaufbau des Tempels ließ Nehemias nach dem Feuer suchen. Man fand nur noch „dickes Wasser", das sich auf dem Altar unter der Sonne in Feuer verwandelte. Man nannte dieses Wasser Nephtar, das bedeutet Reinigung. Auch beim „griechischen Feuer", einer dickflüssigen Masse, die aus Pumpen in brennendem Strahl im Seekampf verspritzt wurde und auf dem Wasser weiterbrannte, soll es sich um Phosphor oder eine Phosphorlösung gehandelt haben, deren Herstellung wegen ihrer Gefährlichkeit jahrhundertelang von den Byzantinern geheimgehalten worden sein soll. Bei allen diesen Erscheinungen handelte es sich jedoch wahrscheinlich um selbstentzündliche Erdölprodukte.

Auch noch nach der Entdeckung des Phosphors, besonders als bekannt wurde, daß Phosphor nicht nur aus Harn sondern auch aus Knochenasche gewonnen werden kann, hat der starke Eindruck, den das eigenartige Leuchten und das heftige Verbrennen des Phosphors auslöste, dazu geführt, daß man alle unerklärlichen Feuer- und Leuchterscheinungen dem Phosphor zuschrieb.

Es ist allerdings möglich, daß die arabischen Alchimisten, die ständig mit phosphorreichen Stoffen wie Urin und Knochen arbeiteten, den Phosphor bereits kannten. *M. Berthelot* berichtet in seinem Buch „La Chimie au Moyen Age", daß der sarazenische Philosoph *Alchid Bechir* von einem künstlichen „carbunculus" oder einer Art „guter Mond" spricht, den man durch die Destillation von Urin mit Ton, Kalk, organischen Stoffen oder Kohle erhält. Auch *Paracelsus* soll Phosphor aus Harn hergestellt haben.

„Rec. Den Urinam, distillir jhn gar vber/so gehen die Elementen/Aer, Aqua et Terra, hinüber/vnd bleibet Ignis am boden ...."

Seine knappe Anleitung war jedoch unverständlich, ließ sich nicht durchführen und geriet in Vergessenheit.

Der Name des Elements Phosphor kommt aus dem Griechischen und bedeutet Lichtträger. Für viele andere Leuchtstoffe hatte man diesen Namen schon verwendet, so daß sein Entdecker *Hennig Brand* ihn „mein Feuer" nannte. Er dachte dabei wohl an die vier Elemente Erde, Wasser, Luft und Feuer, wobei er annahm, daß es ihm gelungen war, das Element Feuer rein darzustellen (Farbabb. 18).

H. Brand lebte in Hamburg und beschäftigte sich zunächst vor allem mit der Heilkunst. Er hielt sich für einen Könner seines Faches, so daß er sich 1778 an *Leibniz* wendete, um eine Anstellung als Leibarzt und Chymikus am hannoverschen Hofe zu erhalten. Er soll zur damaligen Zeit sehr viel Geld verdient haben, vor allem wohl mit seiner „Universalmedizin", die sogar den Teufel austreiben sollte. Sogar *Herzog Johann Friedrich* von Braunschweig – Lüneburg machte mehrfach von den *Brand*'-schen Heilmitteln Gebrauch.

Neben seiner Tätigkeit als Arzt beschäftigte sich *Brand* auch mit der Goldmacherkunst. „Bei seinen Studien war *Brand* auf eine in einem Druckwerk veröffentlichte Operation gestoßen, die aus Urin einen Liquor zu bereiten lehrte, der geeignet ist, Silberstückchen zu Gold zu reifen. Beim Ausarbeiten derselben fand er dann seinen Phosphor", schildert *Leibniz* den Weg zur Entdeckung des Phosphors.

Nachdem *Brand* sich für den *Herzog Johann Friedrich* verpflichtet hat, reist er wieder nach Hannover, um dort zusammen mit seinem Sohn, die Vorbereitungen für die Herstellung des Phosphors zu treffen. Er stellt dort Phosphor in großen Mengen her, fährt dann aber enttäuscht über die geringe Entschädigung nach Hamburg zurück.

Leibniz macht am 14. Juli 1678 einen Vertrag mit *Brand*, in dem dieser sich verpflichtet, gegen ein Gehalt von 10 Reichsthaler monatlich sein „Feuer“ zu perfektionieren und darüber zu berichten. Die gesamte nun folgende Korrespondenz zwischen *Leibniz* und *Brand* ist ausgefüllt mit dem Kampf um die Entschädigung für die *Brand* entstandenen Kosten bei seinem 5wöchigen Aufenthalt in Hannover und sein ihm vertraglich zustehendes Gehalt. *Brand* starb, ohne sein Geheimnis in allen Einzelheiten weitergegeben zu haben.

Johann Kunckel, Johann Daniel Kraft, Johann Joachim Becher und viele andere haben versucht, ihm seinen Ruhm streitig zu machen. Unbestritten ist *Brand* jedoch der Entdecker des Elements Phosphor. Für die Verbreitung der neuen Entdeckung haben viele andere gesorgt. *Kraft* hat beispielsweise Phosphor hergestellt und das Kunststück der Herstellung an Fürstenhöfen vorgeführt. *Kunckel* und auch *Kraft* haben zahlreiche gut honorierte Vorträge über den neuen leuchtenden Stoff gehalten. Die ersten gedruckten Berichte über den Phosphor gehen auf solche Ereignisse zurück. Allgemein verbreitet wurde die Kenntnis des Phosphors jedoch erst durch die 1682 vor der Pariser Akademie gehaltenen Vorträge von *Tschirnhausen* und *Cassini*, durch den großen Bericht von *Homberg* und die Veröffentlichungen von *P. Boccone* in Italien und *Slare* in Großbritannien.

Die ersten bekanntgewordenen und auf *Hennig Brand* zurückgehenden Rezepte zur Darstellung des Phosphors sind einfach und unterscheiden sich kaum voneinander. Man findet sie in den Lehrbüchern der Chemie des ausgehenden 17. und beginnenden 18. Jahrhunderts. *Leibniz* beschreibt die *Brand*'sche Methode folgendermaßen:

> *„Habe genommen urin so eine zeitlang gestanden, etwa eine tonne (...), kochet es ab bis es beginnet dick zu werden, wie ein dicker sirup, alsdann thut man diesen dicken urin in eine retorte, lässet das phlegma und volatile vollends wegrauchen, und wenn rothe tropfen zu kommen beginnen, leget man einen recipienten vor, und empfängt darinn das oleum urinae. Alsdann schlegt man die retorte in stucken, darinn findet man ein caput mortuum, dessen unter theil ist ein hartes salz, so hieher nicht dienet, das obere theil ist eine schwarze lückere materi, die hebt man auff. Das oleum urinae thut man wieder in eine retorte und ziehet alle feuchtigkeit stark davon ab, so findet man in der retorte eine schwarze lückere materi der ietzgedachten, so in voriger retorte gewesen ganz gleich. Thut sie zusammen und treibt das feuer daraus folgendermassen. Nim eine guthe steinerne retorte, so kein stübgen nicht hält, darin thue etwa 24 Loth von der schwarzen materi oder capite mortuo oleoso, lege einen zimlichen gläsern recipienten vor, so wohl verlatirt, und treibs also in freyen feuer, doch erstlich gelinde bis die retorte wohl glüet, treibs wohl 16 stunden lang, die lezten 8 stunden aber gar stark. Es kommen bald weisse Nebel oder wolcken und sezet sich wie ein schlammigt oel zu boden. Gehet auch wohl etwas von einer materi mit über, die sich hart an das glas anleget, ist wie ein Börnstein, darinn bestehet die best krafft. Im ... distilliren ist der recipient ganz hell, und leuchtet im finstern. Was übergangen, ist alles leuchtend, doch das siccum mehr als das humidum. Hieraus ersiehet man, dass das feuer stecke in dem capite mortuo oleoso.“*

Die geringe Ausbeute an Phosphor aus dem Harn führte einerseits dazu, diesen eifrig zu sammeln, andererseits nach anderen Methoden der Herstellung zu forschen. Die merkwürdigsten Ausgangsstoffe wurden genannt, beispielsweise Blut und Haare, Vogelschnäbel oder auch Pflanzensamen. Erst die Entdeckung der Phosphorsäure in den tierischen Knochen erschloß eine aussichtsreiche Rohstoffbasis.

Schon *Leibniz* dachte an die praktische Verwertung des Phosphors. Angeregt durch das Schaustück von *Kraft*, Schießpulver zu entzünden, und die Beobachtung, daß Phosphor sich an der Luft entzündet und andere Stoffe in Brand setzt, hat *R. Boyle* aus einer Mischung von 1 Tl. Phosphor und 6 Tl. Schwefelblüte eine Art Streichhölzer hergestellt. Da man darin aber nur ein Spielzeug sah, wurde diese Anwendung bald vergessen. Im Jahre 1779 stellte ein „Dilettant der experimentellen Physik", dessen Name unbekannt ist, die sogenannten Turiner Kerzchen her. In einem Gläschen befindet sich ein Docht, der, sobald das Gläschen aufgebrochen wird, eine so starke Flamme entwickelt, daß man ein Feuer anzünden kann. *Louis Peyla* erfand kleine selbstentzündliche Kerzchen. Er steckte mit Wachs umhüllte, in eine Schmelze mit Phosphor und Schwefel getauchte Dochte in ein Glasröhrchen. Das Röhrchen wird an beiden Enden zugeschmolzen. Die Gebrauchsanweisung erschien im „Göttinger Taschenkalender" von 1784, herausgegeben von *Georg Christoph Lichtenberg*: *„Reibt man diese Röhrchen etwas in der Hand, um sie zu erwärmen, und zerbricht sie alsdann in der Nähe des ungetränkten Endes des Dochtes, faßt den nunmehr frey gewordenen Docht an und zieht ihn, nachdem man ihn etwas schnell in dem noch übrigen Ende des Röhrchen auf- und abgezogen und gedreht hat, heraus, so gerät er in Flammen."*

Diese Lichtchen waren allerdings unpraktisch. Sie verlöschten beim leichtesten Luftzug und waren durch ihre Zerbrechlichkeit sehr feuergefährlich. So erfand *Georg Christoph Lichtenberg* eine Art Feuerzeug. Ein Stückchen Phosphor und etwa ebensoviel Schwefelpulver werden in ein Glas gefüllt. Man erwärmt die Mischung und gießt dann etwas Nelken- oder Terpentinöl darauf, um die Mischung flüssig zu halten. Dann verschließt man das Glas fest. Man kann es ungefährdet in der Hosentasche herumtragen. Wenn man Feuer braucht, öffnet man es, steckt ein Stück rauhes Papier hinein, das sofort anfängt zu brennen.

Auch für die Herstellung von Reibzündhölzern hat man Phosphor verwendet. Das älteste Rezept stammt aus dem Jahre 1820 und trägt den Vermerk: Von *Doktor Theodor Thon* erprobt:

„Rezept 119 Wiener Streichhölzer. 12 Thl. Gummiarab., 5 Thl. Phosphor, 16 Thl. Mangan-Hyperoxyd und 16 Thl. O" (alchem. Zeichen für gewöhnlichen Salpeter).

Zündhölzer wurden sehr bald in großen Mengen industriell hergestellt. Die Namen derjenigen, die sie zuerst hergestellt hatten, gerieten in Vergessenheit und jede Nation schuf ihre eigene Legende. So wurde ein Engländer, ein Ungar und sogar ein Würtemberger als Erfinder der Zündhölzer genannt.

Die Zündmittel mit weißem Phosphor waren enorm feuergefährlich. Schon der Handel mit den Turiner Kerzchen unterlag deshalb vielen einschränkenden Vorschriften. Die Behörden begannen aber erst dann gegen den Gebrauch des weißen Phosphors einzuschreiten, als bei einer Arbeiterin in einer Zündholzfabrik eine Phosphornekrose auftrat und die Zahl der Morde und Selbstmorde mit Phosphorzündhölzchen bedenklich anstieg. Außerdem hatte man inzwischen festgestellt, daß roter Phosphor, der unter bestimmten thermischen Bedingungen bei der Herstellung des weißen Phosphors entsteht, ungiftig war und ohne weiteres in der Zündholzindustrie eingesetzt werden konnte.

Aufgrund seines vor der Wiener Akademie 1847 gehaltenen Vortrags *„Über einen neuen allegorischen Zustand des Phosphors“* wird *Anton Schrötter*, Ritter von Kristelli, als Entdecker des roten Phosphors bezeichnet. Bereits vor *Schrötters* Untersuchungen war die Herstellung des roten Phosphors bekannt.

Die Bildung des roten Phosphors aus gewöhnlichem Phosphor unter Einwirkung von Licht ist schon früh beobachtet worden. *Berzelius* meinte in seinem *Lehrbuch der Chemie* von 1833: „Das Licht bringt eine eigene Veränderung im Phosphor hervor, deren innere Natur unbekannt ist und wobei, soviel man bis jetzt in Erfahrung gebracht, sein Gewicht nicht verändert wird.“ Im *Jahresbericht* 23 von 1845 erkennt er: „Der Phosphor hat bekanntlich mehrere allotropische Modifikationen, von denen die vorzüglich charakteristischen sind: 1.) Der Phosphor in seiner gewöhnlichen Form und 2.) die rote Modifikation, in welcher er durch Einwirkung des Sonnenlichts übergeht, selbst im luftleeren Raum des Barometers. Derselbe raucht oder oxydiert sich nicht an der Luft und kehrt durch Destillation in seine gewöhnliche Form wieder zurück.“

Schrötters Verdienst ist es gezeigt zu haben, daß die gesamte Menge weißen Phosphors in den roten Phosphor übergeht. Er hat seine physikalischen und chemischen Eigenschaften erstmalig einwandfrei untersucht und dargestellt und dabei auf die wichtigste Anwendungsmöglichkeit des roten Phosphors, nämlich die in der Zündholzindustrie, hingewiesen.

Beim Destillieren von Phosphor in Wasser entsteht bei unzureichendem Luftabschluß ein dunkles Produkt. Die schwarze Modifikation des Phosphors stellt man unter hohem Druck aus weißem Phosphor her oder in Gegenwart von metallischem Quecksilber als Katalysator. Darüber hinaus ist noch der violette Phosphor bekannt, der ein kompliziertes Schichtengitter hat.

Phosphor ist in vielen organischen Stoffen enthalten. Man findet ihn in Knochen, Muskeln, Gehirn und Nerven des Menschen. Da Phosphor in vielen Pflanzen vorkommt, werden in der Landwirtschaft häufig phosphathaltige Düngemittel eingesetzt. Phosphor ist in großen Mengen im Phosphatgestein (Tricalciumphosphat) enthalten, das in vielen Ländern wie z.B. den USA, Marokko, Ägypten oder Israel abgebaut wird.

Besonders wichtig ist das Adenosintriphosphat. Es dient als biologischer Energiespeicher. Die durch Enzyme und Mg^{2+} katalysierte Hydrolyse führt unter Energiefreisetzung zu Adenosindi- und monophosphat und ermöglicht so den Ablauf zahlreicher biologischer Prozesse.

Literatur

[1] G. Jander, E. Blasius, Lehrbuch der analytischen und präparativen anorganischen Chemie, 12. Auflage, S. Hirzel Verlag,Stuttgart, **1983**.

[2] A.F. Holleman, E. Wiberg, Lehrbuch der Anorganischen Chemie, 101. Auflage, Walter de Gruyter Verlag, Berlin, **1995**.

[3] Phosphor, Gmelins Handbuch der anorganischen Chemie, Teil A, Verlag Chemie GmbH, Weinheim, **1965**.

Reaktionen des Phosphors

1. Abgestufte pH-Werte beim Lösen von Na_3PO_4, Na_2HPO_4 und NaH_2PO_4 in Wasser

Geräte

3 Probiergläschen, Pasteurpipette mit Pipettenhütchen, Spatel, 1 mL Meßpipette, Schutzbrille

Chemikalien

Na_3PO_4 (Xi, reizend; R: 36/38; S: 26), Na_2HPO_4, NaH_2PO_4, dest. H_2O, Lackmuslösung, Indikatorstäbchen (pH-Wert 0–14)

Versuchsdurchführung

In das erste Probiergläschen wird eine kleine Spatelspitze (ca. 20 mg) Trinatriumphosphat, in das zweite Dinatriumhydrogenphosphat (ca. 20 mg) und in das dritte Natriumdihydrogenphosphat (ca. 20 mg) gegeben. Nun wird in jedes der Gläschen 1 mL destilliertes Wasser gefüllt. Anschließend wird jede Lösung mit einem Tropfen Lackmusindikator versetzt. Die Lösungen von Trinatriumphosphat und Dinatriumhydrogenphosphat sind blau, die Lösung von Natriumdihydrogenphosphat rot gefärbt. Mit Hilfe der Indikatorstäbchen können die pH-Werte der Lösungen gemessen werden.

Trinatriumphosphat	pH = 12
Dinatriumhydrogenphosphat	pH = 8
Natriumdihydrogenphosphat	pH = 4

Werden Trinatriumphosphat und Dinatriumhydrogenphosphat in Wasser gelöst, so bildet sich jeweils ein alkalisches Milieu aus, das mit Hilfe eines Säure-Base-Indikators nachgewiesen werden kann.

$$PO_4^{3-} + H_2O \rightarrow HPO_4^{2-} + OH^-$$
$$HPO_4^{2-} + H_2O \rightarrow H_2PO_4^- + OH^-$$

Im Gegensatz dazu entsteht beim Lösen von Natriumdihydrogenphosphat – durch Bildung von Hydroniumionen – ein saures Milieu.

$$H_2PO_4^- + H_2O \rightarrow HPO_4^{2-} + H_3O^+$$

Entsorgung

Die Phosphatlösungen werden mit Natronlauge neutralisiert und anschließend ins Abwasser gegeben.

2. Darstellung von Orthophosphorsäure

Geräte

Probiergläschen, Pasteurpipette mit Pipettenhütchen, Spatel, 1 mL Meßpipette, Schutzhandschuhe, Schutzbrille

Chemikalien

P_4O_{10} (C, ätzend; R: 35; S: 22, 26, 45), dest. H_2O, Lackmuslösung

Versuchsdurchführung

In dem Probiergläschen wird eine kleine Spatelspitze (ca. 20 mg) Tetraphosphordecaoxid vorgelegt und anschließend tropfenweise 1 mL destilliertes Wasser hinzugefügt. Daraufhin wird ein Tropfen Lackmusindikator zur Lösung gegeben. Die Reaktionslösung färbt sich rot.

Beim Lösen von Tetraphosphordecaoxid bildet sich primär Tetrametaphosphorsäure (1), die über die Stufe der Diphosphorsäure (Pyrophosphorsäure) (2) zur Orthophosphorsäure (3) reagiert.

$$P_4O_{10} + 2\,H_2O \rightarrow (HPO_3)_4 \qquad (1)$$

$$(HPO_3)_4 + 2\,H_2O \rightarrow 2\,H_4P_2O_7 \qquad (2)$$

$$H_4P_2O_7 + H_2O \rightarrow 2\,H_3PO_4 \qquad (3)$$

Die gebildete Orthophosphorsäure kann durch Umsetzen mit Bariumdichlorid als Bariumphosphat – $Ba_3(PO_4)_2$ – nachgewiesen werden.

Entsorgung

Die Phosphorsäure wird mit Natronlauge neutralisiert und in das Abwasser gegeben.

3. Phosphatnachweis als Silberphosphat

Geräte

Probiergläschen,
2 Pasteurpipetten mit Pipettenhütchen,
1 mL Meßpipette,
Schutzhandschuhe,
Schutzbrille

Chemikalien

0.1 mol/L Na_2HPO_4-Lösung,

0.1 mol/L $AgNO_3$-Lösung (C, ätzend; O, brandfördernd; R: 34; S: 2, 26, 45),

1 mol/L Ammoniak-Lösung (Xi, reizend; MAK-Wert: 35 mg/m^3; R: 36/37/38; S: 2, 7, 26, 45)

Versuchsdurchführung

1 mL Na_2HPO_4-Lösung wird im Probiergläschen vorgelegt. Nun werden 5 Tropfen Silbernitratlösung hinzugegeben. Es bildet sich augenblicklich ein gut sichtbarer gelber Niederschlag. Anschließend werden 5 Tropfen verdünnte Ammoniaklösung zur Reaktionslösung getropft, wobei sich der Niederschlag wieder auflöst.

Beim Umsetzen von Phosphat mit Silbernitrat entsteht schwerlösliches Silberphosphat.

$$3\ Ag^+ + PO_4^{3-} \rightarrow Ag_3PO_4$$

In Gegenwart von Ammoniak löst sich der Niederschlag unter Bildung des Silberdiaminkomplexes wieder auf.

$$Ag_3PO_4 + 6\ NH_3 \rightarrow 3\ [Ag(NH_3)_2]^+ + PO_4^{3-}$$

Silberphosphat löst sich ebenfalls in schwachen Säuren, wie z.B. verdünnter Essigsäure.

Entsorgung

Die Lösung wird in einen Behälter für Silberrückstände gegeben. Die gesammelten Silberabfälle können anschließend aufgearbeitet werden.

4. Phosphatnachweis als tertiäres Bariumphosphat

Geräte

2 Probiergläschen,
2 Pasteurpipetten mit Pipettenhütchen,
1 mL Meßpipette,
Schutzhandschuhe,
Schutzbrille

Chemikalien

0.1 mol/L Na_2HPO_4-Lösung,

0.1 mol/L $BaCl_2$-Lösung (Xn, mindergiftig; R: 20/22; S: 28),

1.0 mol/L Ammoniaklösung (Xi, reizend; MAK-Wert: 35 mg/m^3; R: 36/37/38; S: 2, 7, 26, 45),

2 mol/L Essigsäure (C, ätzend; MAK-Wert: 25 mg/m^3; R: 10, 34, 35; S: 2, 23, 26, 45)

Versuchsdurchführung

In das Probiergläschen wird 1 mL Dinatriumhydrogenphosphatlösung gefüllt und mit 3 Tropfen verdünnter Ammoniaklösung alkalisch gemacht.

Wird Bariumdichlorid zu alkalischer Dinatriumhydrogenphosphatlösung gegeben, fällt schwerlösliches Bariumphosphat aus.

$$3\,Ba^{2+} + 2\,HPO_4^{2-} + 2\,OH^- \rightarrow Ba_3(PO_4)_2 + 2\,H_2O$$

Bei Zugabe von Essigsäure löst sich der Niederschlag wieder auf. Arbeitet man im neutralen Bereich, so besteht der gebildete Niederschlag hauptsächlich aus sekundärem Bariumphosphat, $BaHPO_4$. Unter Verwendung von Calciumdichlorid als Fällungsreagenz kann Phosphat auch als basisches Calciumphosphat, $Ca_{10}(PO_4)_6(OH)_2$, das in Salzsäure leicht löslich ist, nachgewiesen werden.

Entsorgung

Da Barium ein Schwermetall ist, wird die Reaktionslösung in einem Behälter für Schwermetallrückstände gesammelt. Die Rückstände können anschließend zur Entsorgung bzw. zur Aufarbeitung gegeben werden.

5. Phosphatnachweis als Ammoniummolybdophosphat

Geräte

2 Probiergläschen, Pasteurpipette mit Pipettenhütchen, 1 mL Meßpipette, Schutzhandschuhe, Schutzbrille

Chemikalien

0.1 mol/L Na_2HPO_4-Lösung,

0.1 mol/L $(NH_4)_6Mo_7O_{24}$-Lösung (Xn, mindergiftig; R: 22; S: 22, 26),

4,4'-Diamino-biphenyl (Benzidin; T, giftig; R: 22, 45; S: 45, 53),

2 mol/L Salpetersäure (C, ätzend; MAK-Wert: 25 mg/m^3; R: 35; S: 2, 23, 26, 36, 45),

2 mol/L Essigsäure (C, ätzend; MAK-Wert: 25 mg/m^3; R: 10, 34, 35; S: 2, 23, 26, 45)

Vorsicht

4,4'-Diamino-biphenyl ist sehr giftig und wirkt krebserregend. Nicht in die Hände von Schülern geben.

Versuchsdurchführung

In das Probiergläschen wird 1 mL Dinatriumhydrogenphosphatlösung gefüllt und mit 5 Tropfen verdünnter Salpetersäure angesäuert. Nun werden langsam 5 Tropfen Ammoniummolybdatlösung zugegeben. Es findet die Bildung eines gelben Niederschlages statt. Man löst nun eine kleine Spatelspitze (ca. 5 mg) Benzidin in 5 mL verdünnter Essigsäure und gibt davon 10 Tropfen zur Reaktionslösung. Es tritt eine intensive Blaufärbung auf.

Gibt man zu einer Dinatriumhydrogenphosphatlösung Ammoniummolybdatlösung, entsteht schwerlösliches feinkristallines Ammoniummolybdophosphat $(NH_4)_3[P(Mo_3O_{10})_4]$.

Bei Zugabe von Benzidinlösung zu Ammoniummolybdophosphat wird das Benzidiniumkation zu Benzidinblau oxidiert.

$[H_3N–C_6H_4–C_6H_4–NH_2]^+$ Oxidaton, $- H^+$ → $[H_2N–C_6H_4–C_6H_4–NH_2]^+$ ↔ $[H_2N=C_6H_4–C_6H_4–NH_2]^+$

Benzidinium-Kation

• = Radikal-Elektron

Benzidinblau (mesomere Grenzformen)

Entsorgung Die Benzidinrückstände werden in einem Behälter für organische Abfälle gesammelt.

IX Schwefel

Da ließ der Herr Schwefel und Feuer regnen vom Himmel herab auf Sodom und Gomorrha und vernichtete die Städte und die ganze Gegend und alle Einwohner der Städte und was auf dem Land gewachsen war.

1. Moses 10, 20

Denn die Feuergrube ist längst hergerichtet, ja, sie ist auch dem König bereitet, tief und weit genug. Der Scheiterhaufen darin hat Feuer und Holz die Menge; der Odem des Herrn wird ihn anzünden wie ein Schwefelstrom.

Jesaja 30, 33

Schwefel findet man in elementarer Form überall in der Natur. Sobald die Menschen ihn entdeckt und untersucht hatten, nutzten sie ihn in vielfältiger Weise, nicht zuletzt, um sich gegenseitig zu erschießen.

Nur wenige aller natürlich vorkommenden Elemente sind den Menschen seit Jahrtausenden bekannt und werden von ihnen benutzt. Die meisten sind Metalle vor allem Gold und Silber. Außer dem Kohlenstoff in Form von Holzkohle ist Schwefel das zweite Nichtmetall, das seit Menschengedenken gesammelt, untersucht und genutzt wird.

Wie aus der Bibel hervorgeht, in der das Element an 15 Stellen erwähnt wird, war der Schwefel von Anfang an mit unheimlichen Vorstellungen verbunden, er bedeutete Zerstörung und Vergeltung.

Da werden Edoms Bäche zu Pech werden und seine Erde zu Schwefel; ja, sein Land wird zu brennendem Pech werden, ...

Jesaja 34, 9

Der Grund für den unheimlichen Eindruck, den der Schwefel auf die Menschen machte, ist sicher der, daß viele natürliche Schwefelvorkommen in der Nähe von Vulkanen liegen. Auch die chemischen Eigenschaften des Schwefels unterstützen dieses Bild. Er schmilzt bei einer relativ niedrigen Temperatur (119 °C), wobei eine dickflüssige rote Masse entsteht, die raucht und brennt, wenn man sie weiter erhitzt.

Seit dem 2. Jahrtausend ist Schwefel hauptsächlich als Abscheidungsprodukt heißer Quellen bekannt. Die Bewohner Palästinas kannten ihn aus den heißen Quellen des Jordanlandes und der Umgebung des Toten Meeres. Dem Bericht vom Untergang Sodom und Gomorrhas durch einen Schwefelregen könnte die Erinnerung an einen Vulkanausbruch zugrunde liegen. Auch in anderen Teilen des alten Testaments wird vom Schwefelregen als göttlichem Strafgericht berichtet.

Auf die Verwendung von Schwefel bei den Juden deutet die Textstelle von Jesaja hin, aus der man schließen kann, daß bei Menschenopfern Schwefel zum Anzünden von Scheiterhaufen verwendet wurde. Vielleicht kannte man bereits die fäulnisbeseitigende Eigenschaft des Schwefeldioxids.

Bei den Assyrern war der Schwefel als „Erzeugnis des Flußufers“ bekannt. Gemeint sind hier sicher die schwefelhaltigen Quellen an den Ufern des Tigris, wo heute noch Schwefel gewonnen wird. Es gab gelben und schwarzen Schwefel, wobei die schwarze Farbe von Asphaltbeimischungen herrührte. Ursprünglich wurden Schwefeldämpfe zur Vertreibung der bösen Geister, zur Reinigung und Entsühnung, also zu religiös-magischen Zwecken benutzt. Dann stellte man fest, daß die scharfen Dämpfe gegen Ohnmachten und Sonnenstich wirksam waren. Dies führte dazu, daß nicht nur die Schwefeldämpfe sondern der Schwefel selbst als Heilmittel eingesetzt wurde. Man verwendete ihn äußerlich gegen Krätze, allgemeine Hautkrankheiten und Ungeziefer.

Auch in Ägypten nutzte man den Schwefel als Arzneimittel. In der Mitte des 2. Jahrtausends wird er als Augenheilmittel erwähnt.

Die Inder kannten ebenfalls die heilkräftige Wirkung des Schwefels. In der medizinischen Schrift des *Charaka* findet sich ein Rezept, nach dem Kupfer- und Eisensulfat, Realgar, Auripigment und Schwefel mit pflanzlichen Stoffen gemischt und äußerlich gegen Hautkrankheiten und Aussatz eingesetzt wurden.

In China war der Schwefel als „grüner Drache“ oder „goldene Krähe“ bekannt. Man nutzte ihn auch hier zunächst ausschließlich zu Heilzwecken. Allerdings setzte man ihn nicht nur äußerlich ein, man behandelte damit ebenfalls Magengeschwüre und Gallenblasenentzündungen. Nicht nur menschliche Krankheiten sondern auch durch Schädlinge verursachte Krankheiten der Pflanzen, vor allem des Bambus, bekämpfte man mit Schwefel. Ein altes chinesisches Rezept versetzt uns in diese längst vergangene Zeit. Es beschreibt das Knabbern von Realgar (As_4S_4):

Um Realgar knabbern zu können, sollte man es in Wein kochen oder eintauchen ... alle Krankheiten werden verbannt; Narben verschwinden; graues Haar wird wieder schwarz; ausgefallene Zähne bilden sich neu. Nach tausend Tagen werden die guten Feen kommen und zu Deinen Diensten sein ...

Bereits um 300 n. Chr. wird in chinesischen Schriften ein mit Salpeter, Holzkohle und Schwefel hergestelltes Schießpulver erwähnt. Salpeter fand man im Norden Chinas, wo er unter staatlicher Aufsicht abgebaut wurde. Holzkohle entstand bei der industriellen Nutzung des Feuers, besonders bei der Metallverarbeitung und wurde in Holzkohlenöfen hergestellt.

Die Griechen kannten den Schwefel seit altersher. Aufgrund der Farbe und des beim Einschlagen entstehenden Geruchs brachten sie den Schwefel mit dem Blitz in Zusammenhang. So sagt *Aristoteles*, die heißen Quellen seien heilig, weil sie ihre Entstehung den heiligsten Dingen verdanken, dem Blitz und dem Schwefel. Wie bei allen anderen Völkern der alten Welt wird auch bei den Griechen der Schwefel zu religiösen Zwecken der Reinigung und Entsühnung verwendet. Odysseus will den Saal, in dem er die Freier getötet hat, reinigen und befiehlt Eurykleia:

„Alte, bringe mir Feuer und fluchabwendenden Schwefel
Daß ich den Saal durchräuchere"

Homer, Odyssee

Achilles reinigt seinen Becher vor dem Trankopfer mit Schwefel, wahrscheinlich ebenfalls mit Schwefeldämpfen. Dieser Brauch läßt sich durch das ganze Altertum verfolgen. Man entsühnt Häuser durch Ausräuchern, und manche weise alte Frau beschwört mit Verbrennen von Schwefel und zahlreichen Kräutern magische Kräfte. Auch hier entdeckt man folgerichtig die heilkräftige Wirkung des Schwefels: *„Wenn ein Mensch von einem Geist besessen ist, so soll man seinen Namen nennen, und Schwefel und Erdpech an sein Nasenloch bringen; sofort wird er reden und weggehen" (Abraxas, Leipzig* 1891, S. 188).

In der Alchimie des Mittelalters spielt der Schwefel zusammen mit dem Quecksilber eine ganz besondere Rolle. Um 950 wurde in Basta die Sekte der Lauteren Brüder gegründet. In den von ihnen verfaßten 51 Abhandlungen versuchen sie, die klassisch-aristotelische Vier-Elementenlehre (Feuer – Erde – Wasser – Luft) mit der alchimistischen Lehre der Konstitution aller Dinge aus Mercurius und Sulfur zu verbinden. Quecksilber und Schwefel sind Vermittlungsglieder zwischen den vier Elementen und den Mineralien. Sie sind die ersten aus den Elementen gebildeten Produkte und niedrigsten Mineralien: „Allen Mineralen dient als Ursprung das Quecksilber und der Schwefel. Diese beiden entstehen aus dem Feuer, der Erde, dem Wasser und der Luft." Schwefel und Quecksilber werden bei dieser Theorie allerdings nicht als Elemente im gewöhnlichen Sinne verstanden, sondern sozusagen als Prinzipien. Von dem gewöhnlichen flüchtigen brennbaren Schwefel unterschieden die Alchimisten den philosophischen, nicht brennbaren fixen. Dieser ist Träger der Farbe und wirkt daher bei der Transmutation der Metalle als Tinktur. Die mehr oder weniger rötliche Farbe des Goldes kommt von der Verschiedenheit der Farbe des im Gold enthaltenen fixen Schwefels. Mit der Entstehung der neuzeitlichen Naturwissenschaft wird die klassische Vier-Elementenlehre schrittweise entwertet und aus der Wissenschaft verdrängt.

Weniger göttlich und alchimistisch ist die technische Verwendung des Schwefels. Schon im 10. Jahrhundert benutzte man Schwefel als Kitt, um Messer im Heft zu befestigen. Becher wurden innen vergoldet und außen mit Niello („der Schwärze, die entsteht, wenn die Farbe des Silbers durch die Berührung mit Schwefel vergeht") verziert.

Schwefelgewinnung nach Agricola
Holzschnitt aus: Agricola „De re metallica“ von 1556
Entnommen aus: Petra Schramm, Die Alchemisten, Gelehrte, Goldmacher, Gaukler, Edition Rarissima Taunusstein **1984**, S. 89

Von besonderer Bedeutung war die Verwendung von Schwefel in Kampfstoffen. Meister in der Erfindung von Brandsätzen waren die Byzantiner. So wird von einem Brandsatz aus Fichtenharz und Schwefel berichtet, der durch ein Rohr geblasen wird, mit dem an der Spitze brennenden Feuer in Berührung kommt und sich so entzündet. Eine andere Mischung war das „griechische Feuer", das sich durch die Beimischung von gebranntem Kalk selbst entzündete. Auch in China kannte man solche Brandstoffe. 1161 wurde auf dem Yangtse eine feindliche Flotte mit Geschossen vernichtet, die aus Papier hergestellt und mit Schwefel und ungelöschtem Kalk gefüllt waren. Erst 1232 verjagten die Chinesen ihre Feinde, die Mongolen, mit „himmelerschütterndem Donner" und „Lanzen des ungestümen Feuers", explodierenden Bomben und Raketen.

Das aus Salpeter, Holzkohle und Schwefel hergestellte Schießpulver fand sehr schnell seinen Weg ins Abendland. Schon in der zweiten Hälfte des 13. Jahrhunderts wird es dort erwähnt. Ursprünglich wollte man aus den drei Zutaten korrosives Wasser herstellen, das alchimistischen Zwecken dient. Der „schwarze Berthold" wollte aus Salpeter, Schwefel, Blei und Öl Goldfarbe brennen. Dabei zerriß es ihm ständig die Gefäße. Er ersetzte dann Blei und Öl durch Kohle und hatte damit eine Art Feuerwaffe erfunden. Die Qualität des Schwefels überprüfte man durch die sogenannte Gehörprobe: krachte der Schwefel, wenn man ihn ans Ohr legte, dann war er gut, andernfalls mußte man ihn erst reinigen. Bereits mit 1% Verunreinigung kracht der Schwefel nicht mehr.

Auch die Schwefelsäure geht auf die Alchimisten des Mittelalters zurück. Sie wurde durch Destillation aus Vitriol hergestellt. Bereits im 15. Jahrhundert kannte man die Herstellung von Schwefelsäure aus Pyrit (FeS_2). In den Destillierbüchern des 16. Jahrhunderts erscheint eine Methode, Schwefelsäure durch Verbrennen von Schwefel unter einer Glasglocke herzustellen. Verdünnte Schwefelsäure wurde bei der Rasenbleiche von Pflanzenfasern benutzt. Nach Kochen, Spülen und Bleichen auf dem Rasen war als letzter Arbeitsgang das Säuern der Fasern in verdünnter Schwefelsäure vorgesehen.

Bei der Destillation von Vitriol hat man im Mittelalter sicher schon das Auftreten von Schwefelsäureanhydrid beobachtet. *„Durch den Hinzutritt des ‚Merkurs' (=Schwefelsäure) verbindet sich der Vitriol unsichtbar mit dem Merkur und bringt ihn zum Gefrieren und ist gefroren in ihm verborgen, ohne äußerlich glänzende Färbung oder irgendwelche Feuchtigkeit aufzuweisen."* Schwefelsäureanhydrid wird später „olium vitrioli glaciale" oder „Eisöl" genannt.

Heute wird Schwefel zu 90% als Schwefelsäure industriell genutzt. Die Hälfte davon braucht man für die Herstellung von Kunstdünger. Darüber hinaus wird elementarer Schwefel zur Herstellung von Vulkanisationsmitteln, Kitten, Schwarzpulver, Schwefelkohlenstoff und in der Pharmazie eingesetzt. Die bekannteste Modifikation des Schwefels ist der cyclo-Octaschwefel S_8, der eine kronenartige Struktur aufweist. Erhitzt man S_8, so kann man in der Gasphase sämtliche Moleküle von S_2 bis S_8 beobachten. In der Schwefelschmelze können neben S_8 auch S_7, S_{12}, S_{18} und S_{20} nachgewiesen werden. Man weiß, daß es noch größere Moleküle in der Schmelze gibt, jedoch der eindeutige Nachweis steht noch aus.

Die Bedeutung der Schwefelvorkommen in Erdöl und Erdgas als Rohstoffquelle des Schwefels wächst, Die Überführung von Schwefelwasserstoff in elementaren Schwefel erfolgt durch das Claus-Verfahren ($2H_2S + O_2 \rightarrow \frac{1}{4} S_8 + 2 H_2O$; $2H_2S + SO_2 \rightarrow \frac{3}{8} S_8 + 2 H_2O$). Die schädlichen Auswirkungen der sauren Gase (SO_2, SO_3) beim Verbrennen werden dadurch drastisch reduziert.

Ein klarer Hinweis auf den Schwefelwasserstoff findet sich bei den Alchimisten im Mittelalter nicht. Erst im 18. Jahrhundert lieferte *C.W. Scheele* genauere Angaben über den Aufbau des Schwefelwasserstoffs, den er „stinkende Schwefelluft" nannte. Als beste Darstellungsweise bezeichnete er die aus Schwefeleisen und Säure. Während des Zusammenschmelzens von Eisenfeile mit Schwefel habe sich „das überflüssige Phlogiston vom Eisen geschieden und mit der Hitze des Feuers verbunden ... das zurückgebliebene Phlogiston ist eben die Portion, welche sich mit der Hitze des Eisens verbindet und mit dem zugleich mit Hilfe der Vitriolsäure loß gewordenen Schwefel eine stinkende Schwefelluft zuwege bringt".

Schwefelwasserstoff gehört zu den giftigen Substanzen in der Natur. Schwefelwasserstoff lähmt fast sofort den Geruchssinn, so daß man gleich nach dem ersten Einatmen den Geruch von Schwefelwasserstoff nicht mehr wahrnimmt.

Das Schwarze Meer ist das größte Schwefelwasserstoffreservoir der Welt. Unterhalb einer Tiefe von 150 bis 200 Metern gibt es kein Leben mehr. Das Wasser ist dort mit Schwefelwasserstoff gesättigt. Da ein großer Teil des Schwarzen Meeres sehr tief ist, heißt das, daß in etwa 90% des Meeres kaum organisches Leben vorkommt. Sauerstofflose und mit Schwefelwasserstoff angereicherte Gebiete gibt es auch vor der Küste Perus. Eine der gefürchtetsten, regelmäßig wiederkehrenden Katastrophen ist „El niño". Der Schwefelwasserstoff quillt aus der Tiefe an die Oberfläche, wo er das gesamte Ökosystem abtötet und die Küstenfischerei ruiniert.

Der Schwefel ist immer wieder gut für Überraschungen. Auf dem Weg in die moderne Chemie überlebte er ohne Schaden zu nehmen die Phlogistontheorie, nach der aus Phlogiston und Schwefelsäure Schwefel entstehen soll. Eine andere Theorie behauptete, Schwefel sei eine Art Verbindung von Wasserstoff und Sauerstoff. Schließlich fanden *Gay-Lussac* und *Thenard*, daß der Schwefel ein Element ist.

Abgesehen von der Bedeutung, die der Schwefel für den Chemiker hat, ist er für alles Leben von grundlegender Bedeutung. Durchschnittlich hat jeder Mensch 150 g Schwefel in sich. Auch in der Atmosphäre und im Weltraum spielt der Schwefel eine große Rolle. Jeder kennt inzwischen die Probleme, die der Ausstoß von SO_2 mit sich bringt, aber kaum jemand weiß, daß aus dem Plankton im Meer enorme Mengen an Schwefelverbindungen ausgestoßen werden.

Auch Bakterien darf man bei einer Betrachtung des Schwefels nicht außer acht lassen. Acidophile Arten findet man in der Umgebung von Kohlehalden. Durch Oxidation von Schwefel entsteht als Nebenprodukt Schwefelsäure. Diese Eigenschaft wird beim sogenannten 'Bakterienbergbau' industriell genutzt. Viele Bakterien leben oder überleben unter ungewöhnlichen oder extremen Bedingungen wie beispielsweise solche mit Lebenszyklen, die auf dem Schwefel basieren. So leben die *Pyrobaculum Islandicum* fröhlich in heißen Quellen und holen ihre Energie aus der chemischen Reaktion von Schwefel und Wasserstoff. Die Entdeckung, daß Bakterien unter solchen ungastlichen Bedingungen existieren, nährt die Vorstellung, daß in unserem Sonnensystem der Schwefel auch andere Lebenszyklen bestimmt. Mit 'Voyager' konnte man auf dem Jupitersatelliten Io Schwefel sehen, der wahrscheinlich aus den aktiven Vulkanen als Schwefeldampf und SO_2 kommt und abgelagert wird. Daraus könnte man schließen, daß tief in irgendwelchen Schwefelseen ein entfernter Verwandter des *Pyrobaculum Islandicum* lebt.

Literatur

[1] G. Jander, E. Blasius, Lehrbuch der analytischen und präparativen anorganischen Chemie, 12. Auflage, S. Hirzel Verlag, Stuttgart, **1983**.

[2] A.F. Holleman, E. Wiberg, Lehrbuch der Anorganischen Chemie, 101. Auflage, Walter de Gruyter Verlag, Berlin, **1995**.

[3] P. Kelly, Hell's Angel – a brief history of sulfur, Chemistry in Britain **1996**, *33,* 25.

[4] Schwefel, Gmelins Handbuch der Anorganischen Chemie, Verlag Chemie GmbH, Weinheim, **1953**.

Reaktionen des Schwefels

1. Darstellung von Schwefeldioxid

Geräte

Probiergläschen mit Deckel und Septum, Spatel, 1 mL Glasspritze, 5 mL Glasspritze, 2 Injektionsnadeln (0.9 × 40 mm), Stativ (klein), 2 Muffen, 2 Klemmen, Schutzhandschuhe, Schutzbrille

Chemikalien

Na_2SO_3, (Xn, mindergiftig; R: 22, 36/38; S: 26, 36),

12 mol/L Salzsäure (C, ätzend; MAK-Wert: 7 mg/m^3; R: 34, 37; S: 2, 26, 45)

Vorsicht

Schwefeldioxid ist giftig und wirkt reizend auf die Schleimhäute.
MAK-Wert 5 mg/m^3

Versuchsdurchführung

In dem Gläschen wird Dinatriumsulfit (2 Spatelspitzen, ca. 30 mg) vorgelegt und das Probierglas anschließend mit Septum und Deckel verschlossen. Daraufhin werden die Klemmen übereinander am Stativ in einem Abstand von ca. 6 cm angeordnet. Die untere wird zur Befestigung des Reaktionsgefäßes verwendet, während die obere als Halterung für die 5 mL Glasspritze dient.

Nun werden in die 1 mL Spritze 0.6 mL Salzsäure gefüllt und die Injektionsnadel in das Probiergläschen eingeführt. Danach wird die Nadel der 5 mL Glasspritze ebenfalls montiert, wobei die Spitze ca. 2–3 mm in das Gläschen hineinragen soll. Anschließend wird die Salzsäure langsam zum Dinatriumsulfit getropft. Nach wenigen Tropfen ist eine starke Gasentwicklung zu erkennen. Durch den Gasdruck wird der Stempel der Glasspritze nach oben getrieben und das Gas in der 5 mL Glasspritze aufgefangen.

Durch Zugabe der Salzsäure zum festem Natriumsulfit entsteht Schwefeldioxid (T, giftig).

$$Na_2SO_3 + 2\,HCl \rightarrow 2\,NaCl + H_2O + SO_2\uparrow$$

Anstelle der Salzsäure kann auch konzentrierte Schwefelsäure verwendet werden.

Entsorgung

Die Reaktionslösung wird mit Natronlauge neutralisiert und kann anschließend gefahrlos in die Kanalisation entsorgt werden.

2. Nachweis von Schwefeldioxid durch Säure-Base-Indikator

Geräte

Probiergläschen, Pasteurpipette mit Pipettenhütchen, 5 mL Glasspritze, 1 mL Glasspritze, 2 Injektionsnadeln (0.9 × 40 mm), Schutzhandschuhe, Schutzbrille

Chemikalien

SO_2 (T, giftig; MAK-Wert: 5 mg/m^3; R: 23, 36/37; S: 7/9, 45), dest. H_2O, Lackmuslösung

Vorsicht

Schwefeldioxid ist giftig und wirkt reizend auf die Schleimhäute.

Versuchsdurchführung

In das Probiergläschen werden 0.5 mL destilliertes Wasser und ein Tropfen Lackmuslösung gegeben. Die Lösung färbt sich rotblau. Nun wird die Injektionsnadel der 5 mL Glasspritze in die Lösung eingetaucht und anschließend das Schwefeldioxid langsam (3 mL/min) injiziert. Bei Zugabe des Schwefeldioxids schlägt die Farbe der Lösung von rotblau nach rot um (Farbabb. 19).

Das Schwefeldioxid reagiert mit dem Wasser unter Bildung von Hydrogensulfit und Protonen.

$$SO_2 + 2\,H_2O \rightarrow HSO_3^- + H_3O^+$$

Durch die Bildung der Säure wird der pH-Wert der Lösung erniedrigt, wodurch die Farbe des Indikators von rotblau – im neutralen Berreich – zu rot – im sauren Bereich – umschlägt.

Entsorgung

Die Reaktionslösung wird mit verdünnter Natronlauge neutralisiert und kann anschließend gefahrlos in die Kanalisation entsorgt werden.

3. Nachweis von Schwefeldioxid durch Entfärben einer Iodlösung

Geräte

Probiergläschen,
Pasteurpipette mit Pipettenhütchen,
5 mL Glasspritze,
1 mL Glasspritze,
2 Injektionsnadeln (0.9 × 40 mm),
Schutzhandschuhe,
Schutzbrille

Chemikalien

SO_2 (T, giftig; MAK-Wert: 5 mg/m^3; R: 23, 36/37; S: 7/9, 45),

Iod (Xn, mindergiftig; R: 20/21; S: 2, 23, 25)

Vorsicht

Schwefeldioxid ist giftig und wirkt reizend auf die Schleimhäute.

Versuchsdurchführung

In das Probiergläschen wird eine kleine Spatelspitze Iod (ca. 5 mg) gegeben und mit 1 mL destilliertem Wasser versetzt. Anschließend wird die Injektionsnadel der 5 mL Glasspritze in die Lösung eingetaucht und das Schwefeldioxid langsam (3 mL/min) zugegeben. Während der Zugabe des Gases entfärbt sich die Iodlösung.

Bei der Umsetzung von Schwefeldioxid mit Wasser bilden sich Protonen und Hydrogensulfit.

$$SO_2 + 2\,H_2O \rightarrow HSO_3^- + H_3O^+$$

Die Säure wirkt gegenüber elementarem Iod als Reduktionsmittel und reduziert dieses zu Iodid. Gleichzeitig wird der Schwefel von der Oxidationsstufe (+IV) zu (+VI) oxidiert.

$$HSO_3^- + I_2 + 3\,H_2O \rightarrow HSO_4^- + 2\,I^- + 2\,H_3O^+$$

Es muß darauf geachtet werden, daß die Iodlösung nicht zu konzentriert ist, da sonst keine vollständige Entfärbung stattfindet. Aus diesem Grunde ist eine schwach gefärbte Iodlösung zu verwenden.

Entsorgung

Die saure Reaktionslösung wird mit verdünnter Natronlauge neutralisiert. Anschließend kann die Lösung gefahrlos in die Kanalisation entsorgt werden.

4. Darstellung von Schwefelwasserstoff

Geräte

Probiergläschen mit Deckel und Septum, Spatel, 1 mL Glasspritze, 5 mL Glasspritze, 2 Injektionsnadeln (0.9 × 40 mm), Stativ (klein), 2 Muffen, 2 Klemmen, Schutzhandschuhe, Schutzbrille

Chemikalien

FeS (Xi, reizend; R: 32, 36/37/38; S: 26, 36),

12 mol/L Salzsäure (C, ätzend; MAK-Wert: 7 mg/m^3; R: 34, 37; S: 2, 26, 45)

Vorsicht

Schwefelwasserstoff ist stark toxisch. Beim Einatmen größerer Mengen kann man ersticken. MAK-Wert: 15 mg/m^3 (T, giftig; F, leicht entzündlich; R: 12, 26; S: 7/9, 16, 45)

Versuchsdurchführung

2 Spatelspitzen (ca. 30 mg) Eisen-(II)-sulfid werden im Probiergläschen vorgelegt und dieses anschließend mit Septum und Deckel verschlossen. Nun werden die Klemmen in einem Abstand von ca. 6 cm übereinander am Stativ angeordnet. Die untere dient zur Befestigung des Reaktionsgefäßes, während mit der oberen die 5 mL Glasspritze arretiert wird.

Anschließend werden 0.6 mL Salzsäure in die 1 mL Glasspritze gezogen, und die Injektionsnadel in das Probiergläschen eingeführt. Nun wird die Nadel der 5 mL Glasspritze ebenfalls montiert, wobei die Spitze ca. 2–3 mm in das Gläschen hineinragen soll. Daraufhin wird die Salzsäure langsam zum Eisen-(II)-sulfid getropft. Schon nach wenigen Tropfen tritt eine starke Gasentwicklung auf. Das gebildete Gas wird in der 5 mL Glasspritze aufgefangen.

Bei der Umsetzung von konzentrierter Salzsäure mit Eisen-(II)-sulfid bildet sich leicht flüchtiger Schwefelwasserstoff.

$$FeS + 2\,HCl \rightarrow H_2S\uparrow + FeCl_2$$

Schwefelwasserstoff wird u.a. in der Analytik als Reagenz für die Sulfidfällung im Rahmen des Kationentrennungsganges verwendet.

Entsorgung

Die Reaktionslösung wird in einen Behälter für Schwermetallabfälle gegeben. Die gesammelten Abfallprodukte können anschließend entsorgt werden.

5. Darstellung von Schwefel

Geräte

Probiergläschen mit Deckel und Septum, 5 mL Glasspritze, 1 mL Glasspritze, 3 Injektionsnadeln (0.9 × 40 mm), Schutzhandschuhe, Schutzbrille

Chemikalien

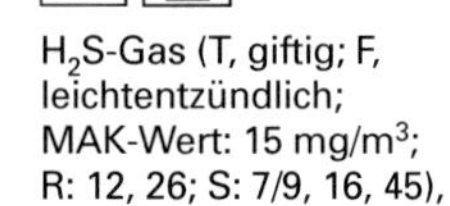

H_2S-Gas (T, giftig; F, leichtentzündlich; MAK-Wert: 15 mg/m^3; R: 12, 26; S: 7/9, 16, 45),

Iod (Xn, mindergiftig; R: 20/21; S: 2, 23, 25)

Vorsicht

Schwefelwasserstoff ist stark toxisch. Beim Einatmen größerer Mengen wird der Geruchssinn blockiert.

Versuchsdurchführung

In das Probiergläschen wird eine kleine Spatelspitze Iod (ca. 5 mg) gegeben, mit 1 mL destilliertem Wasser versetzt und das Gläschen mit Deckel und Septum verschlossen. Anschließend wird die Injektionsnadel der 5 mL Glasspritze in das Gläschen eingeführt. Man sollte darauf achten, daß die Nadel möglichst weit in die Iodlösung eintaucht. Daraufhin führt man eine zweite Injektionsnadel – zum Druckausgleich – in das Gläschen ein. Nun wird der Schwefelwasserstoff langsam (3 mL/min) injiziert. Während der Zugabe des Gases entfärbt sich die Iodlösung, und es tritt eine milchige Trübung der Reaktionslösung ein.

Schwefelwasserstoff verhält sich in wäßriger Lösung gegenüber Iod als Reduktionsmittel. Elementares Iod wird zu Iodid reduziert, während der Schwefel des Sulfids zu elementarem Schwefel oxidiert wird. In feiner Verteilung bildet der Schwefel eine milchig trübe Lösung.

$$H_2S + I_2 \rightarrow 2\,HI + S\downarrow$$

Entsorgung

Die Reaktionslösung wird mit verdünnter Natronlauge neutralisiert. Aufgrund der geringen Mengen an gebildetem Schwefel kann die Lösung anschließend gefahrlos in die Kanalisation entsorgt werden.

6. Kationennachweis durch Sulfidfällung in saurer Lösung

Geräte

Probiergläschen mit Deckel und Septum, 1 mL Glasspritze, 5 mL Glasspritze, 3 Injektionsnadeln (0.9 × 40 mm), Schutzhandschuhe, Schutzbrille

Chemikalien

H_2S-Gas (T, giftig; F, leichtentzündlich; MAK-Wert: 15 mg/m^3; R: 12, 26; S: 7/9, 16, 45),

2 mol/L Salzsäure (C, ätzend; MAK-Wert: 7 mg/m^3; R: 34, 37; S: 2, 26, 45),

0.1 mol/L $CdCl_2$-Lösung (T, giftig; R: 45, 48/23/25; S: 45, 53)

Vorsicht

Schwefelwasserstoff ist stark toxisch. Beim Einatmen größerer Mengen besteht Erstickungsgefahr.

Versuchsdurchführung

In das Gläschen wird 1 mL Cadmiumdichloridlösung gefüllt und mit 3 Tropfen verdünnter Salzsäure angesäuert. Anschließend wird das Gläschen mit Deckel und Septum verschlossen. Nun wird die Injektionsnadel der mit Schwefelwasserstoff gefüllten 5 mL Glasspritze in das Probiergläschen eingeführt. Um eine optimale Umsetzung zu gewährleisten, sollte die Nadelspitze bis zum Boden des Reaktionsgefäßes in die Lösung eintauchen. Anschließend wird eine zweite Injektionsnadel in das Gläschen eingeführt. Sie dient zum Ausgleich des Überdruckes, der sich beim Einleiten des Gases im Reaktionsgefäß aufbaut.

Nun wird das Gas langsam (1 mL/min) injiziert. Sobald der Schwefelwasserstoff mit der Cadmiumdichloridlösung in Berührung kommt, bildet sich ein deutlich sichtbarer gelber Niederschlag.

Bei der Zugabe des Schwefelwasserstoffs zur Cadmiumdichloridlösung bildet sich schwerlösliches Cadmiumsulfid.

$$Cd^{2+} + S^{2-} \rightarrow CdS$$

Entsprechend dieser Versuchsbeschreibung können eine große Anzahl weiterer Metallkationen in saurer Lösung als Sulfide nachgewiesen werden. Einige dieser Sulfide sind in Tabelle 1 zusammengefaßt.

Tabelle 1: Sulfidnachweis

Metallsulfid	Farbe des Sulfids	
SnS	braun	
CdS	gelb	(Farbabb. 20)
PbS	schwarz	
CuS	schwarz	
HgS	schwarz	

Anstelle des Schwefelwasserstoffes kann auch eine Natriumsulfidlösung bzw. gesättigtes H_2S-Wasser verwendet werden.

Entsorgung

Die Abfallprodukte, die bei der Sulfidfällung entstehen, werden in einem Behälter für Schwermetallabfälle gesammelt und können anschließend Unternehmen zur Entsorgung bzw. zur Aufarbeitung übergeben werden.

7. Kationennachweis durch Sulfidfällung in alkalischer Lösung

Geräte

Probiergläschen mit Deckel und Septum, 1 mL Glasspritze, 5 mL Glasspritze, 3 Injektionsnadeln (0.9 × 40 mm), Schutzhandschuhe, Schutzbrille

Chemikalien

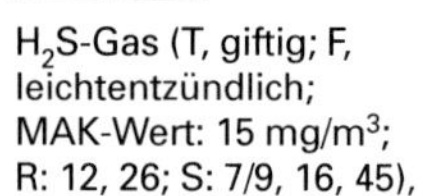

H_2S-Gas (T, giftig; F, leichtentzündlich; MAK-Wert: 15 mg/m^3; R: 12, 26; S: 7/9, 16, 45),

0.1 mol/L $MnCl_2$-Lösung (Xn, mindergiftig; R: 22; S: 2),

1 mol/L Ammoniaklösung (Xi, reizend; MAK-Wert: 35 mg/m^3; R: 36/37/38; S: 2, 7, 26, 45)

Vorsicht

Schwefelwasserstoff ist stark toxisch. Beim Einatmen größerer Mengen besteht Erstickungsgefahr.

Versuchsdurchführung

1 mL Mangandichloridlösung wird in das Probiergläschen gefüllt und mit 3 Tropfen verdünnter Ammoniaklösung schwach alkalisch gemacht. Nun wird das Gläschen mit Deckel und Septum verschlossen. Die Injektionsnadel der 5 mL Glasspritze wird daraufhin in das Gläschen eingeführt, wobei die Nadelspitze bis zum Boden des Reaktionsgefäßes in die Lösung eintauchen sollte. Anschließend wird eine zweite Injektionsnadel – sie dient zum Druckausgleich – ebenfalls in das Gläschen montiert.

Nun wird das Gas langsam (1 mL/min) injiziert. Sobald der Schwefelwasserstoff mit der Mangandichloridlösung in Berührung kommt, fällt ein fleischfarbener Niederschlag aus.

Mangandichlorid reagiert mit Schwefelwasserstoff unter Bildung des schwerlöslichen Mangan-(II)-sulfids.

$$Mn^{2+} + S^{2-} \rightarrow MnS$$

Wie bei der Sulfidfällung im sauren Bereich, können auch im Alkalischen eine große Anzahl an Metallkationen als Sulfide ausgefällt werden. Tabelle 2 enthält einige Beispiele.

Tabelle 2: Nachweis von Metallkationen als Sulfide

Metallsulfid	Farbe des Sulfids
MnS	fleischfarben
FeS	schwarz
ZnS	weiß
CoS	schwarz
NiS	schwarz

Der Kationennachweis durch Sulfidfällung kann auch mit Natriumsulfid oder gesättigtem H_2S-Wasser durchgeführt werden.

Entsorgung

Die Schwermetallabfälle werden in einem gesonderten Behälter gesammelt und anschließend einem Unternehmen zur Entsorgung bzw. zur Aufarbeitung übergeben.

8. Sulfidfällungen auf Filterpapier

8.1 Sulfidfällungen im sauren Milieu

Geräte

1 mL Meßpipette, 3 Pasteurpipetten, Pipettenhütchen, Probierglas, Rundfilter (weich, ∅ ca. 5 cm), Schutzhandschuhe, Schutzbrille

Chemikalien

0.1 mol/L $SnCl_2$-Lösung (Xn, mindergiftig; R: 22, 36/37/38; S: 26, 36/37/39),

2 mol/L Salzsäure (C, ätzend; MAK-Wert: 7 mg/m^3; R: 34, 37; S: 2, 26, 45),

0.1 mol/L Na_2S-Lösung (C, ätzend; R: 31, 34; S: 26)

Versuchsdurchführung

Mit der Meßpipette werden 0.2–0.3 mL der Zinn-(II)-dichloridlösung in das Probierglas gegeben und daraufhin mit 2–3 Tropfen Salzsäure angesäuert. Auf dem Filterpapier wird mit vier Punkten ein Quadrat mit einer Kantenlänge von 3 cm markiert. Das Zentrum dieses Quadrates wird mit einem weiteren Punkt gekennzeichnet. Auf die vier Eckpunkte des Quadrates wird nun jeweils ein Tropfen der Zinn-(II)-dichloridlösung aufgetragen. Nachdem die Lösung vom Filterpapier vollständig aufgesaugt worden ist, wird 1 Tropfen der Natriumsulfidlösung in das markierte Zentrum gegeben. Sobald die Lösungen sich vermischen, bildet sich auf dem Filterpapier ein brauner Niederschlag von Zinn-(II)-sulfid.

$$Sn^{2+} + S^{2-} \rightarrow SnS$$

Die Fällung von Zinn-(II)-sulfid ist nur ein Beispiel für eine große Anzahl an Kationen, die auf diese Weise nachgewiesen werden können. Ein kleine Auswahl ist in Tabelle 1 enthalten.

Entsorgung

Da auf das Filterpapier nur äußerst geringe Chemikalienmengen aufgetragen werden, kann es gefahrlos mit dem normalen Papierabfall entsorgt werden. Die Schwermetallösungen werden in einem Behälter gesammelt und entsorgt.

8.2 Sulfidfällungen im alkalischen Milieu

Geräte

1 mL Meßpipette, 3 Pasteurpipetten, Pipettenhütchen, Probierglas, Rundfilter (weich, ∅ ca. 5 cm), Schutzhandschuhe, Schutzbrille

Chemikalien

0.1 mol/L $CoCl_2$-Lösung (T, giftig; R: 45, 22; S: 53, 45),

0.1 mol/L Na_2S-Lösung (C, ätzend; R: 31, 34; S: 26),

1.0 mol/L Ammoniak-Lösung (Xi, reizend; MAK-Wert: 35 mg/m^3; R: 36/37/38; S: 2, 7, 26, 45)

Versuchsdurchführung

0.2–0.3 mL der Cobalt-(II)-dichloridlösung werden mit der Meßpipette in das Probierglas gegeben und mit 2–3 Tropfen der verdünnten Ammoniaklösung alkalisch gemacht. Mit vier Punkten wird ein Quadrat mit einer Kantenlänge von 3 cm auf dem Filterpapier markiert. Das Zentrum dieses Quadrates wird mit einem weiteren Punkt gekennzeichnet. Jeweils ein Tropfen der Cobalt-(II)-dichloridlösung wird nun auf die vier Eckpunkte des Quadrates aufgetragen. Nachdem die Lösung vom Filterpapier vollständig aufgesaugt worden ist, wird 1 Tropfen der Natriumsulfidlösung in das markierte Zentrum gegeben. Es läßt sich gut beobachten, wie sich schwarzes Cobalt-(II)-sulfid bildet, sobald sich die Lösungen vermischen.

$$Co^{2+} + S^{2-} \rightarrow CoS$$

Aus Tabelle 2 können weitere Metallsulfide entnommen werden, die gemäß diesem Verfahren gefällt werden können.

Entsorgung

Aufgrund der sehr geringen Chemikalienmengen, die auf das Filterpapier aufgetragen werden, kann es gefahrlos mit dem normalen Papierabfall entsorgt werden. Die Schwermetallösungen werden in einem Behälter gesammelt und entsorgt.

9. Sulfatnachweis als $BaSO_4$

Geräte

Probiergläschen, 1 mL Meßpipette, 2 Pasteurpipetten, 2 Pipettenhütchen, Schutzhandschuhe, Schutzbrille

Chemikalien

0.1 mol/L $BaCl_2$-Lösung (Xn, mindergiftig; R: 20/22; S: 28),

1 mol/L Schwefelsäure (C, ätzend; MAK-Wert: 1 mg/m³; R: 35; S: 2, 26, 30, 45),

Versuchsdurchführung

In das Probiergläschen wird 1 mL Bariumdichloridlösung eingetragen. Anschließend werden 5 Tropfen Schwefelsäure hinzugegeben. Es bildet sich ein fein verteilter, weißer kristalliner Niederschlag.

Das Bariumkation reagiert mit dem Sulfatanion zu schwerlöslichem Bariumsulfat.

$$Ba^{2+} + SO_4^{2-} \rightarrow BaSO_4 \downarrow$$

Für diese Reaktion können auch Metallsulfate – wie Natriumsulfat verwendet werden. In diesen Fällen sollte die Reaktionslösung jedoch mit verdünnter Salzsäure leicht angesäuert werden.

Anstelle des Bariumdichlorids kann auch Bleidichlorid als Fällungsreagenz verwendet werden. Hierbei bildet sich ein weißer, gut sichtbarer Niederschlag von Bleisulfat.

Entsorgung

Sowohl Blei als auch Barium sind Schwermetalle und müssen in einem gesonderten Behälter für Schwermetallabfälle gesammelt werden.

X Eisen

Nicht nur zu Schneidewerkzeugen, sondern auch sonst findet das Eisen in der Heilkunst Anwendung. Für Erwachsene wie für Kinder ist es ein Schutzmittel gegen Zauberei, wenn man Kreise damit um sich ziehen oder einen Dolch um sich her tragen läßt; auch helfen Nägel, die aus einem Grabe gerissen und in die Schwelle geschlagen sind, gegen nächtlichen Irrsinn: Gegen plötzlich stechende Seiten- und Brustschmerzen hilft gelindes Stechen mit einem Dolche, mit dem ein Mensch durchbohrt worden ist, manche Leiden lassen sich durch Ausbrennen heilen; namentlich der Biß von einem tollen Hunde; denn wenn die Krankheit auch schon giftig geworden und Wasserscheu eingetreten ist, weicht sie sogleich, wenn man die Wunde brennt. Wenn man Getränk durch glühendes Eisen heiß macht, so ist dies gegen viele Leiden gut, besonders aber gegen ruhrartige.

Plinius Maior, Naturalis historia (34, 44),
in einer Übersetzung von Christian Friedrich Lebrecht Strack

Eisen ist immer ein wichtiger Werkstoff des Menschen gewesen. Es läßt sich jedoch nicht genau feststellen, welches Volk zuerst Eisen gewann und benutzte. Wahrscheinlich ist es an verschiedenen Orten zu unterschiedlichen Zeiten entdeckt worden und fast überall ging der Eisenzeit eine Bronze- oder Kupferzeit voraus. Das Meteoreisen war allerdings schon früh bekannt. Die Ägypter nannten es „himmlisches Eisen“ im Gegensatz zu anderen Metallen, denen sie geographische Herkunftsbezeichnungen gaben. Aufgrund seiner hohen Reinheit war es leicht zu bearbeiten. Tellurhaltiges Eisen wird in Ägypten erst im alten Reich benutzt. Es wurde mit dem Wüstengott Seth, dem Feind des Sonnengottes Osiris in Zusammenhang gebracht. Daher war es unrein und wurde bei religiösen Zeremonien nicht eingesetzt.

Die Chinesen waren die ersten, die flüssiges Roheisen und Eisenguß herstellten. Daraus machten sie dann Pflugscharen und Kochtöpfe für den Reis, aber auch Kunstwerke wie den thronenden Buddah in Tschinanfu mit einer Höhe von 5 m. Glocken wurden gegossen, um die bösen Geister zu vertreiben. Die größte stammt aus dem Jahr 1403, ist 4.25 m hoch und wiegt etwa 59 t. Das Eisenschmelzen war ein wichtiges Gewerbe und wurde daher nur mit Genehmigung und Überwachung einer sogenannten Eisenbehörde betrieben. Man konnte reich werden in diesem Gewerbe, denn das chinesische Eisen hatte einen hohen Tauschwert. In Afrika, mit Ausnahme von Ägypten, und in Indien verlief die Eisengewinnung ähnlich. Man erhitzte die Erze in Erdgruben oder schmolz sie in primitiven Öfen.

Überall dort, wo man Eisen verarbeitete, gab es naturgemäß auch Schmiede. In Europa waren diese die ersten Menschen, die seßhaft wurden. Sie waren auf Grundmaterialien wie Holz und damit Holzkohle angewiesen und ließen sich deshalb dort, wo es diese Materialien gab, nämlich im Wald, nieder. Finnische und turanische Völker sollen die ersten Schmiede gewesen sein. Man verfolgte und tötete sie, denn sie galten als gefährliche Zauberer. Oft werden Schmiede als Gnomen, Zwerge oder Verkrüppelte dargestellt. Aber man brauchte den Schmied, denn seine Waren wurden als Bedarfs- und Tauschmittel dringend benötigt. Das gleiche gilt für alle diejenigen Orte, an denen Eisen verarbeitet wurde. Schmiede waren einerseits hochgeschätzt und hoch entlohnt. Sie waren jedoch immer Außenseiter der Gesellschaft.

Auch in Indien gab es ein hochentwickeltes Schmiedehandwerk. Hier wurden Gegenstände von riesigen Ausmaßen hergestellt. Im Tempelhof der Kuwat-ul-Islam Moschee in Delhi steht eine schmiedeeiserne Säule von 40 cm Durchmesser und 7.5 m Höhe, wovon 6.5 m über dem Erdboden sind (Farbabb. 21). Diese Säule hat ein Gewicht von 6000 kg. Eine Inschrift auf der Säule läßt vermuten, daß sie etwa zwei bis drei Jahrhunderte n. Chr. aufgestellt worden ist. Die Säule wurde aus einzelnen Eisenklumpen zusammengeschweißt. Wahrscheinlich lagerte man das Werkstück auf Wellbäumen und schob es stückweise ins Feuer. Die einzelnen Eisenklumpen wurden mit dem bereits fertigen Korpus verbunden. Schließlich wurde das Werkstück aus dem Feuer gezogen und die Schweißstellen nachgehämmert. Mehrere Schmiedestücke dieser Größe sind bis heute erhalten.

Nicht nur Eisen sondern auch Stahl wurde geschmiedet. Den Stahl gewann man, indem man das aus reinen Erzen gewonnene Schmiedeeisen in Stäbchen zerlegte, mit Holz und Blättern von harz- und saftreichen Pflanzen zusammenschichtete und dann erhitzte. Das Schmelzen dauerte etwa sechs Stunden. Dann wurde das Schmelzprodukt mit einer Schicht Brauneisenpulver und Ton überzogen und vorsichtig im Feuer ausgeglüht. Danach entkohlte man das Produkt so weit, daß es sich bearbeiten ließ.

Der indische Stahl wurde bevorzugt zu Schwertern verarbeitet. Der Besitz von solchen Schwertern sollte Glück bringen. Bereits um 1000 v. Chr. gab es eine relativ bedeutende Eisenindustrie in Syrien. Die berühmten Damaszener Klingen stammen jedoch aus einer späteren Zeit. Nach Palästina kam die Kenntnis der Eisengewinnung wahrscheinlich durch die Philister, die sich dort im 12. Jahrhundert v. Chr. niederließen. Auch die Ureinwohner Kanaans benutzten bereits Eisen, da man dort Schmelzöfen aus der gleichen Zeit gefunden hat. In der Bibel wird an vielen Stellen auf Eisen hingewiesen. Goliaths Lanzenspitze war aus Eisen, zum Bau des Tempels in Jerusalem brauchte Salomon etwa 100 000 Talente Eisen.

Wedan und Jawan haben von Usal auf deine Märkte geformtes Eisen, Zimt und Kalmus gebracht; die kamen als Ware.

Hesekiel 27, 19

Philister wie Juden benutzten das Metall hauptsächlich zur Herstellung von Ackergeräten. Nachdem die Juden von den Philistern besiegt worden waren, nahmen diese deren Schmiede mit, so daß sie danach immer zu den Philistern hinabsteigen mußten, um ihre Ackergeräte richten zu lassen.

Nach Griechenland kam das Eisen über den Handel. Man stellte zunächst nur Schmuckstücke aus dem Metall her. Erst spät, wahrscheinlich um 1000 v. Chr. begann man Eisen selbst zu gewinnen. Über die Technik ist wenig bekannt, vermutlich wurde auch hier das Erz in Erdgruben mit Holzkohle geschmolzen. Es wurde dann meist geschmiedet und nicht gegossen. Geschmiedete Spieße, Ringe und Barren dienten vor allem als Tauschmittel für Vieh, Getreide und ähnliche Dinge.

Im Mittelalter brachten Harzer Bergleute die Eisengewinnung durch die Erfindung des „Stückofens" einen großen Schritt vorwärts. Dieser ist fast mit einem modernen Hochofen zu vergleichen. Der Ertrag pro Tag und Ofen war etwa 500 kg flüssige Eisenmasse. Ein Teil dieser Masse floß als Gußeisen direkt in Formen, der größte Teil wurde jedoch zu Schmiedeeisen verarbeitet. Aus einem Teil des Gußeisens entstanden auch Kanonen- und Gewehrkugeln.

Im 18. Jahrhundert gab es einen neuen Durchbruch bei der Kohlegewinnung. *Abraham Darby* ist es zu verdanken, daß um 1720 die bis dahin benutzte Holzkohle durch Steinkohlenkoks ersetzt wurde.

Bis ins frühe 18. Jahrhundert gab es keinen Stahl, so wie wir ihn heute kennen. Das kohlenstoffhaltige Schmiedeeisen, das man dort einsetzte, wo Härte und Widerstandsfähigkeit erforderlich waren, war nicht homogen. Für die Herstellung einer homogenen Eisen-Kohle-Legierung mußte man eine spezielle Schmelzmethode anwenden, die um 1730 von *Benjamin Huntsman* erfunden wurde. Bis ins späte 19. Jahrhundert wurde Stahl nach der teuren *Huntsman*-Methode hergestellt. Bis heute sind die Methoden, Stahl herzustellen, jedoch ständig verbessert worden.

Literatur

[1] O. Johannsen, Geschichte des Eisens, 3. Aufl. Verlag Stahleisen, Düsseldorf, **1953**.

[2] E.O. v. Lippmann, Entstehung und Ausbreitung der Alchemie, Bd. 1, Springer Verlag, Berlin, **1919**.

[3] W. Helch, E. Otto, Lexikon der Ägyptologie, Bd. 1, Harassowitz Verlag, Wiesbaden, **1975**.

[4] W. Sontheimer, K. Ziegler, Der kleine Pauly, Bd. 2, DTV, München, **1979**.

[5] F. Bukatsch, W. Glöckner, Experimentelle Schulchemie, Bd. 3/I: Anorganische Chemie – Metalle, Aulis Verlag, Köln, **1971**.

[6] G. Jander, E. Blasius, Lehrbuch der analytischen und präparativen Chemie, 12. Auflage, S. Hirzel Verlag, Stuttgart, **1983**.

Reaktionen des Eisens

1. Passivierung des Eisens

Geräte

2 Glasküvetten,
2 1 mL Meßpipetten,

1 Pasteurpipette mit Pipettenhütchen,
1 Glasstab,

Schutzbrille,
Schutzhandschuhe

Chemikalien

2 kleine Eisennägel,

dest. H_2O

2 mol/L Salpetersäure (C, ätzend; MAK-Wert: 25 mg/m^3; R: 35; S: 2, 23, 26, 36, 45),

14 mol/L Salpetersäure (65 %) (C, ätzend; O, brandfördernd; R: 8, 35; S: 2, 23, 26, 27),

Versuchsdurchführung

In jede der beiden Glasküvetten wird ein Eisennagel gegeben. Mit Hilfe der Meßpipetten wird in die erste Küvette 1 mL verdünnte Salpetersäure und in die zweite Küvette 1 mL konzentrierte Salpetersäure eingefüllt.

Während in der ersten Küvette eine starke Gasentwicklung zu bemerken ist, tritt in der zweiten Küvette keine Reaktion auf. Nun verdünnt man die konzentrierte Salpetersäure in der zweiten Küvette vorsichtig mit Wasser. Es tritt immer noch keine Reaktion auf. Dann reibt man mit dem Glasstab an dem Nagel. Erst jetzt tritt eine heftige Gasentwicklung auf. Im Falle der konzentrierten Säure hat sich eine Oxidschicht gebildet, die den weiteren Angriff der Säure verhindert.

$$Fe + 2\,H_3O^+ \rightarrow Fe^{2+} + 2\,H_2O + H_2\uparrow$$

Vorsicht

Durch die starke Gasentwicklung in der zweiten Küvette kann es zu einem Überschäumen der Säure kommen.

Entsorgung

Der Rückstand aus den Küvetten wird mit Natronlauge neutralisiert und in das Abwasser gegeben.

2. Fe(III) als $Fe(SCN)_3$

Siehe Reaktionen mit kohlenstoffhaltigen Verbindungen (Farbabb. 22)

3. Fe(III) als $FePO_4$

Geräte

1 Glasküvette, 1 mL Meßpipette, 3 Pasteurpipetten mit Pipettenhütchen, Schutzbrille, Schutzhandschuhe

Chemikalien

0.1 mol/L $FeCl_3$-Lösung (Xn, mindergiftig; R: 22, 38, 41; S: 26, 39),

0.1 mol/L Na_2HPO_4-Lösung

Eisessig (C, ätzend; MAK-Wert; 25 mg/m^3; R: 10, 34, 35; S: 2, 23, 26, 45),

12 mol/L Salzsäure (C, ätzend; MAK-Wert: 7 mg/m^3; R: 34, 37; S: 2, 26, 45)

Versuchsdurchführung

Mit Hilfe der Meßpipette werden 0.5 mL Eisen-(III)-chloridlösung eingefüllt. Die Eisenchloridlösung wird nun mit 3 Tropfen Eisessig angesäuert. Dann gibt man 3–4 Tropfen Dinatriumhydrogenphosphat-Lösung hinzu. Es fällt ein voluminöser gelbstichiger Niederschlag aus.

$$Fe^{3+} + HPO_4^{2-} + CH_3COO^- \rightarrow FePO_4\downarrow + CH_3COOH$$

Bei tropfenweiser Zugabe von konzentrierter Salzsäure löst sich der Niederschlag auf.

$$FePO_4 + 3\,HCl \rightarrow FeCl_3 + H_3PO_4$$

Entsorgung

Die Rückstände aus der Küvette werden in das Abwasser gegeben.

4. Fe(II) als FeS

Geräte

Probiergläschen mit Deckel und Septum, 2 1 mL Einwegspritzen mit Injektionsnadeln, 1 mL Meßpipette, Schutzbrille, Schutzhandschuhe

Chemikalien

0.1 mol/L $FeSO_4$-Lösung (Xn, mindergiftig; R: 22, 41; S: 26, 39),

0.1 mol/L Na_2S-Lösung (C, ätzend; R: 31, 34; S: 26),

0.1 mol/L Salzsäure (C, ätzend; MAK-Wert: 7 mg/m^3; R: 34, 37; S: 2, 26, 45)

Versuchs-durchführung

Mit Hilfe der Meßpipette wird 1 mL Eisen-(II)-sulfatlösung in das Probiergläschen eingefüllt. Dann wird es mit dem Septum und dem Deckel verschlossen. Beide Einwegspritzen, die eine mit 0.1 mL Dinatriumsulfidlösung, die andere mit 0.1 mL verdünnter Salzsäure gefüllt, werden mit Hilfe der Injektionsnadeln durch das Septum in das Probiergläschen eingeführt. Nun wird die Dinatriumsulfidlösung der Eisen-(II)-sulfatlösung hinzugefügt. Es entsteht ein schwarzer Niederschlag.

$$Fe^{2+} + S^{2-} \rightarrow FeS\downarrow$$

Danach wird die verdünnte Salzsäure hinzugegeben. Der Niederschlag löst sich auf.

$$FeS + 2\,HCl \rightarrow FeCl_2 + H_2S$$

Entsorgung

Die Rückstände werden in das Abwasser geleitet.

5. Hydroxidfällung mit Natronlauge

Geräte

2 Glasküvetten,
2 1 mL Meßpipetten,

1 Pasteurpipette mit
Pipettenhütchen,
Schutzbrille,

Schutzhandschuhe

Chemikalien

0.1 mol/L $FeCl_3$-Lösung
(Xn, mindergiftig; R: 22, 38, 41; S: 26, 39),

0.1 mol/L $FeSO_4$-Lösung
(Xn, mindergiftig; R: 22, 41; S: 26, 39),

2 mol/L Natronlauge
(C, ätzend; MAK-Wert: 2 mg/m³; R: 35; S: 2, 26, 27, 37/39)

Versuchsdurchführung

Mit Hilfe der Meßpipetten wird in die erste Küvette 1 mL Eisen-(III)-chloridlösung und in die zweite Küvette 1 mL Eisen-(II)-sulfatlösung eingefüllt. In jede Küvette werden nun 2 Tropfen Natronlauge zugegeben. Die erste Küvette zeigt einen rotbraunen Niederschlag.

$$Fe^{3+} + 3\ OH^- \rightarrow Fe(OH)_3\downarrow$$

In der zweiten Küvette fällt ein weißer Niederschlag aus.

$$Fe^{2+} + 2\ OH^- \rightarrow Fe(OH)_2\downarrow$$

Andere Farben dieses Niederschlags lassen auf Verunreinigungen durch Eisen-(III)-salze schließen. Die Eisenhydroxidniederschläge liegen als Hydroxidhydrate vor.

Entsorgung

Die Rückstände in den Küvetten können in das Abwasser geleitet werden.

XI Kupfer

Kupfer oder *Cuprum* hat seinen Namen von der Insel Zypern, woher man im Altertum zuerst das Kupfer erhielt. Die Alchimisten nannten es *Venus*, weil Zypern dieser Göttin geweiht war.

Von alters her galten die Planeten als Götter. Die Lehre von den vier Elementen geht wahrscheinlich auf die vier den Babyloniern bekannten Planeten zurück: Jupiter, Mars, Saturn und Merkur. Die Venus, der hellste Planet, fehlt in dieser Aufzählung. Sie gehörte noch nicht dem Sonnensystem an und ist auf keiner der alten Sternentafeln zu finden. Man kann daher annehmen, daß sie erst in historischer Zeit ins Sonnensystem geraten ist. Wahrscheinlich aus diesem Grund betrachteten viele Alchimisten die Venus, das Metall Kupfer, mit Argwohn, und meinten, es tauge nichts.

> *Aber alles Silber und Gold samt den kupfernen und eisernen Geräten soll dem Herrn geheiligt sein, daß es zum Schatz des Herrn komme.*
>
> Josua 6, 19

> *... und hat ihn erfüllt mit dem Geist Gottes, daß er weise, verständig und geschickt sei zu jedem Werk, kunstreich zu arbeiten in Gold, Silber und Kupfer*
>
> 2. Moses 35

> *... und er machte den Brandopferaltar ... und überzog ihn mit Kupfer. Und er machte alle Geräte zu dem Altar, Töpfe für die Asche, Schaufeln, Becken, Gabeln, Kohlenpfannen, alles aus Kupfer.*
> *Und er machte am Altar ein Gitterwerk aus Kupfer. ...*
>
> 2. Moses 38

Schon im alten Testament wird das Kupfer zur Herstellung von verschiedenen Geräten erwähnt. Tatsächlich ist Kupfer das Metall, das man schon früh benutzt hat, da es nach dem Schmelzen sofort bearbeitet werden kann und durch den Zusatz anderer Metalle eine beträchtliche Härte annimmt. Auch die Griechen kannten und benutzten Kupfer. So wurden die trojanischen Helden mit ehernen Waffen ausgerüstet und auch für Gerätschaften des Ackerbaus und für Handwerkszeug hat man wahrscheinlich Kupfer oder eine Kupferlegierung benutzt. Später wurden alle diese Dinge aus Eisen hergestellt.

Kupfer ist neben Gold, Silber und Eisen das am längsten bekannte Metall. Im Altertum wurde eine Substanz als Metall bezeichnet, wenn sie außer Metallglanz auch eine gewisse Festigkeit und Dehnbarkeit auszeichnete. Man war der Meinung, daß die Metalle immer noch im Entstehen und aus Quecksilber und Schwefel zusammengesetzt seien. Je nach der Menge des einen oder anderen bestimme sich die Farbe des Metalls. Seit dem 15. Jahrhundert wird als zusätzlicher Bestandteil der Metalle noch das Salz angenommen.

„Du sollst mit Fleiß observiren, merken, verstehen und in Deinen Gedanken wohl aufzeichnen, daß alle Mineralia sowohl als die Metalle gleichfalls und ebener Maßen aus einem anfahenden Dinge sind geboren und generirt worden; dasselbe einige Ding ist nun nichts anderes denn ein rechter Schwaden, welcher aus dem Element Erden durch das Obergestirn ausgetrieben wird, als durch eine syderische Distillation der großen Welt, welche syderische warme Eingießung von oben in das untere durch ihre luftige feurige Eigenschaft operirt und wirket, daß eine Tugend und Kraft geistlicher unsichtbarer Weise eingepflanzt wird, welcher Rauch demnach sich im Erdreich resolvirt und gleich zu einem Wasser aufschleußt, aus welchem mineralischen Wasser ferner alle Metalle gewirket und gezeitiget werden zu ihrer Vollkommenheit; und wird ein solch Metall daraus, oder auch ein solch Mineral, darnach das meiste unter den tribus principiis die Herrschaft überkommen, darnach hat es viel Mercurium, Sulphur und Sal, oder wenig Mercurium, Sulphur und Sal, oder sind miscirt in einer ungleichen Abtheilung des Gewichts: daß also etliche Metalle dadurch fix werden, etliche aber unfix, das ist etliche beständig, etliche aber flüchtig und unbeständig."

Basilius Valentinus

Die Eigenschaften des Kupfers wurden früh erkannt und dienten bald als Anhaltspunkte zur Erkennung des Metalls; so z.B. die grüne Farbe, die Glas annimmt, wenn es mittels Kupferoxid gefärbt wird. Rotes Glas entstand durch Kupfer- und Eisenbeimischung, und Kupferionen in ammoniakalischer Lösung werden blau. Im Altertum wurde häufig ein künstlicher Lapis gebraucht, der ein blaues Kupfer-Polysilicat war.

Die ältesten bekannten Bergwerke, wo Kupfer gewonnen wurde und das Verhüttungswesen dem heutigen sehr ähnlich war, sind wahrscheinlich am Sinai betrieben worden. Auch in der Wüste östlich des roten Meeres wurde zwischen 5000 bis etwa 1200 v. Chr. Erzbergbau betrieben. Hier wie auch in Mesopotamien, wo bereits um 4000 v. Chr. Kupfer abgebaut wurde, müssen die Erze sehr rein gewesen sein, oder man kannte schon eine Raffination des Rohprodukts, denn bei Bronzen, die aus dieser Zeit stammen, konnte man keine Verunreinigungen feststellen. Statuetten von 2600 v. Chr. bestehen teils aus reinem, teils aus bleihaltigem Kupfer und früher für Bronzen gehaltene Statuen und Königsattribute aus Ägypten sind aus reinem Kupfer. Die Assyrer stellten ihre Gegenstände lieber aus Bronze her, für das sie in ihrer Keilschrift ein eigenes Zeichen haben. Auch in Nordamerika kannte man Kupfer schon in vorgeschichtlicher Zeit. Die Indianer benutzten für ihre Geräte nur Kupfer, nie Eisen. Aber erst seit etwa 1840 gehören die Vereinigten Staaten zu den wichtigsten Kupfer produzierenden Ländern.

Die ersten Bergwerke in Italien wurden von den Etruskern auf Elba angelegt. Die größten Mengen an Kupfer förderte man im Altertum in Spanien. Noch heute steht die Kupferförderung am Rio Tinto an dritter Stelle der Weltproduktion. In England begann der Kupferabbau erst im 18. Jahrhundert, obwohl schon im 17. Jahrhundert Flammöfen aus Ungarn eingeführt worden waren. Die Germanen kannten kein Kupfer. Erze wurden zwar schon früh, um 900, gefördert, aber nur wegen der Edelmetalle. Erst 1199 begann bei Hettstedt im Mansfeldischen der Bergbau auf Kupferschiefer. Um 1500 war der Kupferhüttenprozeß in seinen Grundzügen schon vorhanden.

Bereits gegen Ende des Mittelalters erfuhr der Bergbau in Deutschland einen bedeutenden Aufschwung. Bis dahin waren die „res metallicae" eine „servilische Handwerkskunst, die daher von den Gelehrten und subtilen Gemütern verachtet wird" (Cornelius Agrippa von Nettesheim, 1531). Die Verbesserung der Schmelzmethoden durch den Einsatz größerer Öfen und neuer mechanischer Hilfsmittel wie z.B. Hüttenkräne, Verringerung der Betriebskosten durch Verwendung von Abfallholz statt Holzkohle oder Wiederverwendung von Schlacke und eine verbesserte Materialkontrolle brachten dem Bergbau im 15. und 16. Jahrhundert einen zweiten, weit größeren Aufschwung. Die Geschichte der Kupfermetallurgie und speziell die der Kupferseigertechnik ist hierfür ein Beispiel.

Um die gleiche Zeit muß auch in Schweden der Kupferbergbau gefördert worden sein. *Friedrich Wöhler* berichtet, daß er während seines Besuches bei *Berzelius* auch die Gelegenheit hatte, eine Kupfergrube zu besichtigen.

> *„Am 1. Juli abends nach 9 Uhr fuhren wir von Stockholm ab, indem wir auch die fast taghellen Nächte zur Reise benutzten, besuchten am folgenden Morgen die Hüttenwerke zu Sala, setzten in der schönen Gegend von Hedemora über den großen Dalelf, und erblickten am zweiten Morgen von einer Anhöhe aus die alte Bergstadt Fahlun mit ihren vielen Grubenhalden, ihren schwarzen Schlackenbergen ihren durch die ewigen Röstdämpfe geschwärzten, hölzernen Häusern und den beiden rothen Kirchen mit grün corrodirten Kupferdächern. Durch Berzelius' Empfehlungen wurden wir von den Berg- und Hüttenbeamten sehr freundlich aufgenommen und bekamen Alles zu sehen, was für uns Interesse hatte. Zunächst besahen wir die grosse Pinge, diesen colossalen, gegen 300 Fuss tiefen, Schwindel erregenden Abgrund, der vor mehreren Jahrhunderten durch Einsturz ungeheurer Grubengebäude entstanden ist. Wir steigen auf den Boden desselben hinab und fuhren von da in die grosse Kupfergrube ein bis zu einer Tiefe von ungefähr 700 Fuß. Sie ist die grösste in Schweden, ihre alten Privilegien wurden schon im 14. Jahrhundert erneuert. Wir kamen durch mehrere jener ungeheuren Räume, entstanden durch Ausbringung des Erzes (hauptsächlich Kupfer- und Schwefelkies und silberhaltiger Bleiglanz), das hier auf eigenthümliche Weise in stockförmigen Lagern von ungewöhnlicher Mächtigkeit vorgekommen ist."*

Zur Zeit *Jakob Fuggers* beherrschte die Metallgewinnung, die industrielle und gewerbliche Weiterverarbeitung der Metalle und der Handel mit ihnen und den daraus hergestellten Fertigprodukten die Wirtschaft Deutschlands. Nicht nur für ihn war es eine „*grosse Sach, das die gröst gotzgab, So in der Christenhait sein mag, ist das perckwerckh, So tewtschland hat*..." und „*Ich mach Rechnung, das ain jar in tewtsch-*

land auss den pergen gegraben wird umb XXV mal hundert tawsent guldin wert gold, Silber, Kupher, Zin, Eysen, quecksilber pley".

Kriege wie der Hundertjährige Krieg zwischen England und Frankreich oder die Kriege gegen die Türken oder Mauren erforderten durch den Einsatz von Söldnerheeren, Bereitstellung von Material und Festungsarbeiten einen hohen finanziellen Aufwand. Dazu kamen im Zeitalter der Renaissance die steigenden Ansprüche an Luxusgütern und repräsentativen Bauten. Fürsten und Feldherren wurden immer abhängiger von ihren Geldgebern, Mangel am Münzmetall Silber führte zur Erhöhung des Kupfergehalts in den Münzen.

Die Neuerschließung und Wiederbelebung von Bergwerken war daher eine notwendige Maßnahme. In der Zeit zwischen 1450 und 1540 stieg die Silberproduktion um 500%, was gleichzeitig den Kupferbergbau förderte, da die häufig vorkommenden Kupferlager einen relativ hohen Anteil an Silber haben. So war die Entwicklung der Kupferseigertechnik zunächst eine Folge starker Silbernachfrage.

Bei der Kupferseigertechnik wird silberhaltiges Kupfer mit einer größeren Menge Blei bei hohen Temperaturen zusammengeschmolzen. Beim Abkühlen scheidet sich zunächst Kupfer ab. Beim Unterschreiten der eutektischen Temperatur scheidet sich nahezu das gesamte Silber in Form von Mischkristallen ab. Während der nun folgenden Seigerarbeit werden die in einem heterogenen Gefüge vorliegenden Hauptbestandteile voneinander getrennt. Der Vorteil des Kupferseigerns gegenüber der traditionellen Steinentsilberung liegt darin, daß das Seigern beim Rohkupfer (Schwarzkupfer) mit geringem Schwefelgehalt ansetzt. Hier ist der Silberanteil stärker konzentriert, der Schwefelgehalt und der Schlackenanfall sind geringer und dadurch ist das resultierende Seigerblei silberreicher. Eine stärkere Entsilberung des Kupfers bedeutete eine höhere Rentabilität der Betriebe, was eine überregional zentralisierte Hüttenindustrie nach sich zog, die die Kupferseigertechnik in großem Stil nutzte.

Das Verfahren der Kupferseigerung wird in der metallurgischen Literatur des 16. Jahrhundert hauptsächlich von *Agricola* in „De re metallica" beschrieben. Allerdings ist seine Schilderung der mechanischen Ausrüstung und der unterschiedlichen Anlagen sehr viel ausführlicher als die der verfahrenstechnischen Einzelheiten.

Kupfer ist sehr geschmeidig und wie Silber hat es eine hohe elektrische Leitfähigkeit. Da es von Wasser oder auch Wasserdampf nicht angegriffen wird, benutzt man es, um unter anderem Drähte, Rohre oder Kochtöpfe herzustellen. Messing und Bronze sind Kupferlegierungen. Grünspan ist eine Kupferverbindung, die bei der Einwirkung von Essigsäuredämpfen auf Kupferplatten entsteht (basisches Kuperacetat).

Kupfersulfatlösungen finden Anwendung in der Galvanoplastik zur Vervielfältigung von Kunstgegenständen. Dabei wird das Kupfer elektrolytisch auf der graphitierten Unterlage abgeschieden und kann so leicht abgehoben werden.

Unter dem Namen Fehling'sche Lösung dient eine alkalische Kupfersalzlösung der Weinsäure zum Nachweis reduzierender Stoffe wie z.B. Zucker.

Kupfer gehört für den Menschen zu den essentiellen Elementen. Die tägliche Aufnahme und Abgabe beträgt im Mittel etwa 1 mg. Für die niederen Organismen (Bakterien, Algen) sind Kupferverbindungen starke Gifte. Blumen halten sich deshalb besser in Kupfergefäßen als in Glasvasen. Durch die Zugabe eines blanken Kupferpfennigs oder eines Kupferstreifens erhält man vergleichbare Effekte. Im Gegensatz dazu tolerieren Thiobacillus-Bakterien hohe Kupferkonzentrationen und dienen zum Auslaugen von kupferarmen Erzen (Bioleaching).

Literatur

[1] G. Jander, E. Blasius, Lehrbuch der analytischen und präparativen anorganischen Chemie, 12. Auflage, S. Hirzel Verlag, Stuttgart, **1983**.

[2] R.C. Teitelbaum, S.C. Ruby, T.J. Marks, Indirekter Kupfer-(I)-nachweis durch Bildung des Iod-Amylose-Komplexes, J. Am. Chem. Soc. **1978**, *100*, 3215.

[3] A.F. Holleman, E. Wiberg, Lehrbuch der Anorganischen Chemie, 101. Auflage, Walter de Gruyter Verlag, Berlin, **1995**.

[4] Kupfer-(II)-nachweis als Kupfer-(I)-reineckat, Gmelin Handbuch, Syst.-Nr. 52, Cr. **1965**, *Tl. C*, S. 243.

[5] L. Suhling, Der Seigerhüttenprozeß, Riederer-Verlag, Stuttgart, **1976**.

[6] H. Kopp, Geschichte der Chemie Theil 4, Nachdruck der Ausgabe **1847** Georg Olms, Hildesheim, **1966**.

[7] H. Gebelein, Alchemie, 2. Auflage, Eugen Diederichs Verlag, München, **1996**.

Reaktionen des Kupfers

1. Indirekter Kupfer-(I)-nachweis durch Bildung des Iod-Amylose-Komplexes

Geräte

2 Probiergläschen, 2 1 mL Meßpipetten, Pasteurpipette mit Pipettenhütchen, Schutzhandschuhe, Schutzbrille

Chemikalien

0.1 mol/L $CuSO_4$-Lösung (Xn, mindergiftig; R: 22, 36/38; S: 22), 0.1 mol/L KI-Lösung, gesättigte Stärkelösung

Versuchsdurchführung

In das erste Probiergläschen wird 1.0 mL Kaliumiodidlösung, in das zweite werden 0.7 mL Kaliumiodid- und 0.3 mL frisch zubereitete gesättigte Stärkelösung gefüllt. Nun werden zu beiden Lösungen langsam 7–8 Tropfen Kupfersulfatlösung hinzugegeben. Im ersten Probiergläschen fällt ein leicht braun gefärbter Niederschlag aus. Die zweite Lösung, die zusätzlich die Stärkelösung enthält, verfärbt sich intensiv violett.

Beim Umsetzen von Kupfer-(II) mit Iodid entsteht primär Kupfer-(II)-iodid.

$$Cu^{2+} + 2\,I^- \rightarrow CuI_2$$

Dieses ist im Vergleich zu Kupfer-(II)-chlorid nicht beständig und geht in Kupfer-(I)-iodid und elementares Iod über.

$$2\,CuI_2 \rightarrow 2\,CuI + I_2$$

Der Niederschlag im ersten Gläschen besteht aus weißem Kupfer-(I)-iodid, das durch elementares Iod leicht verfärbt ist.

Die intensive Violettfärbung der zweiten Lösung ist auf die Bildung eines Charge-Transfer-Komplexes zwischen dem Polyhalogenidanion I_5^- und der Amylose-Komponente der Stärke zurückzuführen.

$$I^- + 2\,I_2 \rightarrow I_5^-$$

$$I_5^- + \text{Amylose} \rightarrow \text{Charge-Transfer-Komplex}$$

Die Bildung dieses Komplexes wird aufgrund seiner Empfindlichkeit in der Analytik als Nachweis für elementares Iod verwendet.

Entsorgung

Die Reaktionslösung wird in einen Behälter für Schwermetallabfälle gegeben.

2. Kupfernachweis als $Cu(OH)_2$

Geräte

Probiergläschen, 1 mL Meßpipette, Pasteurpipette mit Pipettenhütchen, Schutzhandschuhe, Schutzbrille

Chemikalien

0.1 mol/L $CuSO_4$-Lösung (Xn, mindergiftig; R: 22, 36/38; S: 22),

2 mol/L Natronlauge (C, ätzend; MAK-Wert: 2 mg/m^3; R: 35; S: 2, 26, 27, 37/39)

Versuchsdurchführung

In dem Probiergläschen wird 1 mL Kupfersulfatlösung vorgelegt. Anschließend werden 5 Tropfen Natronlauge zugetropft. Es bildet sich ein tiefblauer Niederschlag. Nun gibt man erneut tropfenweise Natronlauge zu, bis sich der Niederschlag wieder auflöst. Es entsteht eine hellblau gefärbte Lösung.

Beim Umsetzen von Kupfer-(II) mit Natronlauge bildet sich schwerlösliches Kupfer-(II)-hydroxid.

$$Cu^{2+} + 2\ OH^- \rightarrow Cu(OH)_2$$

Gibt man zu Kupfer-(II)-hydroxid einen Überschuß von Natronlauge hinzu, bildet sich der lösliche Natriumcuprat-(II)-komplex.

$$Cu(OH)_2 + 2\ NaOH \rightarrow Na_2[Cu(OH)_4]$$

Anstelle von Natronlauge kann beispielsweise auch eine 0.1 mol/L Natriumcarbonatlösung verwendet werden.

Entsorgung Die Lösung wird in einen Behälter für Schwermetallrückstände gegeben. Sämtliche Schwermetallabfälle können anschließend zum Entsorgen bzw. zum Aufarbeiten gegeben werden.

3. Darstellung von Fehling'scher Lösung

Geräte

Probiergläschen, 2 1 mL Meßpipetten,

Pasteurpipette mit Pipettenhütchen,

Schutzhandschuhe, Schutzbrille

Chemikalien

0.1 mol/L $CuSO_4$-Lösung (Xn, mindergiftig; R: 22, 36/38; S: 22),

2 mol/L Natronlauge (C, ätzend; MAK-Wert: 2 mg/m^3; R: 35; S: 2, 26, 27, 37/39),

$KNaC_4H_4O_6$ (R: 34; S: 26, 36/37/39, 45)

Versuchsdurchführung

In das Probiergläschen füllt man eine kleine Spatelspitze Kaliumnatriumtartrat. Nun fügt man 0.7 mL Kupfersulfatlösung hinzu. Anschließend werden 0.3 mL Natronlauge zu dieser Lösung gegeben. Es entsteht eine tiefblaue, klare Lösung.

Enthält eine Kupfersulfatlösung Tartrationen, so findet bei Zugabe von Natronlauge keine Fällung von Kupfer-(II)-hydroxid statt. Dies beruht auf der Bildung eines löslichen Komplexes zwischen einem Kupfer-(II)-ion und zwei Tartrationen.

$$2\,[C_4H_4O_6]^{2-} + Cu(OH)_2 \rightarrow [Cu(C_4H_3O_6)_2]^{4-} + 2\,H_2O$$

Diese Lösung wird in der Analytik als Fehling'sche Lösung bezeichnet. Sie wird als Nachweisreagenz – für z.B. Aldehyde – verwendet. Unter anderem wird mit der Fehling'schen Lösung der Zuckergehalt im Harn bestimmt.

Man kann anstelle von Tartrat auch andere organische Verbindungen mit mehreren Hydroxidgruppen – wie z.B. Citronensäure – verwenden.

4. Zuckernachweis mit Fehling'scher Lösung

Geräte

Probiergläschen, 1 mL Meßpipette, Pasteurpipette mit Pipettenhütchen, Spatel, Fön, Schutzbrille

Chemikalien

Fehling'sche Lösung (R 34; S: 26, 36/37/39, 45), Traubenzucker, dest. H_2O

Versuchsdurchführung

Eine kleine Spatelspitze Traubenzucker wird in einem Probiergläschen vorgelegt. Nun wird 1 mL destilliertes Wasser hinzugefügt. Man erhält eine klare Zuckerlösung. Anschließend werden 10 Topfen Fehling'sche Lösung zugegeben und das Probiergläschen mit dem Fön erwärmt. Es tritt anfangs eine Gelbfärbung auf, die aber nach längerem Erwärmen in ziegelrot übergeht.

Das Tartrat wirkt gegenüber Traubenzucker als Oxidationsmittel. Die Gelbfärbung rührt von wasserhaltigem Kupfer-(I)-oxid her, das in ziegelrotes Kupfer-(I)-oxid übergeht.

Entsorgung

Die Reaktionsrückstände werden in einem Behälter für Schwermetallabfälle gesammelt. Die vereinten Rückstände können anschließend zur Entsorgung bzw. zur Aufarbeitung gegeben werden.

5. Kupfernachweis durch Bildung des Kupfertetraammin-komplexes

Geräte

Probiergläschen, 1 mL Meßpipette, Pasteurpipette mit Pipettenhütchen, Schutzhandschuhe, Schutzbrille

Chemikalien

0.1 mol/L $CuSO_4$-Lösung (Xn, mindergiftig; R: 22, 36/38; S: 22), 1 mol/L Ammoniaklösung (Xi, reizend; MAK-Wert: 35 mg/m^3; R: 36/37/38; S: 2, 7, 26, 45)

Versuchsdurchführung

In das Probiergläschen wird 1 mL Kupfersulfatlösung gegeben. Nun werden langsam 3 Tropfen Ammoniaklösung hinzugefügt.

Es bildet sich augenblicklich ein bläulicher, gut sichtbarer Niederschlag. Nach Bildung des Niederschlages gibt man wiederum Ammoniaklösung hinzu. Nach wenigen Tropfen (Tropfenzahl ist abhängig von der Konzentration der verdünnten Ammoniaklösung) löst sich der Niederschlag unter Bildung einer tiefblauen Lösung wieder auf (Farbabb. 23, 24).

Beim Umsetzen von Kupfer-(II)-lösung mit Ammoniak entsteht primär ein hellblauer Niederschlag von Kupfer-(II)-hydroxid.

$$Cu^{2+} + 2\ OH^- \rightarrow Cu(OH)_2$$

Wird ein Überschuß an Ammoniaklösung zu diesem Niederschlag gegeben, bildet sich der gut lösliche Kupfertetraamminkomplex.

$$Cu(OH)_2 + 4\ NH_3 \rightarrow [Cu(NH_3)_4]^{2+} + 2\ OH^-$$

Die Salze des Kupfertetraamminkomplexes lassen sich sehr gut kristallisieren (z.B. $[Cu(NH_3)_4]SO_4$). Man erreicht dies durch Zugabe von Alkohol, da auf diese Weise die Löslichkeit des Komplexes stark verringert wird. In sehr konzentrierter NH_3-Lösung entsteht das Hexaamminkupfer-(II)-ion $[Cu(NH_3)_6]^{2+}$.

Entsorgung

Die Reaktionslösung wird in einen Behälter für Schwermetallabfälle gegeben.

6. Kupfernachweis als Kupfer-(II)-sulfid

Geräte

Probiergläschen mit Deckel und Septum, 1 mL Glasspritze, 1 mL Meßpipette, Injektionsnadel (0.9 × 40 mm), Schutzhandschuhe, Schutzbrille

Chemikalien

0.1 mol/L Na_2S-Lösung (C, ätzend; R: 31, 34; S: 26),

2 mol/L Salzsäure (C, ätzend; MAK-Wert: 7 mg/m^3; R: 34, 37; S: 2, 26, 45),

0.1 mol/L $CuSO_4$-Lösung (Xn, mindergiftig; R: 22, 36/38; S: 22)

Versuchsdurchführung

In das Gläschen werden 0.8 mL Kupfersulfatlösung gegeben und mit 3 Tropfen Salzsäure angesäuert. Anschließend wird das Gläschen mit Deckel und Septum verschlossen. Nun werden in die 1 mL Glasspritze 0.2 mL Dinatriumsulfidlösung gezogen und daraufhin die Injektionsnadel der Spritze in des Probiergläschen eingeführt.

Dann wird die Dinatriumsulfidlösung langsam zur Kupfersulfatlösung getropft. Es bildet sich ein voluminöser schwarzer Niederschlag.

Bei Zugabe der Dinatriumsulfidlösung zur Kupfersulfatlösung bildet sich schwerlösliches Kupfer-(II)-sulfid (siehe Tabelle 1).

$$Cu^{2+} + S^{2-} \rightarrow CuS$$

Entsorgung

Die Reaktionsrückstände werden in einem Behälter für Schwermetallabfälle gesammelt und anschließend zur Entsorgung bzw. zur Aufarbeitung gegeben.

7. Kupfernachweis als $Cu_2[Fe(CN)_6]$

Geräte

Probiergläschen, 1 mL Meßpipette, 2 Pasteurpipetten mit Pipettenhütchen, Schutzhandschuhe, Schutzbrille

Chemikalien

0.1 mol/L $CuSO_4$-Lösung (Xn, mindergiftig; R: 22, 36/38; S: 22),

1 mol/L Ammoniaklösung (Xi, reizend; MAK-Wert; 35 mg/m^3; R: 36/37/38; S: 2, 7, 26, 45),

0.1 mol/L $K_4[Fe(CN)_6]$-Lösung (Xn, mindergiftig; R: 32; S: 22, 24/25)

Versuchsdurchführung

1 mL Kupfersulfatlösung wird im Probiergläschen vorgelegt. Nun werden langsam 5 Tropfen Kaliumhexacyanoferrat-(II)-lösung zugegeben. Es bildet sich ein brauner Niederschlag. Anschließend wird tropfenweise verdünnte Ammoniaklösung hinzugegeben, bis sich der Niederschlag wieder auflöst. Es entsteht eine intensiv blau gefärbte Lösung.

Bei Zugabe von Kaliumhexacyanoferrat-(II) zur Kupfer-(II)-lösung entsteht der schwerlösliche Kupferhexacyanoferrat-(II)-komplex.

$$2\ Cu^{2+} + [Fe(CN)_6]^{4-} \rightarrow Cu_2[Fe(CN)_6]$$

Wird nun verdünnte Ammoniaklösung hinzugegeben, löst sich der Niederschlag unter Bildung des löslichen Kupfertetraamminkomplexes wieder auf.

$$Cu_2[Fe(CN)_6] + 8\ NH_3 \rightarrow [Fe(CN)_6]^{4-} + 2\ [Cu(NH_3)_4]^{2+}$$

Im Gegensatz zu verdünnter Ammoniaklösung ist der Niederschlag in verdünnten Säuren unlöslich.

Entsorgung

Die Rückstände werden in einen Behälter für Schwermetallabfälle gegeben.

8. Kupfer-(II)-nachweis als Kupfer-(I)-reineckat

Geräte

Probiergläschen, 2 1 mL Meßpipetten, 2 Pasteurpipetten mit Pipettenhütchen, Schutzhandschuhe, Schutzbrille

Chemikalien

0.1 mol/L $CuSO_4$-Lösung (Xn, mindergiftig; R: 22, 36/38; S: 22),

0.1 mol/L Na_2SO_3-Lösung (Xi, reizend; R: 36/37/38; S: 50),

2prozentige $NH_4[Cr(SCN)_4(NH_3)_2]$-Lösung (Reineckesalz – Ammoniumtetrathiocyanatodiammin-chromat-(III)),

2 mol/L Salzsäure (C, ätzend; MAK-Wert: 7 mg/m^3; R: 34, 37; S: 2, 26, 45)

Versuchsdurchführung

In das Probiergläschen werden 0.8 mL Kupfersulfatlösung und 0.2 mL Natriumsulfitlösung gegeben. Nun wird die Reaktionslösung mit 5 Tropfen verdünnter Salzsäure angesäuert. Anschließend werden langsam 6–8 Tropfen frisch zubereiteter Reineckesalzlösung hinzugefügt. Es bildet sich ein gelber Niederschlag.

Beim Umsetzen von Kupfer-(II) mit Sulfit wird es zu Kupfer-(I) reduziert, während das Sulfit zum Sulfat oxidiert wird.

$$2\,Cu^{2+} + SO_3^{2-} + H_3O^+ \rightarrow 2\,Cu^+ + SO_4^{2-} + 3\,H^+_{aq}$$

Das gebildete Kupfer-(I) reagiert daraufhin mit dem Reineckesalz unter Bildung des schwerlöslichen Kupfer-(I)-reineckats.

$$Cu^+ + [Cr(SCN)_4(NH_3)_2]^- \rightarrow Cu[Cr(SCN)_4(NH_3)_2]$$

Entsorgung

Die Reaktionslösung wird zur Entsorgung in einen Behälter für Schwermetallabfälle gegeben.

XII Silber

„Argentum, Luna ... Deutsch Silber. Ein edles Metall, das aus reinem Principiis, nemlich Saltz, Schwefel und Mercurio, durch das unterirdische Feuer gekocht und gezeitiget, oder aus einem wohl figirten Mercurio, und einem weißen Schwefel, unvollkommener als das Gold, doch am Gewicht und Werth dem Golde am nächsten kömmt, weiß an Farbe, sich ziehen, schlagen und gießen lässet, und zu Müntzen, allerhand Gefässen, auch Blätlein und Faden verarbeitet wie nicht weniger in der Artzeney gebraucht wird. Ob man es schon in Europa aus vielen Bergwercken ziehet, so kömmt es doch in weit grössere Menge aus America z.E. von rio de la Plata, aus Peru usw. ... Die Chymici eigenen das Silber dem Mond zu, geben ihm dessen Zeichen und Namen, weil es dem Mond seiner blassen Farbe nach gleichet und sie glauben, daß dieses Metall und der Mond aus einerley Materie bestünden, und das jenes von diesem zu seiner Nahrung dessen Einfluß unaufhörlich empfinge."

Grosses Universallexikon aller Wissenschaften und Künste
Halle/Leipzig 1732

Wann der Mensch das Silber entdeckt und sich nutzbar gemacht hat, wissen wir nicht. Man hat Silbergerät aus der Zeit um 3500 v. Chr. in Ägypten entdeckt, obwohl es zu dieser Zeit dort keinen Silberbergbau gab. Das Silber muß also importiert worden sein. Das gleiche gilt für Mesopotamien. In den über 4500 Jahre alten sumerischen Königsgräbern von Ur hat man unermeßliche Schätze aus Gold, Silber und Kupfer gefunden. Mesopotamien war zwar ein reiches Land, eine blühende Oase, aber es hatte keine Bodenschätze. Schon früh gab es einen lebhaften Handel mit Agrarprodukten, und sehr bald wurden alle Waren wertmäßig auf das Silber bezogen, es wurde also bereits als eine Art Geld behandelt. Silber blieb im Gewicht immer gleich, es war beständig und konnte als Hacksilber bequem auf die Waage gelegt werden.

Auch in Babylon war Silber das Maß aller Dinge. Der Wert eines Sklaven wurde in Silber ausgedrückt. Hamurabis Gesetze mit dem Wertmesser Silber durchzogen alle Bereiche des gesellschaftlichen Lebens. Ehescheidungen und Strafen z.B. wurden in Silber bezahlt. In Ägypten war Silber anfangs wertvoller als Gold, da man es für eine weiße Abart des Goldes hielt. Das ist verständlich, denn es wurde in den gleichen Quarzgängen der nubischen Lagerstätten gefunden.

Die ersten Münzen waren aus Silber. Das erklärt sich aus der Tradition dieses Edelmetalls als Wertmesser für Waren aller Art. Geprägt wurden die ersten Silbermünzen in Griechenland, wo man Silber in großen Mengen im Lauriongebirge abbaute. Bei der Gewinnung wurden silberhaltige Bleierze, vor allem Bleiglanz, in ofenähnlichen Erdgruben ausgeschmolzen. Wahrscheinlich haben die altgriechischen Schmelzer den Bleiglanz unter Zusatz von Eisen geschmolzen, um den Schwefel zu binden. Das metallische Blei wurde dann durch Gebläseluft nach und nach oxidiert und so vom

Silber geschieden. Bei diesem Vorgang entstand Bleiglätte, die man aus dem Schmelzofen herausfließen ließ. Die Bleiglätte konnte durch einfache Reduktion in Blei umgewandelt werden. Blei wurde dann weiterverarbeitet zu Spielzeugfiguren, Schreibstiften und Schleuderkugeln.

„In den Silbergruben Iberiens wird eine große Menge Silber gewonnen. Manche Schmelzöfen liefern alle drei Tage ein euböisches Talent. Seit die Römer im Besitz jener Gruben sind, werden dieselben von Sklaven bearbeitet, deren Los sehr hart ist. Sie legen an vielen Stellen neue Gruben an, treiben Schächte in die Tiefe, suchen die gold- und silberhaltigen Gänge und Lager, dringen in die Breite und Tiefe viele Stadien (1 Stadion ca. 176 m) weit ein. Die Grubenwasser bewältigen sie durch die von *Archimedes* erfundene Wasserschraube. Indem sie mehrere Wasserschrauben übereinander stellen, fördern sie das Wasser bis zum Mundloch der Grube …"

Diese Schilderung stammt von dem griechischen Historiker *Diodor* (80–29 v. Chr.) und zeigt, daß die Römer durch verbesserte technische Möglichkeiten wie Wasserschrauben Erze aus größeren Tiefen fördern konnten. Manchmal sammelte man auch das Grubenwasser bis sich ein 'reißender Strom' bildete, den man in den Stollen leitete, wo durch die Kraft des Wassers das Gestein zerbrach. Die spezifisch leichteren Bestandteile wurden aus dem Stollen herausgespült, die schweren setzten sich ab.

In den spanischen Gruben fand man keine silberhaltigen Bleierze sondern hauptsächlich Silbererze. Der Verhüttungsprozeß mußte also verändert werden. Beim Ausschmelzen mußte Blei, das in den gleichen Gängen wie das Silbererz vorkam, zugegeben werden. Aus der Schmelze wurde dann durch Oxidation das Blei langsam entfernt bis das Silber übrigblieb.

Die Römer hatten einen ungeheuren Bedarf an Silber. Es wurde nicht nur zu den legendären silbernen Trinkbechern verarbeitet, bei Gladiatorenkämpfen wurde der ganze Kampfplatz mit Silber ausgestattet. Die Verbrecher kämpften mit silbernen Waffen gegen wilde Tiere. *Kaiser Caligula* soll im Zirkus einen Wagen vorgeführt haben, der aus 124.000 Pfund Silber bestand. Die Damen badeten in silbernen Wannen und selbst die Nachttöpfe waren aus Silber.

Den Germanen hatten, laut *Tacitus*, die Götter anscheinend Gold und Silber im Zorn versagt. Die Römer suchten im Taunus nach Silber, allerdings vergeblich. Silber war für die Germanen zu römischen Zeiten ein Metall, aus dem man Schmuckstücke machte, denn als Wertmesser galt hier das Vieh.

Bedeutende Silberfunde wurden jedoch bereits sehr früh, d.h. vor dem 9. Jahrhundert, im Harz gemacht. Im 10. Jahrhundert gelang es, aus den Blei-Kupfer-Lagererzen im Rammelsberg bei Goslar das begehrte Silber hüttentechnisch zu gewinnen. In dieser Zeit wurde das Rammelsberger Silber auch für Münzprägungen benutzt. Im 12. Jahrhundert fand man Silbererz in der Nähe von Freiberg in Sachsen.

Die wichtigsten Metalle in den Lagererzen waren 17% Zink, 8% Blei und 1–2% Kupfer. Dazu kamen seltene Metalle, von denen das Silber mit ca. 200 g/t und Gold mit 1 g/t in historischer Zeit am wichtigsten waren.

In seinem Buch „De re metallica“ (Über den Bergbau und das Hüttenwesen) hat *Georgius Agricola* im 16. Jahrhundert detaillierte Angaben über die Förderung und Verhüttung des Silbererzes im Joachimsthal im Erzgebirge gemacht. Mit Hilfe von Haspeln und Radpumpen wurde das Erz gefördert. Danach wurde es zerkleinert und ausgewaschen. Das aufbereitete Erz kam dann zusammen mit dem Brennstoff, meist Holzkohle, zur Aufbereitung in Gebläseschachtöfen, die denen der Antike ähnelten. Das erhaltene Silber hatte einen Feingehalt zwischen 96 und 99.5%.

Der Silberabbau im Harz ist inzwischen mangels weiterer Vorkommen stillgelegt. Die größten Silbervorkommen liegen heute in Nordamerika, Australien, Rußland, Mexico und Peru.

Goldhunger hatte die Spanier im 16. Jahrhundert in die Neue Welt getrieben. Aus Gold, Edelsteinen und Silber bestand der unermeßliche Schatz Montezumas, den *Hernando Cortéz* nach Spanien brachte. Aber auf der Suche nach den Goldminen Montezumas wurde deutlich, daß Neuspanien – heute Mexico – lange nicht so goldreich war, wie man angenommen hatte. Man fand statt dessen riesige Silberlager, wo das Silber fast rein vorkam. Man gewann es nach einem, wie man glaubte, sensationell neuen Verfahren. Es war das Amalgamverfahren, die Gewinnung der Silbererze mittels Quecksilber. Allerdings hatten bereits in der Antike die Griechen dieses Verfahren benutzt.

Quecksilber war ungeheuer teuer und die Abgaben sehr hoch, so daß sich die Ausbeutung der Minen nur lohnte, wenn eine Tonne Erz nicht weniger als 100 Unzen Silber lieferte. Nach *Alexander von Humboldt* gewann man in Mexico zu Beginn des 18. Jahrhunderts mit etwa 14 bis 17 kg Quecksilber 10 kg Silber. Steine, die nur wenig Silber enthielten, wurden beiseite gelegt und zum Hausbau verwendet. Nachdem die Abgaben bereits Mitte des 16. Jahrhunderts stark gesenkt wurden, stieg Mexicos Silberproduktion stetig an.

Mitte des 16. Jahrhunderts begann in Peru, am Cerro de Potosí, das Silberfieber, das nur mit dem Goldfieber in Kalifornien, 300 Jahre später, verglichen werden kann. Die oberen Schichten des Berges bestanden aus gediegenem Silber, in den tieferen Schichten war es mit Blei, Schwefel u.ä. vererzt. Da die Spanier keine hüttentechnischen Kenntnisse hatten, benutzte man ein Verfahren, das hier schon seit Jahrhunderten gebräuchlich war. Man schichtete das Erz in tönerne Öfen mit vielen Windlöchern. Dann wurde ausgeschmolzen. Dieses Verfahren erforderte große Hitze und viel Brennmaterial, das aus großen Entfernungen hergeschafft werden mußte. So wurde auch hier minderwertiges Erz beiseite gelegt und manches Haus in Potosí ist aus „taubem“ Gestein gebaut. Erst mit der Einführung des Amalgamverfahrens erreichte die Silberproduktion in Potosí ihren Höhepunkt. Man war so unermeßlich reich, daß man, wie es ein spanischer Minenbesitzer formulierte, eine silberne Brücke von Potosí bis nach Madrid hätte bauen können. Fast drei Jahrhunderte lang floß der Silberstrom von Potosí nach Europa.

Der Goldrausch in Kalifornien war längst vorüber, als im letzten Jahrhundert sechs Goldwäscher auf der Suche nach Gold in der Nähe von Carson City das „verfluchte blaue Zeug" fanden. Es waren wäßrig blaue, mit kleinen Goldpunkten durchsetzte Kristalle. Sie stellten daraus Pulver her, machten mit Wasser einen Klumpen daraus und steckten es in einen Ofen. Im Schmelztiegel fanden sie dann ein schwärzliches knopfgroßes Metall, das zarte kleine silbrige Adern hatte. Der endgültige Beweis wurde mit Salpetersäure erbracht. Damit begann der Silberrausch am Berg der Verheißung, dem Mount Davidson. Die nächste große Silberstadt wurde geboren, Virginia City. *Mark Twain* war hier Reporter beim 'Territorial Enterprise" und schrieb: „Der Reporterberuf war hier sehr lukrativ, und jeder in der Stadt ging mit seinem Geld … verschwenderisch um." Aber erst Jahre nach der Gründung von Virginia City entdeckte man den Comstockgang, der fast unerschöpflich war. Bald darauf fand man auch in anderen Gegenden der USA Silbervorkommen. Heute liegen die reichsten Silbervorkommen in Idaho, Montana und Colorado.

Silber ist nicht nur ein reiner Wertmesser in Form von Münzen und Barren. Das Schmieden von Silber, die Kunst besonders dekorative Silberornamente, Schmuckstücke und vor allem Gebrauchsgegenstände herzustellen, ist eines der ältesten Kunsthandwerke. Schon im 16. Jahrhundert v. Chr. soll es in Ägypten Silberschmiede gegeben haben. Kunstwerke aus Silber wurden in den Ruinen in Griechenland und auf Kreta gefunden. Manche dieser alten Stücke dienten religiösen Zwecken. In den Tempeln, später in den Kirchen gab es Kerzenhalter, Schreine und sogar ganze Altäre aus Silber. Silberschmiede aus Italien, Frankreich, England und den USA wurden wegen der hervorragenden Kunstwerke, die sie schufen, berühmt. In Deutschland war es vor allem Nürnberg, wo die Gold- und Silberschmiedekunst blühte. Bis ins 19. Jahrhundert stellte man meist Pokale und Trinkbecher in unterschiedlichen Formen und mit reicher Verzierung her. Der hauptsächlich aus Tafelsilber in allen Variationen bestehende Silberschatz eines Fürsten reiste überall hin mit, denn er war der Garant seines Reichtums und seiner Bedeutung.

Frühzeitig hatte man bereits in Indien entdeckt, daß die Qualität des Trinkwassers durch Aufbewahren in silbernen Gefäßen erheblich verbessert wurde, weil Bakterien sehr empfindlich auf Silberionen reagieren. So kann man mit geringen Silbermengen ganze Kläranlagen zum Erliegen bringen.

Goldschmiede waren gleichzeitig auch Silberschmiede. Oft waren sie nur einfache Handwerker, die den Ideenreichtum der Kleinmeister umsetzten. Da Silber immer noch in dem Ruf stand, weißes Gold, also wertvoller als Gold zu sein, hat man silberne Geräte oft vergoldet. So waren sie geschützt vor neidvollen Blicken aber auch vor Abnutzung und Verschmutzung. Bis heute sind Kunstwerke aus Silber etwas Besonderes.

Literatur

[1] G. Jander, E. Blasius, Lehrbuch der analytischen und präparativen anorganischen Chemie, 12. Auflage, S. Hirzel Verlag, Stuttgart, **1983**.

[2] A.F. Holleman, E. Wiberg, Lehrbuch der Anorganischen Chemie, 101. Auflage, Walter de Gruyter Verlag, Berlin, **1995**.

[3] B. Tollens, Silbernachweis als Silberspiegel, Ber. Dtsch. Chem. Ges. **1881**, *14*, 1959.

[4] F.A. Cotton, G. Wilkinson, Advanced Inorganic Chemistry, 5. Ed., John Wiley & Sons, New York, **1988**.

[5] G. Ludwig, G. Wermusch, Silber – Aus der Geschichte eines Edelmetalls, 2. Auflage, Verlag Die Wirtschaft, Berlin, **1988**.

Reaktionen des Silbers und seiner Verbindungen

1. Chlorid-, Bromid- und Iodidnachweis durch Silberhalogenidfällung

Die unterschiedlichen Farben der Silberhalogenide können bei der Projektion auf eine Leinwand ohne Probleme unterschieden werden. Zur Bildung der Silberhalogenide wird zur jeweiligen Halogenidlösung Silbernitratlösung hinzugegeben. Die Nachweise verlaufen nach folgender Reaktionsgleichung.

$$Ag^+ + X^- \rightarrow AgX\downarrow$$

Durch das unterschiedliche Löslichkeitsverhalten der Silberhalogenide ist es möglich, Cl^-, Br^- und I^- selektiv nebeneinander nachzuweisen.

1.1 Nachweis von Chlorid als AgCl

Geräte

Glasküvette,
1 mL Meßpipette,

2 Pasteurpipetten mit Pipettenhütchen,

Schutzhandschuhe,
Schutzbrille

Chemikalien

0.1 mol/L KCl-Lösung,

0.1 mol/L $AgNO_3$-Lösung (C , ätzend; O, brandfördernd; R: 34; S: 2, 26, 45),

1 mol/L Ammoniaklösung (Xi, reizend; MAK-Wert 35 mg/m^3; R: 36/37/38; S: 2, 7, 26, 45)

Versuchsdurchführung

In die Glasküvette wird mit Hilfe der Meßpipette 1 mL Kaliumchloridlösung eingefüllt. Nun werden zwei Tropfen Silbernitratlösung zugetropft. Es fällt ein weißer Niederschlag aus, der sich bei Zugabe von 2–3 Tropfen verdünnter Ammoniaklösung wieder auflöst. Der Niederschlag besteht aus schwerlöslichem Silberchlorid. In Gegenwart von Ammoniak löst sich dieses unter Bildung des leicht löslichen Silberdiamminkomplexes (Farbabb. 25).

$$AgCl + 2\,NH_3 \rightarrow [Ag(NH_3)_2]^+ + Cl^-$$

1.2 Nachweis von Bromid als AgBr

Geräte

Glasküvette,
1 mL Meßpipette,

3 Pasteurpipetten mit Pipettenhütchen,

Schutzbrille,
Schutzhandschuhe

Chemikalien

0.1 mol/L KBr-Lösung,

0.1 mol/L $Na_2S_2O_3$-Lösung (R: 36/37/38; S: 26, 36),

0.1 mol/L $AgNO_3$-Lösung (C, ätzend; O, brandfördernd; R: 34; S: 2, 26, 45),

1.0 mol/L Ammoniaklösung (Xi, reizend; MAK-Wert: 35 mg/m^3; R: 36/37/38; S: 2, 7, 26, 45)

Versuchsdurchführung

In der Glasküvette wird mit der Meßpipette 1 mL Kaliumbromidlösung vorgelegt. Nun werden drei Tropfen Silbernitratlösung hinzugegeben. Es bildet sich ein käsig gelblicher Niederschlag. Anschließend werden einige Tropfen verdünnte Ammoniaklösung hinzugefügt. Der Niederschlag bleibt weiterhin unverändert. Daraufhin wird langsam Natriumthiosulfatlösung zugetropft. Nach wenigen Tropfen löst sich der Niederschlag auf.

Im Gegensatz zu Silberchlorid ist Silberbromid in wäßriger Ammoniaklösung nicht mehr löslich. In wäßriger Thiosulfatlösung hingegen löst es sich durch Komplexbildung.

$$AgBr + 2\,S_2O_3^{2-} \rightarrow [Ag(S_2O_3)_2]^{3-} + Br^-$$

1.3 Nachweis von Iodid als AgI

Geräte

Glasküvette,
1 mL Meßpipette,

4 Pasteurpipetten mit
Pipettenhütchen,

Schutzbrille,
Schutzhandschuhe

Chemikalien

0.1 mol/L $AgNO_3$-Lösung (C, ätzend; O, brandfördernd; R: 34; S: 2, 26, 45),

1.0 mol/L Ammoniaklösung (Xi, reizend; MAK-Wert: 35 mg/m^3; R: 36/37/38; S: 2, 7, 26, 45),

0.1 mol/L $Na_2S_2O_3$-Lösung (R: 36/37/38; S: 26, 36),

0.1 mol/L KI-Lösung,

0.1 mol/L KCN-Lösung (T+, sehr giftig; R: 26/27/28,32; S: 1/2, 7, 28, 29, 45)

Vorsicht

Kaliumcyanidlösungen sind sehr giftig und gehören nicht in die Hände von Schülern.

Versuchsdurchführung

1 mL der Kaliumiodidlösung wird in die Glasküvette eingefüllt. Zu dieser Lösung werden drei Tropfen Silbernitratlösung gegeben. Ein käsig gelber Niederschlag wird sichtbar. Daraufhin werden einige Tropfen Ammoniaklösung zugetropft. Der Niederschlag bleibt bestehen. Es werden nun ebenfalls einige Tropfen Natriumthiosulfatlösung zugegeben. Auch hier bleibt der Niederschlag unverändert. Anschließend wird Kaliumcyanidlösung zugetropft. Nach wenigen Tropfen löst sich der Niederschlag auf.

Silberiodid ist weder in wäßriger Ammoniaklösung noch in Thiosulfatlösung löslich. In Kaliumcyanidlösungen löst es sich jedoch unter Bildung von $[Ag(CN)_2]^-$.

$$AgI + 2\,CN^- \rightarrow [Ag(CN)_2]^- + I^-$$

2. Cyanid-, Cyanat- und Thiocyanatnachweis als Silbersalze

Die Pseudohalogenide Cyanid, Cyanat und Thiocyanat können wie die Halogenide durch Fällung mit Silbernitratlösung nachgewiesen werden. Die Fällungen verlaufen nach der allgemeinen Reaktionsgleichung:

$$Ag^+ + X^- \rightarrow AgX$$

In allen drei Fällen entsteht ein voluminöser, gut sichtbarer weißer Niederschlag. Ebenso wie die Silberhalogenide weisen die Silberpseudohalogenide unterschiedliches Löslichkeitsverhalten auf.

2.1 Cyanidnachweis als AgCN

Geräte

3 Glasküvetten,
1 mL Meßpipette,

3 Pasteurpipetten mit Pipettenhütchen,

Schutzhandschuhe,
Schutzbrille

Chemikalien

0.1 mol/L $AgNO_3$-Lösung (C, ätzend; O, brandfördernd; R: 34; S: 2, 26, 45),

1.0 mol/L Ammoniaklösung (Xi, reizend; MAK-Wert: 35 mg/m^3; R: 36/37/38; S: 2, 7, 26, 45),

0.1 mol/L $Na_2S_2O_3$-Lösung (R: 36/37/38; S: 26, 36),

0.1 mol/L KCN-Lösung (T+, sehr giftig; R: 26/27/28, 32; S: 1/2, 7, 28, 29, 45)

Vorsicht

Kaliumcyanidlösungen sind sehr giftig und gehören nicht in die Hände von Schülern.

Versuchsdurchführung

In jede der drei Glasküvetten wird 1 mL Kaliumcyanidlösung eingefüllt und mit 3 Tropfen der Silbernitratlösung versetzt. Es bilden sich weiße Niederschläge. Zur Lösung in der ersten Küvette wird langsam Ammoniaklösung getropft. Nach einigen Tropfen löst sich der Niederschlag auf. Nach Zugabe weniger Tropfen Natriumthiosulfatlösung zur Kaliumcyanidlösung in der zweiten

Küvette löst sich auch hier der Silbercyanidniederschlag. Wird nun die Lösung in der dritten Küvette mit einem Überschuß von Kaliumcyanidlösung versetzt, findet auch hier die Auflösung des Niederschlages statt.

Silbercyanid ist sowohl in wäßriger Ammoniaklösung (1) und Thiosulfatlösung (2) als auch in Gegenwart eines Cyanidüberschusses (3) löslich. Es tritt somit erst bei einem Silberionenüberschuß eine Silbercyanidfällung ein.

(1) $AgCN + 2\ NH_3 \rightarrow [Ag(NH_3)_2]^+ + CN^-$

(2) $AgCN + 2\ S_2O_3^{2-} \rightarrow [Ag(S_2O_3)_2]^{3-} + CN^-$

(3) $AgCN + CN^- \rightarrow [Ag(CN)_2]^-$

2.2 Cyanatnachweis als AgOCN

Geräte

1 Glasküvette, 1 mL Meßpipette, Pasteurpipette mit Pipettenhütchen, Schutzhandschuhe, Schutzbrille

Chemikalien

0.1 mol/L $AgNO_3$-Lösung (C, ätzend; O, brandfördernd; R: 34; S: 2, 26, 45),

1 mol/L Ammoniak-Lösung (Xi, reizend, MAK-Wert: 35 mg/m^3; R: 36/37/38; S: 2, 7, 26, 45),

0.1 mol/L KOCN-Lösung (Xn, mindergiftig; R: 22; S: 24/25)

Versuchsdurchführung

In die Küvette wird mit der Meßpipette 1 mL Kaliumcyanatlösung eingetragen. Nun wird langsam Silbernitratlösung zugetropft. Nach Zugabe von 2–3 Tropfen tritt eine geringfügige Fällung auf. Bei Zugabe von weiteren 3 Tropfen Silbernitratlösung vervollständigt sich diese Fällung. Es ist die Bildung eines käsig weißen Niederschlages zu beobachten. Daraufhin werden langsam 2–3 Tropfen wäßriger Ammoniaklösung hinzugegeben, wobei der Niederschlag wieder in Lösung geht. Ebenso wie Silbercyanid und Silberthiocyanat löst sich Silbercyanat unter Bildung des Silberdiamminkomplexes in verdünnter Ammoniaklösung.

$$AgOCN + 2\ NH_3 \rightarrow [Ag(NH_3)_2]^+ + OCN^-$$

2.3 Thiocyanatnachweis als AgSCN

Geräte

2 Glasküvetten,
1 mL Meßpipette,

2 Pasteurpipetten mit Pipettenhütchen,

Schutzhandschuhe,
Schutzbrille

Chemikalien

0.1 mol/L $AgNO_3$-Lösung (C, ätzend; O, brandfördernd; R: 34; S: 2, 26, 45),

1.0 mol/L Ammoniaklösung (Xi, reizend; MAK-Wert: 35 mg/m^3; R: 36/37/38; S: 2, 7, 26, 45),

0.1 mol/L KSCN-Lösung (Xn, mindergiftig; R: 20/21/22, 30; S: 13)

Versuchsdurchführung

Je 1 mL Thiocyanatlösung wird in den Glasküvetten vorgelegt. Zu diesen Lösungen wird Silbernitratlösung gegeben. Schon nach Zugabe eines Tropfens ist eine Fällung zu beobachten. Nach Zugabe eines weiteren Tropfens bildet sich ein voluminöser weißer Niederschlag.

Nun werden in die erste Glasküvette einige Tropfen wäßrige Ammoniaklösung gegeben. Der Niederschlag löst sich wieder auf. Ebenso wie Silbercyanat löst sich Silberthiocyanat unter Komplexbildung in verdünnter Ammoniaklösung.

$$AgSCN + 2\ NH_3 \rightarrow [Ag(NH_3)_2]^+ + SCN^-$$

In die zweite Glasküvette werden jetzt einige Tropfen Thiocyanatlösung gegeben. Auch hier löst sich der Niederschlag wieder auf. Silberthiocyanat löst sich im Gegensatz zu Silbercyanat in neutraler Lösung in einem Überschuß von Thiocyanat unter Bildung eines Silberthiocyanatkomplexes.

$$AgSCN + 3\ SCN^- \rightarrow [Ag(SCN)_4]^{3-}$$

3. Hexacyanoferrat-(II)-nachweis durch Komplexierung zu $Ag_4[Fe(CN)_6]$

Geräte

Glasküvette, 1 mL Meßpipette, Pasteurpipette mit Pipettenhütchen, Schutzhandschuhe, Schutzbrille

Chemikalien

0.1 mol/L $AgNO_3$-Lösung (C, ätzend; O, brandfördernd; R: 34; S: 2, 26, 45), 0.1 mol/L $K_4[Fe(CN)_6]$-Lösung (R: 32; S: 22, 24/25)

Versuchsdurchführung

Mit der Meßpipette wird 1 mL Kaliumhexacyanoferrat-(II)-lösung in die Glasküvette eingefüllt. Nun werden langsam 4 Tropfen der Silbernitratlösung hinzugegeben. Es fällt ein weißer Niederschlag aus.

Hexacyanoferrat-(II) bildet mit Silberionen schwerlösliches Silberhexacyanoferrat-(II).

$$4\,Ag^+ + [Fe(CN)_6]^{4-} \rightarrow Ag_4[Fe(CN)_6]\downarrow$$

4. Hexacyanoferrat-(III)-nachweis als $Ag_3[Fe(CN)_6]$

Geräte

1 Glasküvette, 1 mL Meßpipette, 1 Pasteurpipette mit Pipettenhütchen, Schutzhandschuhe, Schutzbrille

Chemikalien

0.1 mol/L $AgNO_3$-Lösung (C, ätzend; O, brandfördernd; R: 34; S: 2, 26, 45), 0.1 mol/L $K_3[Fe(CN)_6]$-Lösung (R: 32; S: 22, 24/25), 1.0 mol/L Ammoniaklösung (Xi, reizend; MAK-Wert: 35 mg/m^3; R: 36/37/38; S: 2, 7, 26, 45)

Versuchsdurchführung

1 mL Kaliumhexacyanoferrat-(III)-lösung wird in der Glasküvette vorgelegt. Bei Zugabe von 3 Tropfen Silbernitratlösung bildet sich ein orangeroter schwerlöslicher Niederschlag. Nun werden einige Tropfen verdünnte Ammoniaklösung hinzugetropft, wobei sich der Niederschlag wieder löst.

Silbersalze bilden mit Hexacyanoferrat-(III) einen stabilen orangeroten Niederschlag von Silberhexacyanoferrat-(III).

$$3\,Ag^{+} + [Fe(CN)_6]^{3-} \rightarrow Ag_3[Fe(CN)_6]$$

Bei Zugabe der verdünnten Ammoniaklösung löst sich der Niederschlag unter Bildung des Silberdiamminkomplexes wieder auf.

$$Ag_3[Fe(CN)_6] + 6\,NH_3 \rightarrow 3\,[Ag(NH_3)_2]^{+} + [Fe(CN)_6]^{3-}$$

5. Silbernachweis als Silberspiegel

Geräte

2 Probiergläschen mit Deckel,

3 Pasteurpipetten mit Pipettenhütchen,

Schutzhandschuhe, Schutzbrille

Chemikalien

0.1 mol/L $AgNO_3$-Lösung (C, ätzend; O, brandfördernd; R: 34; S: 2, 26, 45),

1 mol/L Ammoniaklösung (Xi, reizend; MAK-Wert: 35 mg/m³; R: 36/37/38; S: 2, 7, 26, 45),

3 g/100 mL gesättigte $N_2H_6SO_4$-Lösung (T, giftig; R: 23/24/25, 43, 45; S: 45, 53)

Versuchsdurchführung

In das Probiergläschen gibt man Hydrazinsulfat (5 mg) und 1 mL destilliertes Wasser. Man erhält eine gesättigte Lösung. In ein zweites Probiergläschen werden nun 10 Tropfen Silbernitratlösung, 8 Tropfen Ammoniaklösung und 10 Tropfen gesättigte Hydrazinsulfatlösung gegeben. Anschließend wird das Gläschen mit dem Deckel verschlossen und vorsichtig geschüttelt. Nach 15–20 Sekunden bildet sich auf der Glasinnenwand ein Silberspiegel aus. Möchte man die Reaktion beschleunigen, so kann die Reaktionslösung mit einem Fön oder einem kleinen Bunsenbrenner erwärmt werden. Das Silberkation wird durch das Hydrazin zu elementarem Silber reduziert, gleichzeitig wird der Stickstoff von der Oxidationsstufe (-II) zur Oxidationsstufe (0) oxidiert.

$$4\,Ag^{+} + N_2H_4 \rightarrow 4\,Ag + N_2 + 4\,H^{+}$$

Als Reduktionsmittel können auch Glucose oder Hydroxylamin verwendet werden.

Entsorgung

Silberreste müssen gesammelt werden und dürfen nicht in das Abwasser gelangen. Die keimtötende Wirkung der Silberionen (10^{-11} mol/L) ist noch in sehr großer Verdünnung wirksam.

Beim Aufbewahren der Rückstände muß darauf geachtet werden, daß die Lösungen schwach salzsauer sind. Ammoniakalische Silberlösungen neigen zur Bildung von hochexplosivem Knallsilber (Ag_3N).

Zum Aufarbeiten der Silberrückstände werden diese in konzentrierter Salpetersäure (im Abzug) gelöst und anschließend mit Salzsäure (1:1) versetzt. Nach dem Absetzen des AgCl-Niederschlags dekantiert man die überstehende Flüssigkeit und filtriert. Den gesamten Niederschlag versetzt man in einem Becherglas erneut mit Salzsäure und reduziert die Ag^+-Ionen mit Zink in Stangenform. Der entstehende Silberniederschlag wird durch Filtration abgetrennt und mehrmals mit destilliertem Wasser chlorid- und zinkfrei gewaschen. Das Silber läßt sich leicht durch Zugabe von Borax in einem Porzellantiegel aufschmelzen, und man erhält beim Abkühlen einen Regulus.

XIII Alkohol

Ethanol wurde von alters her durch „Brennen“ von Wein gewonnen. Ältere Bezeichnungen wie „aqua ardens“ – brennendes Wasser, Feuerwasser -, „aqua vitae“ – Lebenswasser – und „spiriti vini“ – Weingeist – spiegeln dieses wieder. Die Alchimisten hatten zeitweise noch eine ganz besondere Art Alkohol herzustellen. So hatte *Frater Albertus* einen „Pflanzenstein“, der „aus den drei Prinzipien besteht und die Eigenschaft hat, aus Pflanzen die Wirkkräfte herauszuziehen“. Die Herstellung des Pflanzensteins ist mehrfach und ausführlich in Schriften aus dem Paracelsus College beschrieben worden. Eine der Vorschriften ist folgende:

> *Fünf Pfund (2,268 kg) der gepflückten frischen Blätter (von Bergsalbei) wurden in ... einem Mixer zerkleinert und in einen großen Dampfdestillationsapparat gegeben. Nach zwölf Stunden einer sanften, schonenen Dampfdestillation befanden sich etwa 15 ml eines klaren goldgelben Öls im Abscheidegefäß. Der starke Geruch dieses Öls identifizierte es als das ätherische Öl des Bergsalbei. Das Handbuch der Chemical Taxonomy of Plants beschreibt folgende Inhaltsstoffe dieses Öls: Cineol, Campher, Pinen und Artemisol. ... Der verbleibende Rückstand der Pflanze wurde im Dampfdestillationsapparat belassen, dieser luftdicht mit einem Gärungsverschluß verschlossen und der natürlichen Gärung bei Raumtemperatur überlassen. Nach Abschluß dieser Fermentation wurde das Material allmählich überdestilliert, bis nur noch Wasser kam. Unter der Annahme, daß Äthanol, die gewünschte Fraktion, abgetrennt und übergekommen war, wurde das Destillat mehrfach unter Vakuum rektifiziert, über Kaliumkarbonat getrocknet und nochmals destilliert. Das Ergebnis wurde als gereinigter alchemistischer Merkur etikettiert und bestand zur Hauptsache aus Alkohol mit Spuren ätherischer Öle und Wasser.*

Raymondus Lullus, der im 13. Jahrhundert lebte, drehte die ganze Prozedur um und versuchte, aus Pflanzen und Weingeist den Stein der Weisen herzustellen.

In der Antike waren den meisten Völkern weingeisthaltige Flüssigkeiten bekannt. So gab es bei den Ägyptern und den Germanen das Bier, Wein war fast überall verbreitet. Den Weingeist als solchen jedoch scheinen sie nicht gekannt zu haben. Erst als die Alexandriner die bis dahin üblichen Destillationsmethoden verbesserten, war es möglich, den Wein zu destillieren. *Marcus Graecus*, der im 8. Jahrhundert gelebt haben soll, gibt beispielsweise eine Anleitung zur Herstellung von „brennbarem Wasser“. Das bedeutet, daß man zu der Zeit bereits wußte, daß der Weingeist brennbar war.

Sobald man den Weingeist kannte, versuchte man, ihn konzentriert und unverfälscht herzustellen. *Basilius Valentinus* berichtet von „vielerley Wegen“, die versucht wurden, dieses Ziel zu erreichen. Man destillierte durch metallische Schlangen oder andere zahlreiche und seltsame Erfindungen, man benutzte auch Schwämme, Papier und ähnliche Gegenstände.

> *„Etliche haben den rectificirten Brandt-Wein in der großen Kälte frieren lassen, vermeynend die Phlegma werden Eyß und der spiritus bleibe resolvirt und offen, der Grund aber ist bei dem allen nichts."*

Er gibt dagegen den Ratschlag, einen guten alten rheinischen Wein zu nehmen, daraus einen Branntwein zu machen und so den gewünschten *rectificirten* Weingeist herzustellen.

Um die Stärke des erhaltenen Weingeistes zu prüfen, gab es teilweise abenteuerliche Methoden. *Lullus* behauptete, der Weingeist sei nur dann rein, wenn ein mit diesem benetztes Tuch beim Anzünden mit verbrenne. Nach der Erfindung des Schießpulvers machte man die sogenannte Pulverprobe, indem man das Pulver statt eines Tuches benutzte. Die Ölprobe wurde lange Zeit angewandt, indem man Weingeist über Öl goß und dann prüfte, ob er über dem Öl bleibe.

Aqua vitae oder auch *aqua vini* sind ebenso wie die Bezeichnung Weingeist lange Zeit gebraucht worden. Das Wort „Alkohol" tritt erst sehr spät auf. Es kommt aus dem Arabischen und bedeutet Pulver. So bezeichnete es im 16. Jahrhundert meistens einen fein zerteilten Körper, also ein Pulver, oft benutzte man es auch als Bezeichnung für Goldpulver. Es könnte sein, daß der über Weinsteinsalz abgezogene Weingeist zuerst *spiritus alcalisatus* und dann, vielleicht durch Verwechslung, *spiritus alcolisatus* genannt wurde, wobei die letztere Bezeichnung dann in *alcool spiritus vini* überging.

Einige Eigenschaften des Weingeistes oder Alkohols waren schon im 13. Jahrhundert bekannt. Man verwendete ihn hauptsächlich, um aus Pflanzen verschiedene Tinkturen und Essenzen herzustellen. *Robert Boyle*, der im 17. Jahrhundert lebte, wußte, daß der Weingeist Eiweiß zum Koagulieren bringt. *Antoine Laurent Lavoisier* veröffentlichte in den „Memoiren der Pariser Akademie für 1772" eine besondere Abhandlung über den Gebrauch des Weingeistes bei Mineralwasseranalysen. Daß starker Weingeist mit Schnee vermischt Kälte hervorbringt, wußte bereits *Boyle*. *Hermann Boerhaave* zeigte in seinen „Elementis Chemiae" 1732, daß Weingeist bei der Vermischung mit Wasser Wärme hervorbringt.

Die Ansichten über die chemische Zusammensetzung des Weingeistes waren recht unterschiedlich. Die Alchimisten meinten, im Weingeist sei ein merkurischer und ein schwefliger Anteil. Später hielt man den Weingeist für den öligen Bestandteil des Weins. So meinte *N. Lémery* in seinem „Cours de chymie" 1575, der Weingeist sei ein mit Salzen verbundenes Öl. *Boerhave* hielt ihn für einen höchst einfachen Stoff und glaubte es sei das *pabulum ignis*, das Prinzip der Brennbarkeit. *Göttling* gar behauptete 1797, der Weingeist bestehe aus Lichtstoff, Wasserstoff, wenig Kohlenstoff und einer unvollkommenen Pflanzensäure. Erst *Lavoisier* machte all diesen

Spekulationen ein Ende mit seiner Entdeckung, daß die elementaren Bestandteile des Weingeistes Kohlenstoff, Wasserstoff und Sauerstoff seien.

Alkohol oder Weingeist entsteht durch Gärung. Bereits die Sumerer kannten auf der Vergärung von Getreide beruhende alkoholische Getränke. Auch die Wein- und Brotgärung waren bekannt. Bei den Alchimisten finden sich wenig brauchbare Hinweise auf den Sinn des Wortes *fermentatio*. Man benutzte diesen Ausdruck häufig in der Bedeutung von „Digestion“ und oft war „fermentum“ der Stein der Weisen. Erst mit *Lavoisier* und seinem „Traité élémentaire de chymie“ (1789) beginnen exakte Untersuchungen über die Gärung und die Entstehung des Alkohols.

Literatur

[1] F. R. Duke, G. F. Smith, Ind. Eng. Chem. Analyt. Ed. **1940**, *12*, 201.

[2] H. Laatsch, Die Technik der organischen Trennungsanalyse, Georg Thieme Verlag, Stuttgart, **1988**.

[3] F. Buscarons, J. L. Mari'n, J. Claver, Analyt. Chim. Acta **1949**, *3*, 310 u. 417.

[4] G. Dragendorff, Die gerichtliche chemische Ermittlung von Giften, 4. völlig umgearbeitete Auflage, Vandenhoek & Ruprecht, Göttingen, **1895.**

[5] H. Beyer, W. Walter, Lehrbuch der Organischen Chemie, 20. Auflage, S. Hirzel Verlag, Stuttgart, **1984**.

[6] R.C. Teitelbaum, S.C. Ruby, T.J. Marks, J. Am. Chem. Soc. **1978**, *100*, 3251.

[7] H.W. Roesky, C. Kusche, GIT – Zeitschrift für das Laboratorium **1996**, *40*, 504.

[8] H. Kopp, Geschichte der Chemie Theil 4, Nachdruck der Ausg. **1847** Georg Olms Verlagsbuchhandlung, Hildesheim, **1966**.

[9] H. Gebelein, Alchemie, 2. Auflage, Eugen Diederichs Verlag, München, **1996**.

Reaktionen der Alkohole

1. Alkoholnachweis mit Cer-(IV)-ammoniumnitrat

Geräte

2 Probiergläschen mit Deckel und Septum, 2 1 mL Meßpipetten, 1 mL Glasspritze, Injektionsnadel, Spatel, Schutzhandschuhe, Schutzbrille

Chemikalien

$Ce(NH_4)_2(NO_3)_6$ (O, brandfördernd; R: 8; S: 17),

2 mol/L Salpetersäure (C, ätzend; MAK-Wert: 25 mg/m^3; R: 35; S: 2, 23, 26, 36, 45),

C_2H_5OH (F, leicht entzündlich; R: 11; S: 7, 16)

Vorsicht

Cer-(IV)-ammoniumnitrat wirkt brandfördernd. Kontakt mit offenem Feuer (z.B. Bunsenbrenner) vermeiden.

Versuchsdurchführung

Eine geringe Menge Cer-(IV)-ammoniumnitrat (ca. 5 mg) wird in einem Probiergläschen vorgelegt. Nun gibt man 0.1 mL verdünnte Salpetersäure hinzu und verschließt das Gläschen. In das zweite Probiergläschen wird anschließend 1 mL Ethanol gegeben und dieses Gläschen ebenfalls mit einem Deckel verschlossen. Nun wird mit Hilfe der Glasspritze Cer-(IV)-ammoniumnitratlösung aus dem Gläschen entnommen und drei Tropfen dem Ethanol hinzugefügt. Es findet augenblicklich eine Gelbfärbung der Reaktionslösung statt.

Beim Umsetzen von Ethanol mit Cer-(IV)-ammoniumnitrat entsteht eine hellgelbe Lösung.

$$[Ce(NO_3)_6]^{2-} + ROH \rightarrow [Ce(OR)(NO_3)_5]^{2-} + HNO_3$$

Die Umsetzung mit Cer-(IV)-ammoniumnitratlösung dient in der Analytik zum Nachweis von Alkoholen. Phenole reagieren in der gleichen Weise, es entstehen jedoch in diesen Fällen braune bis braun-grüne Niederschläge.

Entsorgung

Die Reaktionsrückstände werden in einem Behälter für Schwermetallabfälle gesammelt. Die vereinten Schwermetallrückstände werden anschließend zur Entsorgung gegeben.

2. Nachweis primärer und sekundärer Alkohole durch Oxidation mit Chrom-(VI)-oxid

Geräte

2 Probiergläschen mit Deckel und Septum, 3 1 mL Meßpipetten, 2 1 mL Glasspritzen, 2 Injektionsnadeln, Spatel, Schutzhandschuhe, Schutzbrille

Chemikalien

CrO_3 (C, ätzend; O, brandfördernd; R: 8, 25, 35, 43, 49; S: 53, 45),

18 mol/L Schwefelsäure (C, ätzend; MAK-Wert: 1 mg/m^3; R: 35; S: 2, 26, 30, 45),

C_2H_5OH (F, leicht entzündlich; R: 11; S: 7, 16), dest. H_2O

Vorsicht

Chrom-(VI)-oxid ist äußerst giftig und wirkt brandfördernd. Nicht in die Hände von Schülern geben.

Versuchsdurchführung

In ein Probiergläschen werden 5 mg (kleine Spatelspitze) Chrom-(VI)-oxid und 0.3 mL destilliertes Wasser gegeben und das Gläschen anschließend verschlossen. Danach wird eine Glasspritze mit 0.1 mL konzentrierter Schwefelsäure gefüllt und diese dann vorsichtig zur Chrom-(VI)-oxidlösung getropft, wobei eine Gelbfärbung der Lösung beobachtet wird. Anschließend wird 1 mL Ethanol in das zweite Gläschen gegeben und dieses ebenfalls verschlossen. Eine Glasspritze wird nun mit Chrom-(VI)-oxidlösung gefüllt und drei Tropfen zum Ethanol gegeben. Die Reaktionslösung verfärbt sich hellgrün.

Beim Umsetzen von Chrom-(VI)-oxid mit konzentrierter Schwefelsäure bildet sich Chromsäure. Gegenüber primären und sekundären Alkoholen wirkt diese stark oxidierend während tertiäre Alkohole nicht reagieren. Die Grünfärbung der Lösung beruht auf der Bildung des wasserlöslichen grünen Chrom-(III)-sulfats.

$$3\ C_2H_5OH + 3\ H_2SO_4 + 2\ CrO_3 \rightarrow 3\ CH_3CH{=}O + Cr_2(SO_4)_3 + 6\ H_2O$$

Diese Nachweisreaktion kann auch in Aceton durchgeführt werden, wobei in diesem Fall Chrom-(III)-sulfat als gut sichtbarer grüner Niederschlag anfällt.

Entsorgung

Die Reaktionsrückstände werden in einen Behälter für Schwermetallabfälle gegeben. Die gesammelten Rückstände werden anschließend einem Unternehmen zur Entsorgung übergeben.

3. Alkoholnachweis durch Solvatisierung von Vanadiumoxinat

Geräte

Probiergläschen mit Deckel und Septum, 2 1 mL Glasspritzen, 2 Injektionsnadeln, Spatel, Fön, Schutzhandschuhe, Schutzbrille

Chemikalien

V_2O_5 (Xn, mindergiftig; MAK-Wert: 0.05 mg/m^3; R: 20; S: 22),

18 mol/L Essigsäure (99–100 %) (C, ätzend; MAK-Wert: 25 mg/m^3; R: 10, 34, 35; S: 2, 23, 26, 45),

8-Hydroxychinolin (Xn, mindergiftig; R: 20/21/22; S: 13, 36/37),

C_2H_5OH (F, leicht entzündlich; R: 11; S: 7, 16)

Versuchsdurchführung

In einem Probiergläschen werden jeweils eine geringe Menge Divanadiumpentoxid und 8-Hydroxychinolin vorgelegt. Anschließend wird das Gläschen verschlossen. Nun werden mit der ersten Glasspritze 0.1 mL konzentrierte Essigsäure hinzugegeben. Daraufhin fügt man mit Hilfe einer weiteren Glasspritze 1 mL Ethanol hinzu und erwärmt das Reaktionsgemisch vorsichtig 40–50 Sekunden. Nach ca. 30 Sekunden beginnt die Farbe der Lösung von grün nach orange-rot umzuschlagen.

Werden Alkohole mit einer essigsauren Lösung von Divanadiumpentoxid und 8-Hydroxychinolin umgesetzt, so bilden sich tieffarbige Solvate. Diese Umsetzung ist eine gute Nachweisreaktion für Alkohole, da auch mit höheren primären, sekundären und tertiären Alkoholen in der Wärme gut sichtbare rötliche Komplexe entstehen.

Entsorgung

Die Reaktionsabfälle werden in einem gesonderten Behälter für Schwermetallabfälle gesammelt.

4. Nachweis von primären und sekundären Alkoholen durch Xanthogenatbildung

Geräte

Probiergläschen mit Deckel und Septum,
1 mL Meßpipette,
3 Pasteurpipetten mit Pipettenhütchen,
3 1 mL Glasspritzen,
2 Injektionsnadeln,
Spatel,
Fön,
Schutzhandschuhe,
Schutzbrille

Chemikalien

CS_2 (T, giftig; F, leicht entzündlich; MAK-Wert: 30 mg/m^3; R: 11, 36/38, 48/23, 62, 63; S: 16, 33, 36/37, 45),

14 mol/L Natronlauge (C, ätzend; MAK-Wert: 2 mg/m^3; R: 35; S: 2, 26, 27, 37/39),

0.1 mol/L $(NH_4)_6Mo_7O_{24}\cdot 6H_2O$-Lösung (Xn, mindergiftig; R: 22; S: 22, 36),

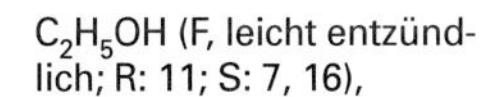

C_2H_5OH (F, leicht entzündlich; R: 11; S: 7, 16),

CH_2Cl_2 (Xn, mindergiftig; MAK-Wert: 360 mg/m^3; R: 40; S: 23, 24/25, 36/37)

Vorsicht

Schwefelkohlenstoff ist sehr giftig und leicht entflammbar. Nicht in die Hände von Schülern geben. Kontakt mit offenem Feuer (z.B. Bunsenbrenner) vermeiden.

Versuchsdurchführung

In einem Probiergläschen werden 0.5 mL Ethanol, 4 Tropfen konzentrierte Natronlauge und 4 Tropfen Ammoniummolybdatlösung vorgelegt. Daraufhin wird das Gläschen verschlossen. Nun werden mit einer Glasspritze 4 Tropfen Schwefelkohlenstoff hinzugegeben. Nach weiteren 60 Sekunden werden 6–8 Tropfen konzentrierte Salzsäure und 0.5 mL Dichlormethan hinzugefügt. Es tritt eine intensive Violettfärbung der Reaktionslösung auf.

Beim Umsetzen primärer und sekundärer Alkohole mit Schwefelkohlenstoff im alkalischen Medium findet die Bildung von Xanthogenaten statt.

$$ROH + CS_2 + NaOH \rightarrow NaCS_2OR + H_2O$$

Werden Xanthogenate mit Molybdaten umgesetzt, entstehen Komplexe der Zusammensetzung $MoO_3\cdot HS\text{–}(CS)\text{–}OR$. In Dichlormethan lösen sich diese Komplexe mit einer intensiven violetten Farbe. Der Nachweis von tertiären Alkoholen gelingt nicht, da die gebildeten Xanthogenate hydrolysieren und somit keine Komplexbildung stattfindet.

Entsorgung

Die Reaktionsrückstände werden in einem Behälter für halogenhaltige Lösungsmittel gesammelt. Die vereinten Abfallstoffe werden anschließend zur Entsorgung bzw. zur Aufarbeitung gegeben.

5. Nachweis von 1,2-Glycolen durch Cyclisierung mit Borsäure

Geräte

Probiergläschen, 2 Pasteurpipetten mit Pipettenhütchen, 1 mL Meßpipette, Schutzhandschuhe, Schutzbrille

Chemikalien

$Na_2B_4O_7$, Phenolphthaleinlösung, Ethylenglycol (Xn, mindergiftig; MAK-Wert: 26 mg/m^3; R: 22), dest. H_2O

Versuchsdurchführung

Eine kleine Spatelspitze (10 mg) Dinatriumtetraborat (Borax) wird in einem Probiergläschen in 1 mL destilliertem Wasser gelöst. Zu dieser Lösung wird 1 Tropfen Phenolphthaleinlösung gegeben. Die Lösung färbt sich bei Zugabe des Indikators rosa. Nun werden langsam 5 Tropfen Ethylenglycol hinzugefügt. Die Reaktionslösung wird entfärbt.

Beim Umsetzen von Borsäure oder Boraten mit 1,2-Glycolen bilden sich cyclische Borate.

2 >C(OH)–C(OH)< + (HO)$_2$B–OH —(- 3 H_2O)→ [cyclisches Borat-Anion]$^{\ominus}$ $H^{\oplus}$

Diese besitzen eine höhere Acidität als die eingesetzten 1,2-Glycole und bewirken eine Absenkung des pH-Wertes der wäßrigen Lösung. Diese Absenkung führt zu einem Farbumschlag des Indikators, die Lösung entfärbt sich.

Entsorgung

Die Reaktionslösung wird neutralisiert und kann gefahrlos in das Abwasser gegeben werden.

XIV Aldehyde

Der erste bekannte Aldehyd war Acetaldehyd. Er wurde in unreiner Form 1782 von *C.W. Scheele* durch Oxidation von Ethanol erhalten. Ethanol wurde seit alters her durch „Brennen von Wein" gewonnen. *Paracelsus* gebrauchte den Namen „Alcohol vini" erstmals für einen „völlig verbrennbaren Weingeist".

Als er Alkohol oder Ether im gasförmigen Zustand mit einer glühenden Platinspirale oxidierte, stellte *Sir Humphry Davy* im Jahre 1817 fest, daß sich eine „eigenartige beißende Substanz mit den Eigenschaften einer Säure" gebildet hatte. Diese Substanz wurde dann von *Michael Faraday* untersucht, der feststellte, daß das flüssige Produkt eine flüchtige Verbindung mit Ammoniak ergibt. *John Daniell*, der aus der Zuckerindustrie kam und auch im Gartenbau arbeitete, bevor er Professor für Chemie wurde, nannte die Flüssigkeit „lampic acid" und hielt sie für Essigsäure vermischt mit einer harzartigen Substanz, was ihr die reduzierenden Eigenschaften verleihe. *H.B. Miller* aus Bristol untersuchte die langsame Verbrennung von Ether- und Alkoholdämpfen zusammen mit einer großen Anzahl von erhitzten festen Stoffen, wie zum Beispiel Platin, Palladium, Messing, Holzkohle und Kalk. Er stellte fest, daß manchmal, vor allem mit Platin, Essigsäure entsteht.

Johann Wolfgang Döbereiner beschrieb in einer kurzen Notiz die Herstellung eines „leichten Sauerstoff-Ethers", bei der er Alkohol mit Chromsäure, Mangandioxid oder Schwefelsäure destillierte. Diese Versuche hatten vor ihm allerdings schon *Fourcroy und Vauquelin* gemacht. *Döbereiner* erhielt Aldehydharz und kristallines Aldehydammoniak. Drei kleine Proben davon schickte er an *Justus Liebig*.

In einer ersten Veröffentlichung schrieb *Liebig*, daß der „leichte Sauerstoff-Ether" eine wasserlösliche Flüssigkeit enthält, die mit Lauge ein Harz bildet. In einer nachfolgenden Veröffentlichung beschrieb er die Isolierung von einer Substanz, die er „Aldehyd" nannte. Fälschlicherweise nahm er an, daß es ein Zwischenprodukt zwischen Aldehyd und Essigsäure geben müsse, das man erhalte, wenn man Aldehyd mit Silberoxid destilliere. Dieses war die Säure, die Bestandteil der „lampic acid" war. *Liebig* nannte sie „aldehydisches Salz".

Wie oft bei Erfindungen oder Entdeckungen gab es auch bei der Herstellung des Aldehyds Streit um den wirklichen Entdecker. *Liebig* sagte, daß *Döbereiner* in seinem Buch „Zur Chemie des Platins" davon sprach, daß Aldehyd und Acetal von „*Döbereiner* hergestellt und von *Liebig* analysiert" worden seien. Aber *Liebig* führte in einer Tabelle die Eigenschaften des Aldehyds, die *Döbereiner* festgestellt hatte auf (unlöslich in Wasser, etc.) und diejenigen, die er selbst entdeckt hatte (teilweise löslich in Wasser). Dazu meinte er dann, daß *Döbereiner* so viel Anspruch auf die Entdeckung des Aldehyds habe wie *Newtons* Apfel auf die Entdeckung der Schwerkraft. Der Name „Aldehyd“, so *Liebig*, sei für ihn von *Johann Christian Poggendorf* gebildet worden, und zwar aus Al(kohol) und dehyd(rogenatus). Die chemische Konstitution der Aldehyde wurde zuerst von *Hermann Kolbe* aufgeklärt.

Aldehyde sind aufgrund ihrer Reaktionsfähigkeit sehr gute Ausgangs- und Zwischenprodukte für Synthesen. Daher wurden außer der Alkoholoxidation noch zahlreiche andere Darstellungsmethoden entwickelt. So wurde beispielsweise im Jahre 1876 Salicylaldehyd erhalten. Aromatische Aldehyde erhielt man 1877 entsprechend der Etard-Reaktion. Arylaldehyde wurden 1897 nach der Gattermann-Koch-Reaktion zugänglich.

Am bekanntesten von allen diesen Aldehyden ist sicherlich das Formaldehyd. Es ist ein Gas mit einem extrem scharfen durchdringenden Geruch. Für die Herstellung von synthetischen Kunststoffen und Fasern wird Formaldehyd im Tonnenmaßstab gebraucht. In Wasser gelöst benutzt man es unter dem Namen Formalin als Antiseptikum, zur Desinfektion und zur Konservierung biologischen Materials.

Literatur

[1] H. Laatsch, Die Technik der organischen Trennungsanalyse, Georg Thieme Verlag, Stuttgart, **1988**.

[2] S.H. Pine, J.B. Hendrickson, D.J. Cram, G.S. Hammond, Organische Chemie, 4. Auflage, Vieweg Verlag, Braunschweig, **1987**.

[3] Aldehydnachweis mit Schiff's Reagenz
H. Wieland, G. Scheuing, Ber. Dtsch. Chem. Ges. **1921**, *54*, 2527.

[4] Aldehydnachweis durch Bildung von Indigo
A. Baywe, V. Drewswn, Ber. Dtsch. Chem. Ges. **1882**, *16*, 2856;
R.J.W. Le Fèvre, J. Pearson, J. Chem. Soc. **1932**, 2807.

[5] ABC Geschichte der Chemie, VEB Deutscher Verlag für Grundstoffindustrie, Leipzig, **1989**.

Reaktionen der Aldehyde und Ketone

1. Aldehyd- und Ketonnachweis durch Hydrazonbildung

Geräte

2 Probiergläschen mit Deckel und Septum, Spatel, 2 1 mL Meßpipetten, Glasspritze, Injektionsnadel, Glasstab, Schutzhandschuhe, Schutzbrille

Chemikalien

2,4-Dinitrophenylhydrazin (Xn, mindergiftig; R: 1, 22/23/24; S: 35, 36/37/39, 45),

Aceton (F, leichtentzündlich; MAK-Wert: 1200 mg/m^3; R: 11; S: 2, 9, 16, 23, 33), dest. H_2O,

65prozentige Perchlorsäure (O, brandfördernd; C, ätzend; R: 5, 8, 35; S: 23, 26, 36)

Vorsicht

2,4-Dinitrophenylhydrazin ist ein starkes Hautgift. Nicht in die Hände von Schülern geben.

Versuchsdurchführung

Eine kleine Spatelspitze (ca. 20 mg) 2,4-Dinitrophenylhydrazin wird in einem Probiergläschen mit 0.3 mL Perchlorsäure verrieben, und das Gläschen anschließend mit dem Deckel verschlossen. Es entsteht eine klare gelbe Lösung. Nun werden in das zweite Probiergläschen 0.8 mL destilliertes Wasser und 0.2 mL Aceton gegeben, und das Gläschen mit einem Deckel ebenfalls abgedichtet. Dann wird mit der Glasspritze etwas 2,4-Dinitrophenylhydrazinlösung entnommen und drei Tropfen dieser Lösung zu dem Aceton/Wasser-Gemisch hinzugefügt. Daraufhin wird die Reaktionslösung schwach erwärmt. Die Lösung färbt sich intensiv gelb-orange.

Beim Umsetzen von 2,4-Dinitrophenylhydrazin mit Aldehyden bzw. Ketonen entstehen 2,4-Dinitrophenylhydrazone.

$$R{-}\overset{\displaystyle O}{\overset{\|}{C}}{-}R' + H_2N{-}NH{-}C_6H_3(NO_2)_2 \xrightarrow[-H_2O]{+H^+} \begin{matrix} R' \\ R \end{matrix}\!\!>C{=}N{-}NH{-}C_6H_3(NO_2)_2$$

Aldehyd / Keton — 2,4-Dinitrophenylhydrazin — 2,4-Dinitrophenylhydrazon

Die Hydrazonbildung wird in der organischen Analyse häufig zum Nachweis von Aldehyden/Ketonen angewandt. Durch die scharfen Schmelzpunkte der gut kristallisierenden gelb-orangefarbenen 2,4-Dinitrophenylhydrazone ist es im allgemeinen relativ einfach die vorliegenden Aldehyde/Ketone zu identifizieren. Als Reagenz für die Hydrazonbildung kann auch Phenylhydrazin verwendet werden. Dieses hat jedoch den Nachteil, daß es im Gegensatz zum 2,4-Dinitrophenylhydrazin mit niederen Aldehyden und Ketonen keine gut kristallisierenden Hydrazone bildet. Eine eindeutige Identifizierung solcher Verbindungen mit Hilfe dieses Reagenzes ist somit nicht gegeben.

Entsorgung

Die Reaktionsrückstände werden in einem Behälter für organische Abfallprodukte gesammelt. Die vereinten organische Abfälle werden anschließend zur Entsorgung gegeben.

2. Aldehydnachweis durch Bildung von Schiff'schen Basen

Geräte

Probiergläschen mit Deckel und Septum, 1 mL Meßpipette, 1 mL Glasspritze, Injektionsnadel, Spatel, Schutzhandschuhe, Schutzbrille

Chemikalien

o-Dianisidin (T, giftig; R: 22, 45; S: 45; 53),

2 mol/L Essigsäure (C, ätzend; MAK-Wert: 25 mg/m^3; R: 10, 34, 35; S: 2, 23, 26, 45),

Acetaldehyd (Xn, mindergiftig; F+, hochentzündlich; MAK-Wert: 90 mg/m^3; R: 12, 36/37, 40; S: 16, 33, 36/37)

Versuchsdurchführung

Eine kleine Spatelspitze *o*-Dianisidin (ca. 15–20 mg) wird in einem Probiergläschen in 0.7 mL verdünnter Essigsäure gelöst und das Gläschen dann mit Deckel und Septum verschlossen. Anschließend werden mit Hilfe der Glasspritze 0.3 mL Acetaldehyd zur Reaktionslösung hinzugefügt. Es tritt eine gelbe-orange Färbung der Lösung auf.

Viele Aldehyde – wie z.B. Acetaldehyd – reagieren mit *o*-Dianisidin unter Bildung von gelben bis roten Azomethinen, den Schiff'schen Basen.

$$H_2N\text{-}C_6H_3(OMe)\text{-}C_6H_3(OMe)\text{-}NH_2 + 2\,R\text{-}CHO \xrightarrow[-2\,H_2O]{} R\text{-}CH{=}N\text{-}C_6H_3(OMe)\text{-}C_6H_3(OMe)\text{-}N{=}CH\text{-}R$$

o-Dianisidin Aldehyd Azomethin

Die Bildung der Azomethine ist auf Aldehyde beschränkt, Ketone reagieren bei dieser Umsetzung nicht. Anstelle von *o*-Dianisidin kann auch 2,7-Diaminofluoren verwendet werden. Eine weitere Möglichkeit ist Benzidin. Da dieses jedoch stark krebserregend ist, sollte es nur dann eingesetzt werden, wenn keines der anderen Reagenzien vorrätig ist.

Entsorgung

Die organischen Rückstände werden in einem gesonderten Behälter gesammelt. Die vereinten Abfälle können anschließend zur Entsorgung gegeben werden.

3. Aldehydnachweis mit Schiff's Reagenz

Geräte

Probiergläschen mit Deckel und Septum, 1 mL Meßpipetten, 1 mL Glasspritze, Injektionsnadel, Schutzhandschuhe, Schutzbrille

Chemikalien

Acetaldehyd (Xn, mindergiftig; F+, hochentzündlich; MAK-Wert: 90 mg/m^3; R: 12, 36/37, 40; S: 16, 33, 36/37),

Schiff's Reagenz (z.B. erhältlich bei Fluka) (Xi, reizend; R: 36/37/38; S: 26, 36)

Versuchsdurchführung

1 mL Schiff's Reagenz wird im Probiergläschen vorgelegt und dieses anschließend verschlossen. Nun wird die Glasspritze mit 0.05 mL Acetaldehyd gefüllt und die Injektionsnadel der Spritze durch das Septum in das Gläschen eingeführt. Daraufhin gibt man langsam 2–3 Tropfen Acetaldehydlösung zur Reagenzlösung hinzu. Es tritt sofort eine intensive Violettfärbung der Reaktionslösung auf.

In Gegenwart von Aldehyden zerfällt das Schiff's Reagenz **1** und gibt Wasser und SO_2 ab. Es bildet sich ein blauvioletter Farbstoff **2**, der die Reaktionslösung charakteristisch verfärbt.

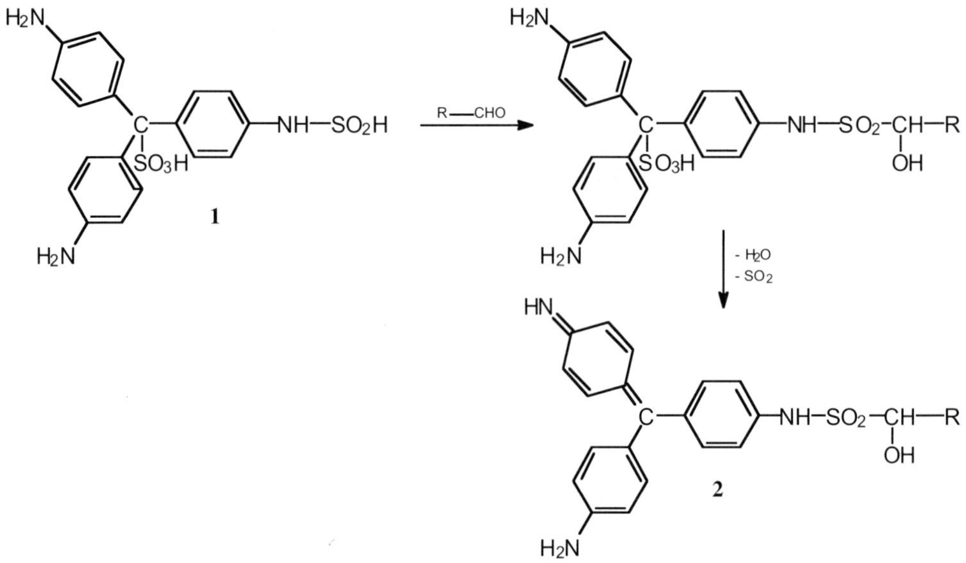

Entsorgung

Die Reaktionsrückstände werden in einem Sammelbehälter für organische Abfallprodukte vereint. Die Abfälle werden dann zur endgültigen Entsorgung abgegeben.

4. Aldehydnachweis durch Bildung von Indigo

Geräte

2 Probiergläschen mit Deckel und Septum,
1 mL Meßpipette,
2 Glasspritzen,
2 Injektionsnadeln,
Spatel,
Fön,
Schutzhandschuhe,
Schutzbrille

Chemikalien

o-Nitrobenzaldehyd (Xn, mindergiftig; R: 22; S: 22, 24/25),

2 mol/L Natronlauge (C, ätzend; MAK-Wert: 2 mg/m^3; R: 35; S: 2, 26, 27, 37/39),

Aceton (F, leicht entzündlich; MAK-Wert: 1200 mg/m^3; R: 11; S: 2, 9, 16, 23, 33),

Dichlormethan (Xn, mindergiftig; MAK-Wert: 360 mg/m^3; R: 40; S: 23, 24/25, 36/37)

Versuchsdurchführung

In eines der Probiergläschen werden geringe Mengen (ca. 5 mg) *o*-Nitrobenzaldehyd und 0.5 mL verdünnte Natronlauge gegeben. Daraufhin wird das Gläschen mit dem Deckel verschlossen. Nun wird das Reaktionsgemisch vorsichtig geschüttelt. Es entsteht eine leicht gelb gefärbte Lösung. Dann werden 3 Tropfen Aceton in das zweite Probiergläschen gegeben und dieses ebenfalls verschlossen. Nun werden mit der Glasspritze 3 Tropfen der *o*-Nitrobenzaldehydlösung zum Aceton hinzugefügt und das Gemisch vorsichtig erwärmt, bis eine Dunkelfärbung (rotbraun) eintritt. Nach dem Abkühlen wird mit der zweiten Glasspritze langsam 1 mL Dichlormethan hinzugegeben. Man erhält eine intensiv hellblau gefärbte Lösung.

Beim Umsetzen von *o*-Nitrobenzaldehyd mit Methylketonen – wie z.B. Aceton – bildet sich in einer Kondensationsreaktion der Farbstoff Indigo (Farbabb. 26, 27).

Indigo

Entsorgung

Die Reaktionsrückstände werden in einem gesonderten Behälter für organische Abfallprodukte gesammelt. Die vereinten Rückstände werden anschließend zur Entsorgung gegeben.

5. Ketonnachweis mit Natriumpentacyanonitrosylferrat

Geräte

2 Probiergläschen mit Deckel und Septum,
2 1 mL Meßpipetten,
2 Glasspritzen,
2 Injektionsnadeln,
Spatel,
Schutzhandschuhe,
Schutzbrille

Chemikalien

Natriumpentacyanonitrosylferrat (T, giftig; R: 25; S: 1/2, 45),

2 mol/L Natronlauge (C, ätzend; MAK-Wert: 2 mg/m^3; R: 35; S: 2, 26, 27, 37/39),

Aceton (F, leicht entzündlich; MAK-Wert: 1200 mg/m^3; R: 11; S: 2, 9, 16, 23, 33),

2 mol/L Essigsäure (C, ätzend; MAK-Wert: 25 mg/m^3; R: 10, 35; S: 2, 26, 45)

Versuchsdurchführung

Eine kleine Menge (ca. 5 mg) Natriumpentacyanonitrosylferrat wird im Probiergläschen in 0.5 mL destilliertem Wasser gelöst. Nun wird das Gläschen mit dem Deckel verschlossen. Anschließend werden in das zweite Gläschen 1 mL Aceton und zwei Tropfen verdünnte Natronlauge gegeben und das Gläschen ebenfalls verschlossen. Daraufhin werden mit der Glasspritze 10 Tropfen der Natriumpentacyanonitrosylferratlösung hinzugefügt. Die Reaktionslösung verfärbt sich intensiv orange. Dann wird 1 Tropfen verdünnte Essigsäure zugegeben. Es tritt augenblicklich ein Farbwechsel von orange nach tief violett auf.

Beim Umsetzen von Methylketonen – wie Aceton – mit Natriumpentacyanonitrosylferrat bilden sich in schwach alkalischer Lösung Nitrosoverbindungen (Isonitrosoketone). Die Bildung beruht auf der Reaktion zwischen dem schwach gebundenen NO-Liganden im Natriumpentacyanonitrosylferrat und dem Methylketon. Die gebildeten Nitrosoverbindungen werden anschließend als Liganden in die Koordinationssphäre des Komplexes eingebaut.

$$[Fe^{III}(CN)_5NO]^{2-} + R\text{–}CH_2\text{–}CO\text{–}CH_3 + 2\,OH^- \rightarrow$$
$$[Fe^{II}(CN)_5(O\text{–}N{=}CR\text{–}CO\text{–}CH_3)]^{4-} + 2\,H_2O$$

Alle Verbindungen mit aktiven Methylgruppen reagieren bei dieser Umsetzung positiv. Als Alternative zum Aceton können z.B. auch Acetessigester, Resorcin oder Cyclohexanon verwendet werden.

Entsorgung

Die organischen Abfälle werden gesammelt und die vereinten Rückstände anschließend zur Entsorgung gegeben.

XV Phenol

Phenol wurde von *Friedlieb Ferdinand Runge* im Steinkohlenteer entdeckt. Teer ist ein flüssiges bis halbfestes, dunkelbraunes bis schwarzes Produkt, das bei trockener Destillation von Kohle, Torf und Holz unter Luftausschluß entsteht. Je nach Einsatzprodukt und Verarbeitungstemperatur enthält es unterschiedliche Inhaltsstoffe, beispielsweise Aromaten, Paraffine und Kresole. Die ersten englischen Patente zur Gewinnung von Steinkohlen- und Braunkohlenteer wurden 1681 und 1684 erteilt. Auch in Deutschland und anderen Ländern gab es um diese Zeit schon Steinkohlenverkokung. Anfang des 19. Jahrhunderts entwickelte sich aus der Kokerei die Herstellung von Leuchtgas. Spätestens zu diesem Zeitpunkt wurde der Teer zu einem lästigen Abfallprodukt. Chemiker wie *O. Unverdorben*, *K.L. von Reichenbach* und *F.F. Runge* untersuchten ihn auf interessante und industriell verwertbare Inhaltsstoffe und fanden zwischen 1820 und 1834 nicht nur Phenol sondern auch Naphtalin, Anthracen, Anilin und Chinolin. Damit begann die eigentliche Teerchemie, die anfangs fast identisch mit der Aromatenchemie war. Außer Phenol und Paraffin wurden fast alle Destillationsrückstände in der chemischen Industrie weiterverarbeitet.

Anilinfarbstoffe, Teerfarben oder Farbstoffe aus Teer wurden 1862 zum ersten Mal auf der Weltausstellung in London vorgeführt. Gleichzeitig mit der damals aufblühenden und wachsenden Textilindustrie entstand ein rasch wachsender Wirtschaftszweig: die auf Teerfarben basierende Farbenindustrie.

Phenol ist bei Zimmertemperatur ein kristalliner fester Körper. Man braucht nur etwa 2–10% Wasser, um ein flüssiges Phenolpräparat herzustellen. Diese Flüssigkeit hat einen stark „antiseptischen" Geruch. Sie wird tatsächlich auch als Antiseptikum benutzt. In der Medizin und Pharmazie ist dieses Produkt unter dem Namen Carbolsäure bekannt. Phenol ist von der Geschichte her der Prototyp aller Antiseptika. Daher ist es auch zu einer Art „Messlatte" für jeden antiseptischen Wirkstoff geworden.

Dr. Joseph Lister, Chirurg an der Universität Glasgow, stellte 1865 fest, daß Phenol ein hervorragendes Desinfektionsmittel ist. Nachdem er sowohl seine chirurgischen Instrumente als auch die Haut der Patienten vor jeder Operation mit Phenol reinigte, reduzierte sich das postoperative Infektionsrisiko um ein Vielfaches. Einige bekannte phenolhaltige Antiseptika sind Lysol, Mercurochrom, Iodtinktur und Karbolseife.

Trotz des unbestrittenen Nutzens als Desinfektionsmittel sind Phenol enthaltende Mittel heute verboten. Phenol entwickelt giftige Dämpfe, ist ein Kontaktgift, das durch die Haut aufgenommen werden kann, es kann die Nieren schädigen und außerdem ist es ein Co-Carcinogen. Um die giftigen Nebenwirkungen des Phenols auszuschließen, wurde es durch, wie man damals glaubte, ungefährlichere Phenolverbindungen ersetzt: 2,4-Dichlorphenol und das 2,4,6-Trichlorphenol. Diese Verbindungen sind sogar noch bessere Desinfektionsmittel als reines Phenol. Anfang des Jahrhunderts war fast jede Hausapotheke mit einer Flasche Chlorphenol ausgerüstet. Man benützte dieses Mittel zum Desinfizieren von kleinen Wunden und zu Mundspülungen bei Erkältung. Man ahnte nicht, daß dieses Hausmittel Dioxin enthielt.

In den folgenden Jahren wurden 19 verschiedene einfach oder mehrfach chlorierte Phenole entdeckt, die ungemein nützliche Eigenschaften hatten. Beispielsweise wirkt 2,4-Dichlorphenoxyessigsäure auf Pflanzen wie ein Wachstumshormon. Kräuter schießen in die Höhe, wobei sie sich verausgaben und eingehen. Gräser, also Getreidepflanzen reagieren nicht auf diese Verbindung. Damit hatte man ein ideales Unkrautvernichtungsmittel gefunden, das seit Anfang der fünfziger Jahre auf Getreidefeldern und Wiesen eingesetzt wurde. Dieses Mittel war allerdings nicht stark genug, um auch andere Unkräuter wie Kriechgewächse oder Dornensträucher zu vernichten. So benutzte man die sehr viel wirksamere 2,4,5-Trichlorphenoxyessigsäure, kurz 2,4,5-T. Um Regenwälder zu entlauben, wurde diese Lösung als „Agent Orange" im Vietnamkrieg eingesetzt. Allerdings hatte sie vielen Berichten zufolge auch die Wirkung, daß in den „besprühten" Regionen viele mißgebildete Kinder zur Welt kamen.

Immer wieder hörte man dann von kleineren Unfällen in Betrieben, die 2,4,5-T herstellten. Aber erst die Katastrophe von Seveso ließ das ganze Ausmaß der Schädlichkeit des im 2,4,5-T enthaltenen Dioxins sichtbar werden. Heute weiß man, daß Dioxine überall in kleinen oder sehr kleinen Mengen entstehen oder vorhanden sind. *Michael Gough* vom Center for Risk Management in Washington, DC faßt 1991 die Auswirkungen des Dioxins auf die Gesundheit folgendermaßen zusammen: „Es gibt keinen wissenschaftlich einwandfrei nachgewiesenen Zusammenhang zwischen Dioxin und irgendeiner Erkrankung des Menschen, abgesehen von der Chlorakne, die bei Kontakt mit größeren Mengen Dioxin auftritt." *W. Gribble* von der Universität von Hawaii in Menoa sagt das gleiche, meint aber, daß es wegen der außerordentlichen hohen Giftwirkung einiger polychlorierter Dioxine wichtig sei, diese Substanzen weiterhin zu erforschen, besonders auch deshalb, weil sie nachgewiesenermaßen auch in der Natur vorkommen.

Industriell hergestellte Produkte, in denen Phenol enthalten ist, sind beispielsweise gelbe Textilfarbe und Pikrinsäure, die sich oft als Bestandteil in Sprengstoffen findet. Explosionsprodukte von Geschossen, die viel Pikrinsäure enthalten, sind meist gelb gefärbt, schmecken bitter und enthalten viel freie Pikrinsäure. Geschosse, die mit dieser Art Sprengstoff hergestellt werden, entwickeln bei der Explosion hochgiftiges Gas. Es dauerte lange, bis man feststellte, daß dieses Gas Kohlenstoffmonoxid ist, das auch bei schlagenden Wettern in Kohlegruben verheerende Wirkung hat.

Aus der Reaktion von Phenol mit Formaldehyd sind die ersten Plastikmaterialien entstanden. Der belgisch-amerikanische Chemiker *Leo Hendrik Baekeland* stellte den von ihm entdeckten Stoff 1909 als „Bakelit" vor. Die aus diesem Material hergestellten Objekte, vom Knopf bis zu Radio- und Fernsehgehäusen, sind hart, zäh und temperaturbeständig. Sie quellen nicht und sie lösen sich weder in Wasser noch in organischen Lösungsmitteln.

Literatur

[1] H. Beyer, W. Walter, Lehrbuch der Organischen Chemie, 20. Auflage, S. Hirzel Verlag, Stuttgart, **1984**.

[2] H. Wynberg, E.W.Meijer, The *Reimer–Thiemann*-Synthesis, Org. Reactions **1982**, *28*, 1.

[3] C. Liebermann, Über die Einwirkung der salpetrigen Säure auf Phenole, Ber. Dtsch. Chem. Ges. **1874**, *7*, 247.

[4] H. Laatsch, Die Technik der organischen Trennungsanalyse, Thieme Verlag, Stuttgart, **1988**.

[5] ABC Geschichte der Chemie, VEB Deutscher Verlag für Grundstoffindustrie, Leipzig, **1989**.

[6] Collier's Encyclopedia, Crowell-Collier Educational Corporation, **1972**.

[7] J. Emsley, Parfum, Portwein, PVC ... Chemie im Alltag, WILEY-VCH Weinheim, **1997**.

Reaktionen der Phenole

1. Phenolnachweis mit Eisen-(III)-chlorid

Geräte

2 Probiergläschen mit Deckel und Septum, Glasspritze, Injektionsnadel, Spatel, 1 mL Meßpipette, Schutzhandschuhe, Schutzbrille

Chemikalien

Phenol (T, giftig; MAK-Wert: 19 mg/m³; R: 24/25, 34; S: 2, 28, 44),

$FeCl_3 \cdot 6\,H_2O$ (Xn, mindergiftig; R: 22, 38, 41; S: 26, 39),

dest. H_2O

Vorsicht

Phenol ist äußerst giftig. Nicht in die Hände von Schülern geben.

Versuchsdurchführung

Eine kleine Spatelspitze Phenol (ca. 10 mg) wird in einem Probiergläschen vorgelegt und mit 1 mL destilliertem Wasser versetzt. Anschließend wird das Gläschen verschlossen. Nun wird in ein zweites Probiergläschen eine kleine Spatelspitze (ca. 5 mg) Eisen-(III)-chlorid in 0.2 mL destilliertem Wasser gelöst und das Gläschen ebenfalls verschlossen. Daraufhin werden ca. 0.05–0.10 mL der Eisen-(III)-chloridlösung in eine Glasspritze gezogen und 1–2 Tropfen zur Phenollösung gegeben. Es tritt augenblicklich eine intensive Blauviolettfärbung auf.

Eine Vielzahl von Phenolen (nicht alle!) ergeben mit Eisen-(III)-chloridlösung unter Bildung eines *Eisen-Inner-Sphere-Komplexes* eine charakteristische Färbung. Die Farben variieren hierbei von rot (z.B. *p*-Nitrophenol) über blau (z.B. *p*-Bromphenol) bis zu violett (z.B. Phenol).

Entsorgung

Die Reaktionsrückstände werden in einem Behälter für organische Abfallprodukte gesammelt. Die vereinten Rückstände werden anschließend einem Unternehmen zur Entsorgung übergeben.

2. Phenolnachweis durch *Reimer-Tiemann*-Reaktion

Geräte

Probiergläschen mit Deckel und Septum, Glasspritze, Injektionsnadel, Spatel, Fön, 1 mL Meßpipette, Schutzhandschuhe, Schutzbrille

Chemikalien

Phenol (T, giftig; MAK-Wert: 19 mg/m^3; R: 24/25, 34; S: 2, 28, 44),

2 mol/L NaOH (C, ätzend; MAK-Wert: 2 mg/m^3; R: 35; S: 2, 26, 27, 37/39),

Trichlormethan (Chloroform) (Xn, mindergiftig; MAK-Wert: 50 mg/m^3; R: 22, 38, 40, 48/20/22; S: 36/37, 53)

Vorsicht

Phenol ist äußerst giftig. Für Schüler unzugänglich aufbewahren.

Versuchsdurchführung

Eine kleine Spatelspitze (ca. 10 mg) Phenol wird in einem Probiergläschen in 0.8 mL Natronlauge gelöst. Daraufhin wird das Gläschen verschlossen. Nun werden ca. 0.1 mL Trichlormethan in eine Glasspritze gezogen und hiervon anschließend 5 Tropfen zur Phenollösung hinzugefügt. Anschließend wird die Reaktionslösung ca. 10 Sekunden mit einem Fön erhitzt. Es tritt ein blaßgelbe Färbung der Lösung auf.

Beim Umsetzen von Trichlormethan mit Natronlauge bildet sich Dichlorcarben.

$$CHCl_3 + NaOH \longrightarrow |CCl_2 + H_2O + NaCl$$

In alkalischer Lösung dissoziiert Phenol aufgrund seines leicht sauren Charakters. Das gebildete Phenolatanion reagiert mit Dichlorcarben wobei das *o*-Hydroxy-benzaldehydanion entsteht.

Phenolatanion + $|CCl_2$ (Dichlorcarben) ⟶ [o-$CHCl_2$-Phenolat] ⟶(OH^-) *o*-Hydroxybenzaldehydanion (CHO)

Mit Hilfe der *Reimann-Tiemann*-Reaktion lassen sich viele Phenole nachweisen, wobei charakteristisch gefärbte *o*-Hydroxyaldehyde (z.B. β-Naphthol, königsblau; Resorcin, eosinrot) entstehen.

Entsorgung

Die organischen Rückstände werden gesammelt und einem Unternehmen zur Entsorgung übergeben.

3. Phenolnachweis durch die *Liebermann*-Probe

Geräte

Probiergläschen mit Deckel und Septum, Glasspritze, Injektionsnadel, Spatel, 2 1 mL Meßpipetten, Schutzhandschuhe, Schutzbrille

Chemikalien

Phenol (T, giftig; MAK-Wert: 19 mg/m^3; R: 24/25, 34; S: 2, 28, 44),

$NaNO_2$ (T, giftig; O, brandfördernd; R: 8, 25; S: 2, 45),

18 mol/L Schwefelsäure (C, ätzend; MAK-Wert: 1 mg/m^3; R: 35; S: 2, 26, 30, 45)

Vorsicht

Natriumnitrit und Phenol sind äußerst giftig. Für Schüler unzugänglich aufbewahren.

Versuchsdurchführung

In einem Probiergläschen werden je eine kleine Spatelspitze (ca. 5 mg) Phenol und Natriumnitrit vorgelegt und das Gläschen daraufhin verschlossen. Nun gibt man mit Hilfe einer Glasspritze 1 Tropfen konzentrierte Schwefelsäure hinzu. Es ist eine Blaufärbung der Reaktionslösung zu beobachten. Anschließend werden mit einer zweiten Glasspritze 0.5 mL destilliertes Wasser zum Reaktionsgemisch hinzugefügt. Die Lösung verfärbt sich intensiv rot.

Beim Umsetzen von Phenol mit Natriumnitrit bildet sich im ersten Schritt der Reaktion *p*-Nitrosophenol das mit *p*-Benzochinonmonoxim im Gleichgewicht steht.

OH — $+ HNO_2$ / $- H_2O$ → OH, NO ⇌ O, NOH

Phenol — *p*-Nitrosophenol — *p*-Benzochinonmonoxim

In Gegenwart von konzentrierter Schwefelsäure findet im zweiten Reaktionsschritt die Kondensation von *p*-Nitrosophenol mit Phenol statt, wobei sich blau gefärbtes Indophenolhydrogensulfat bildet.

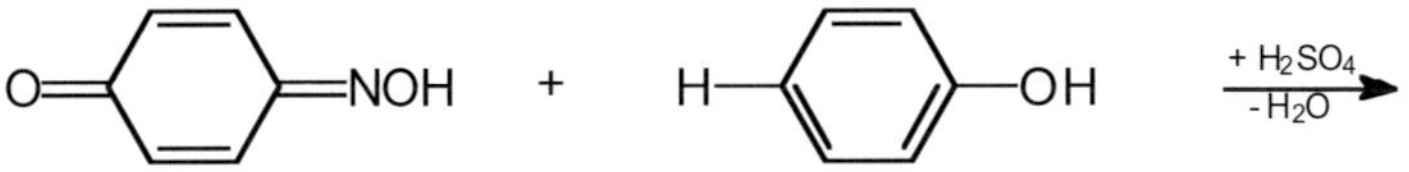

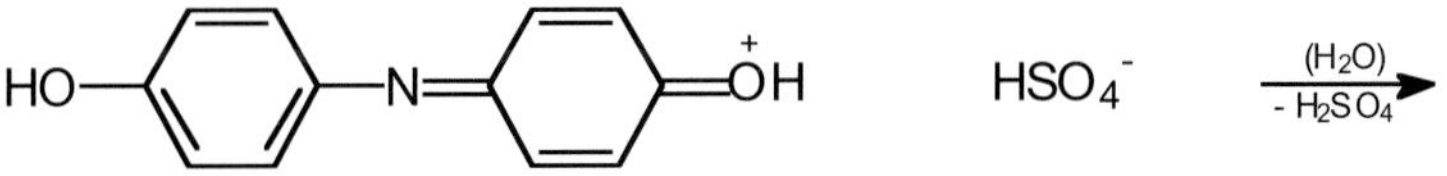

O=⟨ ⟩=NOH + H–⟨ ⟩–OH $\xrightarrow[-H_2O]{+H_2SO_4}$

HO–⟨ ⟩–N=⟨ ⟩=$\overset{+}{O}$H HSO_4^- $\xrightarrow[-H_2SO_4]{(H_2O)}$

Indophenolhydrogensulfat
(blau)

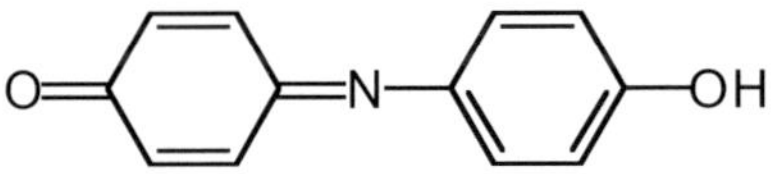

O=⟨ ⟩=N–⟨ ⟩–OH

(rot)

Der Phenolnachweis mit Hilfe der *Liebermann*-Probe ist auf *p*-unsubstituierte Phenole beschränkt. Unter den Dihydroxyphenolen reagiert nur Resorcin positiv.

Entsorgung

Die Reaktionsrückstände werden in einem Behälter für organische Abfälle gesammelt.

4. Darstellung von Azofarbstoffen

Geräte

Probiergläschen mit Deckel und Septum, 3 Glasspritzen, 3 Injektionsnadeln, Spatel, 2 1 mL Meßpipetten, Schutzhandschuhe, Schutzbrille

Chemikalien

Phenol (T, giftig; MAK-Wert: 19 mg/m^3; R: 24/25, 34; S: 2, 28, 44),

$NaNO_2$ (T, giftig; O, brandfördernd; R: 8, 25; S: 2, 45),

2 mol/L Salzsäure (C, ätzend; MAK-Wert: 7 mg/m^3; R: 34, 37; S: 2, 26, 45)

2 mol/L Natronlauge (C, ätzend; MAK-Wert: 2 mg/m^3; R: 35; S: 2, 26, 27, 37/39),

Anilin (T, giftig; MAK-Wert: 8 mg/m^3; R: 23/24/25, 40, 48/23/24/25, 50; S: 28, 36/37, 45)

Vorsicht

Natriumnitrit, Anilin und Phenol sind äußerst giftig. Nicht in die Hände von Schülern geben.

Versuchsdurchführung

In ein Probiergläschen werden eine kleine Spatelspitze (ca. 5 mg) Natriumnitrit und eine Spatelspitze Phenol (ca. 10 mg) gegeben und das Gläschen daraufhin verschlossen. Nun gibt man jeweils 2 Tropfen Salzsäure bzw. Anilin zum Reaktionsgemisch hinzu. Es bildet sich eine orangerote Lösung. Anschließend fügt man mit einer weiteren Glasspritze langsam 0.5 mL Natronlauge zur Reaktionslösung hinzu. Es entsteht ein ziegelroter voluminöser Niederschlag.

Beim Umsetzen von Anilin mit Natriumnitrit bildet sich das Diazoniumkation.

$$C_6H_5{-}NH_2 \xrightarrow{HNO_2} C_6H_5{-}\overset{+}{N}{\equiv}N$$

Anilin — Diazoniumkation

Das Diazoniumkation reagiert mit dem Phenol unter Bildung des intensiv gefärbten 2-Hydroxyazobenzols.

HO HO

N≡N (+) + —— $-H^+$ ——> N=N

Diazonium-
kation

Phenol

2-Hydroxyazo-
benzol

Diese Kupplungsreaktion ist nicht auf die Phenole beschränkt. Sie wird insbesondere auch zum Nachweis von Aminen (s. Kap. Reaktionen der Amine) verwendet.

Entsorgung

Die Rückstände der Reaktion werden in einem Behälter für organische Abfallprodukte gesammelt und anschließend einem Unternehmen zur Entsorgung übergeben.

XVI Amine

Amine sind Derivate des Ammoniaks, in dem eines oder mehrere Wasserstoffatome durch einen Alkyl- oder Arylrest ersetzt sind. Man nennt sie, je nach der Zahl dieser Substituenten, primäre, sekundäre oder tertiäre Amine.

Charles Adolphe Wurtz, Chemiker und Mediziner an der Ecole de Médicine in Paris, konnte 1849 erstmalig als flüchtigen organischen „Grundkörper“ zunächst das Methylamin isolieren. Im gleichen Jahr entdeckte er das Ethylamin. Kurz danach fand *August Wilhelm von Hofmann* eine allgemeine Methode, neben primären auch sekundäre und tertiäre Amine herzustellen.

Methylamin ist normalerweise gasförmig. Sein Siedepunkt liegt etwas höher als der des Ammoniaks. Ethylamin ist ebenfalls flüchtig, in seinem Geruch jedoch dem Ammoniak sehr ähnlich. Als *Wurtz* diese Substanz das erste Mal in den Händen hatte, hielt er sie noch nicht für eine neue Verbindung. Erst als sie sich zufällig an einer Flamme entzündete, wußte er, daß er noch einen neuen Stoff gefunden hatte.

Im allgemeinen ist der Geruch der Amine zwar dem Ammoniak sehr ähnlich, ist aber weniger stechend und mehr fischartig. Dimethylamin und Trimethylamin wurden als Bestandteile der Heringslake isoliert.

Da sich die Amine formal vom Ammoniak ableiten lassen, sahen die Vertreter der damals geltenden Typentheorie im Ammoniak einen Grundtypus zum Aufbau organischer Verbindungen. Nach dieser Typentheorie sollten sich alle organischen Verbindungen von den folgenden vier Grundtypen ableiten lassen: Wasser, Ammoniak, Wasserstoff und Chlorwasserstoff.

Ammoniak ist wahrscheinlich im 13. Jahrhundert zuerst hergestellt worden. *Raymundus Lullus* stellte es aus gefaultem Harn her. Als Harngeist oder Laugensalz wurde das „flüchtige Alkali“ lange Zeit von den Alchimisten benutzt. Man schrieb ihm verschiedene medizinische Eigenschaften zu. So verkaufte man für viel Geld gegen Ende des 17. Jahrhunderts englische Tropfen, die aus flüchtigem Alkali und einem ätherischen Öl bestanden. Der Engländer *Lister* teilte um 1700 mit, das erstere würde aus Seide destilliert. 1713 gab der Franzose *Biet* an, man erhalte es, wenn man fünf Pfund Hirnschädel eines gehängten oder sonst unnatürlich gestorbenen Menschen mit je zwei Pfund getrockneter Vipern, Hirschhorn und Elfenbein destilliere.

Das flüchtige Laugensalz oder Alkali erhielt dann 1782 seinen endgültigen Namen. Man nannte es *Alcali volatile salis ammoniaci*, was dann unter anderem von den französischen Antiphlogistikern zu *Ammoniak* abgekürzt wurde.

Ammoniak wird großtechnisch nach dem Haber-Bosch-Verfahren hergestellt und dient hauptsächlich zur Darstellung mineralischer Düngemittel.

Bereits Anfang des 19. Jahrhunderts wurden die ersten Aminosäuren isoliert. Aminosäuren sind die Bausteine, aus denen sich die für den Menschen unentbehrlichen Eiweißstoffe zusammensetzen. Die wichtigsten dieser Aminosäuren sind Methionin und Lysin. Methionin, eine schwefelhaltige Aminosäure, wurde 1922 entdeckt. Sie ist eine sogenannte „limitierende“ Aminosäure. Fehlt dem Menschen oder auch dem Tier diese Aminosäure, dann können alle 20 anderen Aminosäuren, die als Grundbausteine am Aufbau der 50000 körpereigenen Proteine beteiligt sind, nur begrenzt – limitiert – wirksam werden. Der Mensch kann Eiweißstoffe im Überschuß zu sich nehmen, um einem Mangel vorzubeugen. Bei der Tierernährung hat eine Anreicherung des Futters mit Methionin mehrere Vorteile: Kostensenkung, da weniger eiweißreiche Futterstoffe notwendig sind; eine Verringerung der Stickstoff- und Phosphorausscheidung bedeutet eine geringere Belastung der Böden und Gewässer, und auch die Methanausscheidung verringert sich.

Zur Gewinnung von Aminosäuren werden heute leistungsstarke Bakterienstämme in riesigen Fermentern eingesetzt.

Literatur

[1] S.N. Chakravarti, M.B. Roy, Aminnachweis durch Bildung Schiff'scher Basen, Analyst **1937**, *62*, 603.

[2] H. Laatsch, Die Technik der organischen Trennungsanalyse, Georg Thieme Verlag, Stuttgart, New York, **1988**.

[3] V. Anger, Nachweis von primären und sekundären aromatischen Aminen durch Komplexbildung, Microchim. Acta **1937**, *2*, 3.

[4] K.P.C. Vollhardt, N.E. Schore, Organische Chemie, VCH Verlagsgesellschaft, Weinheim, 2. Auflage, **1995**.

[5] C. Weygand, G. Hilgetag, Organisch-Chemische Experimentierkunst, Johann Ambrosius Barth Verlag, Leipzig, **1970**.

[6] Organikum, 18. Aufl., Deutscher Verlag der Wissenschaften, Berlin, **1990**.

[7] L.F. Fieser, M. Fieser, Lehrbuch der Organischen Chemie, 2. Auflage, Verlag Chemie GmbH, Weinheim, **1955**.

[8] ABC Geschichte der Chemie, VEB Deutscher Verlag für Grundstoffindustrie, Leipzig, **1989**.

[9] H. Kopp, Geschichte der Chemie III, Nachdruck von **1845**, Georg Olms, Hildesheim, **1966**.

Reaktionen der Amine

1. Aminnachweis durch Bildung Schiff'scher Basen

Geräte

Probiergläschen mit Deckel und Septum, 2 1 mL Glasspritzen, 2 Injektionsnadeln, Spatel, Schutzhandschuhe, Schutzbrille

Chemikalien

p-Dimethylaminobenzaldehyd (Xi, reizend; R: 36/37/38; S: 26, 36),

dest. H_2O

18 mol/L Essigsäure (99–100 %) (C, ätzend; MAK-Wert: 25 mg/m^3; R: 10, 34, 35; S: 2, 23, 26, 45),

1-Aminopropan (F, leichtentzündlich; C, ätzend; R: 11, 20/21/22, 34; S: 9, 16, 26, 33, 45),

Versuchsdurchführung

In einem Probiergläschen wird eine kleine Spatelspitze (ca. 15–20 mg) *p*-Dimethylaminobenzaldehyd vorgelegt und das Gläschen anschließend verschlossen. Nun gibt man mit einer Glasspritze langsam 1 mL Eisessig hinzu. Es entsteht eine klare Lösung. Anschließend wird mit einer zweiten Glasspritze 1 Tropfen 1-Aminopropan hinzugefügt (Vorsicht! Sehr heftige Reaktion). Die Reaktionslösung färbt sich schwach grün.

Beim Umsetzen von 1-Aminopropan mit *p*-Dimethylaminobenzaldehyd findet die Bildung einer Schiff'schen Base statt.

$$(H_3C)_2N{-}C_6H_4{-}CHO \;+\; H_2N{-}C_3H_7 \xrightarrow[-\,H_2O]{+\,H^+} (H_3C)_2N{-}C_6H_4{-}CH{=}N^+H{-}C_3H_7$$

p-Dimethylaminobenzaldehyd 1-Aminopropan Schiff'sche Base

Die Bildung von intensiv gefärbten Schiff'schen Basen kann sowohl zum Nachweis von primären und sekundären aliphatischen und aromatischen Aminen, als auch von Aminosäuren verwendet werden.

Entsorgung

Die Reaktionsrückstände werden in einem Behälter für organische Abfallprodukte gesammelt. Die organischen Rückstände können anschließend einem Unternehmen zur Entsorgung übergeben werden.

2. Nachweis von primären und sekundären aliphatischen Aminen

Geräte

2 Probiergläschen mit Deckel und Septum, 2 1 mL Meßpipetten, 2 1 mL Glasspritzen, 2 Injektionsnadeln, Spatel, Schutzhandschuhe, Schutzbrille

Chemikalien

Natriumnitroprussiat-Dihydrat (T, giftig; R: 25; S: 36/37/39, 45),

Aceton (F, leichtentzündlich; MAK-Wert: 1200 mg/m^3; R: 11; S: 9, 16, 23, 33),

1-Aminopropan (F, leichtentzündlich; C, ätzend; R: 11, 20/21/22, 34; S: 9, 16, 26, 33, 45)

Vorsicht

Natriumnitroprussiat-Dihydrat ist sehr giftig. Nicht in die Hände von Schülern geben.

Versuchsdurchführung

In einem Probiergläschen wird eine geringe Menge (ca. 15–20 mg) Natriumnitroprussiat-Dihydrat in 0.3 mL destilliertem Wasser gelöst und das Gläschen verschlossen. In ein zweites Probiergläschen werden mit einer Meßpipette 0.8 mL Aceton gefüllt und das Gläschen ebenfalls verschlossen. Anschließend wird eine kleine Menge (ca. 0.1 mL) 1-Aminopropan in eine Glasspritze aufgezogen und 10 Tropfen des Amins zum Aceton hinzugefügt. Mit einer weiteren Glasspritze entnimmt man etwas Natriumnitroprussiatlösung und gibt davon 10 Tropfen zum Reaktionsgemisch hinzu. Nach ca. 10 Sekunden verfärbt sich die Lösung intensiv violett.

Der Aminnachweis mit Natriumnitroprussiat-Dihydrat wird in der Analytik als Rimini-Test bezeichnet. Ein Nachweis organischer Amine ist unter den angegebenen Reaktionsbedingungen nicht möglich. In diesen Fällen muß als Lösungsmittel Dimethylsulfoxid anstelle des Wassers verwendet werden.

Entsorgung

Die Reaktionsrückstände werden in einem Behälter für organische Abfälle gesammelt und anschließend einem Unternehmen zur Entsorgung übergeben.

3. Nachweis von primären und sekundären aromatischen Aminen durch Komplexbildung

Geräte

Probiergläschen mit Deckel und Septum, 1 mL Meßpipette, 1 mL Glasspritze, Injektionsnadel, Spatel, Overhead-Projektor, Schutzhandschuhe, Schutzbrille

Chemikalien

Natriumnitroprussiat-Dihydrat (T, giftig; R: 25; S: 36/37/39, 45),

Na_2CO_3 (Xi, reizend; R: 36; S: 22, 26),

Anilin (T, giftig; MAK-Wert: 8 mg/m^3; R: 23/24/25, 40, 48/23/24/25; S: 28, 36/37, 45),

dest. H_2O

Vorsicht

Natriumnitroprussiat-Dihydrat und Anilin sind sehr giftig. Nicht in die Hände von Schülern geben.

Versuchsdurchführung

In einem Probiergläschen wird je eine kleine Spatelspitze Natriumnitroprussiat-Dihydrat (ca. 15–20 mg) und Natriumcarbonat (ca. 20–30 mg) vorgelegt und daraufhin in 1 mL destilliertem Wasser gelöst. Nun wird das Gläschen verschlossen. Anschließend wird die Reaktionslösung für ca. 50–60 Sekunden dem intensiven Licht eines Overhead-Projektors ausgesetzt, wobei eine gelb-orange gefärbte Lösung entsteht. Ist kein Projektor vorhanden, besteht auch die Möglichkeit die Lösung ca. 30 min. lang in helles Sonnenlicht zu stellen. Daraufhin werden mit einer Glasspritze 2–3 Tropfen Anilin hinzugegeben. Die Reaktionslösung verfärbt sich intensiv smaragdgrün.

Wird Natriumnitroprussiat in einem alkalischen Medium gelöst, findet ein Austausch des NO-Liganden gegen ein Wassermolekül statt. Es bildet sich Natriumpentacyano-aquaferrat(III).

$$\underset{\text{Natriumnitroprussiat}}{Na_2[Fe(CN)_5NO]} + H_2O \longrightarrow \underset{\text{Natriumpentacyano-aquaferrat(III)}}{Na_2[Fe(CN)_5H_2O]} + NO$$

Bei Zugabe von Anilin findet ein Austausch des Wassers gegen Anilin statt.

$$Na_2[Fe(CN)_5H_2O] + C_6H_5NH_2 \longrightarrow Na_2[Fe(CN)_5(C_6H_5NH_2)] + H_2O$$

Natriumpentacyano-aquaferrat(III) | Anilin

Die Bildung intensiv gefärbter Lösungen bei der Umsetzung von aromatischen Aminen mit Natriumpentacyano-aquaferrat-(III) ist nicht auf diese Substanzklasse beschränkt. Verwendet man Nitrosoverbindungen so bilden sich z.B. blau gefärbte Komplexverbindungen.

Entsorgung

Die organischen Reaktionsrückstände werden in einem Behälter gesammelt und anschließend zur Entsorgung gegeben.

4. Nachweis von primären aliphatischen Aminen mit 2,4-Dinitrochlorbenzol

Geräte

Probiergläschen mit Deckel und Septum, 1 mL Meßpipette, 1 mL Glasspritze, Injektionsnadel, Spatel, Schutzhandschuhe, Schutzbrille

Chemikalien

2,4-Dinitrochlorbenzol (T, giftig; R: 23/24/25, 33; S: 28, 37, 45),

Ethanol (F, leichtentzündlich; R: 11; S: 7, 16),

1-Aminopropan (F, leichtentzündlich; C, ätzend; R: 11, 20/21/22, 34; S: 9, 16, 26, 33, 45)

Vorsicht

2,4-Dinitrochlorbenzol ist sehr giftig. Für Schüler unzugänglich aufbewahren.

Versuchsdurchführung

Eine Spatelspitze 2,4-Dinitrochlorbenzol (ca. 10 mg) wird in einem Probiergläschen vorgelegt und mit 1 mL Ethanol versetzt. Es entsteht eine klare Lösung. Daraufhin wird das Gläschen verschlossen. Nun werden mit Hilfe einer Glasspritze langsam 3 Tropfen 1-Aminopropan zur Reaktionslösung hinzugegeben. Die Lösung färbt sich intensiv gelb.

$$\text{2,4-Dinitrochlorbenzol} + H_2N{-}C_3H_7 \longrightarrow \text{N-Propyl-2,4-dinitroanilin} + HCl$$

2,4-Dinitrochlorbenzol | 1-Aminopropan | N-Propyl-2,4-dinitroanilin

Die Reaktion mit 2,4-Dinitrochlorbenzol ist auf aliphatische Amine beschränkt, aromatische Amine reagieren bei dieser Umsetzung nicht.

Entsorgung

Die organischen Reaktionsrückstände werden gesammelt und anschließend zur Entsorgung gegeben.

5. Nachweis von aliphatischen und aromatischen Aminen durch Oxidation mit Tetrachlorbenzochinon

Geräte

Probiergläschen mit Deckel und Septum,
2 1 mL Glasspritzen,
2 Injektionsnadeln,
Spatel,
Schutzhandschuhe,
Schutzbrille

Chemikalien

Anilin (T, giftig; MAK-Wert: 8 mg/m^3; R: 23/24/25, 40, 48/23/24/25; S: 28, 36/37, 45),

Tetrachlorbenzochinon (Xi, reizend; N, umweltschädlich; R: 36/38; S: 37),

Trichlormethan (Xn, mindergiftig; MAK-Wert: 50 mg/m^3; R: 22, 38, 40, 48/20/22; S: 36/37, 53)

Vorsicht

Anilin ist giftig. Nicht in die Hände von Schülern geben.

Versuchsdurchführung

Eine kleine Spatelspitze (ca. 5 mg) Tetrachlorbenzochinon wird in einem Probiergläschen vorgelegt und das Gläschen anschließend verschlossen. Nun wird mit Hilfe einer Glasspritze 1 mL Trichlormethan zum Tetrachlorbenzochinon hinzugegeben. Es entsteht eine hellgelbe Lösung. Daraufhin wird mit einer zweiten Glasspritze 1 Tropfen Anilin hinzugesetzt. Es findet augenblicklich eine intensive blauviolette Verfärbung der Reaktionslösung statt.

Wird Tetrachlorbenzochinon mit Anilin umgesetzt, so wird das Amin oxidiert, wobei ein intensiv gefärbter Charge-Transfer-Komplex entsteht.

Anilin Tetrachlorbenzochinon

Verwendet man anstelle des Anilins ein aliphatisches Amin, so erhält man tief orange-rote Lösungen (1-Aminopentan hellviolett).

Entsorgung

Die organischen Rückstände werden gesammelt. Die vereinten Abfallprodukte werden anschließend einem Unternehmen zur Entsorgung übergeben.

6. Nachweis primärer Amine durch Diazotierung

Geräte

2 Probiergläschen mit Deckel und Septum,
2 1 mL Glasspritzen,
2 Injektionsnadeln,
Spatel,
Schutzhandschuhe,
Schutzbrille

Chemikalien

Anilin (T, giftig; MAK-Wert: 8 mg/m^3; R: 23/24/25, 40, 48/23/24/25; S: 28, 36/37, 45),

5 mol/L Salzsäure (C, ätzend; MAK-Wert: 7 mg/m^3; R: 34, 37; S: 2, 26, 45),

$NaNO_2$ (T, giftig; O, brandfördernd; R: 8, 25; S: 2, 45),

5 mol/L Natronlauge (C, ätzend; MAK-Wert: 2 mg/m^3; R: 35; S: 2, 26, 27, 37/39),

2-Naphthol (Xn, mindergiftig; R: 20/22; S: 24/25)

Vorsicht

Sowohl Anilin als auch Natriumnitrit sind giftig. Nicht in die Hände von Schülern geben.

Versuchsdurchführung

0.5 mL Salzsäure und eine Spatelspitze (ca. 15 mg) Natriumnitrit werden in ein Probiergläschen gegeben und dieses anschließend verschlossen. Daraufhin werden mit einer Glasspritze 10 Tropfen Anilin hinzugegeben. Es ist eine Gasentwicklung zu beobachten.

In ein zweites Probiergläschen werden 1 mL Natronlauge und eine Spatelspitze (ca.10 mg) 2-Naphthol gefüllt und das Gläschen ebenfalls verschlossen.

Anschließend gibt man 1 Tropfen der Anilin/Natriumnitritlösung zur 2-Naphthollösung hinzu. Es bildet sich augenblicklich ein voluminöser orangefarbener Niederschlag.

Beim Umsetzen von Anilin mit Natriumnitrit entsteht über einen mehrstufigen Mechanismus das Diazoniumkation.

$$C_6H_5NH_2 \xrightarrow{HNO_2} C_6H_5\overset{+}{N}{\equiv}N$$

Bei Zugabe des Diazoniumkations zu einer alkalischen 2-Naphtollösung bildet sich ein schwerlöslicher Azofarbstoff.

$$C_{10}H_7OH + N{\equiv}\overset{+}{N}{-}C_6H_5 \xrightarrow{-H^+} HO{-}C_{10}H_6{-}N{=}N{-}C_6H_5$$

Diese Umsetzung kann u.a. auch zum Nachweis von Phenolen verwendet werden, da das Diazoniumkation mit aktivierten Aromaten ebenfalls zu farbigen Verbindungen reagiert.

Entsorgung

Die organischen Abfälle werden gesammelt und können anschließend zur Entsorgung gegeben werden.

XVII Kohlenhydrate

Das Wissen hat bittere Wurzeln, aber seine Früchte sind süß.
Cato

Das Wort Kohlenhydrate ist eine Sammelbezeichnung für Zucker, Cellulose, Stärke, Glycogen, Inulin und die Dextrine. Cellulose wurde 1839 von *A. Payen* als Zellsubstanz der Holzfaser entdeckt. *Jean Baptiste Dumas*, Nachfolger von *Gay-Lussac* an der Sorbonne führte Mitte des 19. Jahrhunderts den Namen Cellulose ein. 1852 erhielten *C.S. Barreswill* und *F. Billiet* aus der Cellulose Zucker, indem sie Holzfasern mit konzentrierter wäßriger Zinkchloridlösung kochten. Stärke ist neben der Cellulose einer der am weitesten verbreiteten Naturstoffe. Sie besteht aus einem löslichen Bestandteil, der Amylose, und der Hüllsubstanz Amylopektin. Glycogen, die sogenannte Leberstärke, wurde 1857 von *C. Bernard* entdeckt. Es unterscheidet sich in seiner Zusammensetzung nur wenig von der Stärke. Inulin ist ein hochpolymerisierter Fruchtzucker, und Dextrine sind Abbauprodukte der Stärke.

Für den Chemiker und Anthroposophen *Rudolf Hauschka* waren Kohlenhydrate nicht nur Stoffe, die aus Kohlenstoff und Wasser zusammengesetzt sind. Er meinte, der Name Kohlenhydrate sei eigentlich der Name eines Leichnams, da man aus Wasser und Kohle nicht wieder Kohlenhydrate herstellen könne. Die Pflanze kann dies jedoch mit Hilfe des Sonnenlichts. So meinte auch schon Goethe:

Die Gottheit ist aber wirksam im Lebendigen, aber nicht im Toten; sie ist im Werdenden und sich Verwandelnden, aber nicht im Gewordenen und Erstarrten ...

Laut *Hauschka* besteht die durch Assimilation in den Pflanzen entstandene Stärke aus Stärkekörnern unterschiedlicher Art. Im Reis haben die Stärkekörner eine strahlende polygonale Form, diejenigen der Kartoffel dagegen sind riesig groß, schichten sich um einen exzentrischen Mittelpunkt und sehen leicht gnomenhaft aus. Weizen, Roggen und Gerste haben Stärkekörner in Gestalt einer kleinen Sonne mit ebenmäßigen Schichten um einen konzentrischen Mittelpunkt.

Auch auf den Zucker geht *Hauschka* ein. „Bei den Alten“ gab es als eines der wenigen Genußmittel den Honig. Später entdeckte *Alexander der Große* bei einem seiner Kriegszüge nach Indien das Zuckerrohr. Die Araber entwickelten daraufhin die Kunst, aus dem „Honig“ des Zuckerrohrs Kristallzucker herzustellen. Um die Zeit der französischen Revolution gewann man dann den Zucker aus der Zuckerrübe. Diese Entwicklung hält *Hauschka* für symbolisch für die Bewußtseinsfindung des Menschen. Die Zeit des Honigs, der aus der zum Himmel sich streckenden Pflanze entsteht, war die Zeit der Gottkönige. Das Zuckerrohr ist der Erde näher, und der Rübenzucker schließlich stammt aus der Wurzel, die für unser an die Erde gebundenes Wesen steht.

Johann Beckmann, Professor der Philosophie und Ökonomie in Göttingen, hielt 1783 vor der Königlichen Gesellschaft der Wissenschaften einen Vortrag über die Geschichte des Zuckers.

Was die Alten „sacharun" nannten, war ein weißer, dem Salz ähnlicher Stoff, der sich wie das Salz mit den Zähnen zerkleinern ließ. Er hatte zwar einen süßen Geschmack, jedoch weniger süß als der gewöhnliche Honig. Er kam im südlichen Arabien vor, doch der aus Indien stand in höherem Ansehen.

Er wurde auch aus dem inneren Ariake und aus dem Gebiet der Borygozen importiert. Er wurde nicht künstlich hergestellt, sondern eine rohrähnliche Pflanze trug ihn, diesen Stoff, ähnlich wie das Gummi, oder er quoll spontan aus dem Halme. Die größten Tropfen dieser Art hatten das Ausmaß einer Haselnuß. Zur Zeit eines Plinius, Dioskorides und Galen benutzte man ihn nur zu medizinischen Zwecken.

Beckmann spricht hier hauptsächlich vom Rohrzucker, der bis Mitte des 18. Jahrhunderts marktbeherrschend war. Die Raffination dieses aus Übersee eingeführten rohen Rohrzuckers zu weißem Hutzucker erfolgte zum größten Teil in Siedereien der großen Hafenstädte. Zentrum der Zuckerraffination war Hamburg. Um 1750 gab es dort 350 Siedereien. Um das Geld zu sparen, das für die Hamburger Raffinade ins Ausland floß, erteilte *Friedrich der Große* dem Bankier und Großhändler *Splittgerber* das Privileg in Berlin eine Siederei einzurichten, deren Betrieb so lohnend war, daß bereits nach kurzer Zeit zusätzlich zwei Siedereien in Betrieb genommen wurden.

Noch immer wurde der Zucker vor allem zu medizinischen Zwecken genutzt. Nur ganz langsam drang er auch in den Bereich der Kochkunst vor. Man benutzte ihn allerdings vornehmlich zum Süßen von Kaffee, Tee, Kakao und Konfekt, und auch das nur bei wohlhabenden Bürgern. Zucker war nach wie vor ein Luxusgut.

Die leeren Staatskassen Preußens im 18. Jahrhundert veranlaßten *Friedrich den Großen*, die Einfuhr von Kolonial- und Fertigwaren einzuschränken und das eigene Gewerbe zu fördern. So suchte und fand man beispielsweise Ersatzstoffe für Kaffee und den „unnützen Artikel" Schokolade, die von dem Chemiker *Andreas Sigismund Marggraf* auf ihre Anwendung geprüft werden mußten.

Marggraf war ein hervorragender Chemiker und bereits mit 29 Mitglied der Berliner Societät der Wissenschaften. Seine größte wissenschaftliche Leistung war die Entdeckung des Zuckers in der Zuckerrübe. Am 17. November 1747 hielt er vor der Akademie in lateinischer Sprache einen berühmt gewordenen Vortrag:

„Chymische Versuche, einen wahren Zucker aus verschiedenen Pflanzen, die in unseren Ländern wachsen, zu ziehen."

Im „Weißen Mangold", in der „Zuckerwurzel" und im „Roten Mangold" fand er, „daß einige derselben nicht allein etwas Zuckerähnliches, sondern einen wahren vollkommenen und dem gebräuchlichen bekannten aus dem Zucker-Rohr bereiteten, vollkommen gleichen Zucker ertheilen."

Die getrockneten Wurzeln pulverisierte er in einem Mörser. Je acht Unzen (180 g) des noch einmal getrockneten Pulvers wurden mit der doppelten Menge Spiritus übergossen, im Sandbad zum Kochen gebracht und das „Mixtum so geschwind als möglich" in einen Beutel geschüttet. Der Extrakt wurde stark ausgepreßt, filtriert und in ein enghalsiges Glas mit flachem Boden gegossen. Nach einigen Wochen erhielt er „ein schönes hartes cristallinisches Salz, welches alle Eigenschaften des Zuckers besaß ..."

Franz Karl Achard, Mitarbeiter von *Marggraf* gewann bereits 1797 Zucker aus Runkelrüben. Prof. *M.H. Klaproth* von der Berliner Akademie bestätigte in einem Gutachten den „reichlichen Zuckergehalt" der von *Achard* kultivierten Rüben. Dieser kaufte um die Jahrhundertwende in Niederschlesien das Gut Cunern und richtete dort eine Zuckerfabrik ein. Bis 1812 entstanden in Bayern, Schlesien und vor allem in der Magdeburger Börde weitere Zuckerfabriken.

In den ersten hundert Jahren ihres Bestehens gab es nur in Europa eine Rübenzuckerindustrie. Ganz wenige Fabriken entstanden in Nordamerika und Chile. Der Aufschwung dieses Industriezweiges war eng verbunden mit dem allgemeinen Fortschritt von Technik und Chemie. Immer leistungsfähigere Methoden und Maschinen trugen zur Steigerung der Zuckerausbeute und der Wirtschaftlichkeit der Fabriken bei. Der Zucker verlor seine Rolle als Luxusartikel und wurde schließlich zum Volksnahrungsmittel.

In der Geschichte der Rübenzuckerproduktion haben immer auch die Nebenprodukte eine große wirtschaftliche Rolle gespielt. Die extrahierten Rübenschnitzel wie auch die Melasse sind wertvolles Viehfutter. Aus der Melasse werden Hefe, Zitronensäure und Alkohol hergestellt. Das bei der Saftgewinnung mit Kalk und Kohlenstoffdioxid anfallende Calciumhydrogencarbonat dient als Düngemittel.

Literatur

[1] O. Fredhen, L. Goldschmidt, Microchim. Acta. Soc. **1937**, *2*, 184.
(Zuckernachweis durch *Mölisch*-Test).

[2] H. Bredereck, Chem Ber. **1931**, *64*, 2856. (Zuckernachweis durch *Mölisch*-Test).

[3] B. Tollens, Ber. Dtsch. Chem. Ges. **1881**, *14*, 1959.

[4] B. Tollens, Ber. Dtsch. Chem. Ges. **1882**, *15*, 1635 u. 1828.

[5] R. C. Teitelbaum, S. C. Ruby, T. J. Marks, J. Am. Chem. Soc. **1978**, *100*, 3215.

[6] A.F. Holleman, N. Wiberg, Lehrbuch der Anorganischen Chemie, 101. Auflage, Walter de Gruyter, Berlin, New York, **1995**.

[7] H. Laatsch, Die Technik der organischen Trennungsanalyse, Thieme Verlag, Stuttgart, **1988**.

[8] H. Gebelein, Alchemie, Eugen Diederichs Verlag, München, **1996**.

[9] Zuckermuseum Berlin, 250 Jahre Rübenzucker 1747–1997, Verlag Dr. Albert Bartens KG, Berlin, **1997**.

[10] J. Beckmann, Über die Geschichte der Zuckers, Vortrag gehalten vor der Kgl. Gesellschaft der Wissenschaften, **1783**, übersetzt von Pater H. Rosczyk und P. Quandt.

Reaktionen der Kohlenhydrate

1. Zuckernachweis durch *Mölisch*-Test

Geräte

Probiergläschen mit Deckel und Septum, Glasspritze, Injektionsnadel, Spatel, Schutzhandschuhe, Schutzbrille

Chemikalien

Saccharose

1-Naphthol (Xn, mindergiftig; R: 21/22, 3738, 41; S: 22, 26, 37, 39),

12 mol/L Salzsäure (C, ätzend; MAK-Wert: 7 mg/m^3; R: 34, 37; S: 2, 26, 45),

dest. H_2O

Versuchsdurchführung

Eine Spatelspitze (ca. 5 mg) 1-Naphthol und eine Spatelspitze Saccharose (ca. 10 mg) werden in ein Probiergläschen gefüllt. Es werden 5 Tropfen destilliertes Wasser hinzugegeben und das Gläschen anschließend verschlossen. Daraufhin tropft man mit Hilfe einer Glasspritze langsam 0.4 mL konzentrierte Salzsäure hinzu und erwärmt das Reaktionsgemisch ca. 20 Sekunden. Die Lösung färbt sich intensiv violett.

Setzt man Saccharose mit Säuren um, so findet eine Spaltung des Disaccharids in D-Glucose und D-Fructose statt.

Saccharose $\xrightarrow{[H^+]}$ D-Glucose + D-Fructose

Die gebildeten Monosaccharide gehen unter den vorgegebenen Reaktionsbedingungen über einen mehrstufigen Reaktionsverlauf in Hydroxymethylfurfural über.

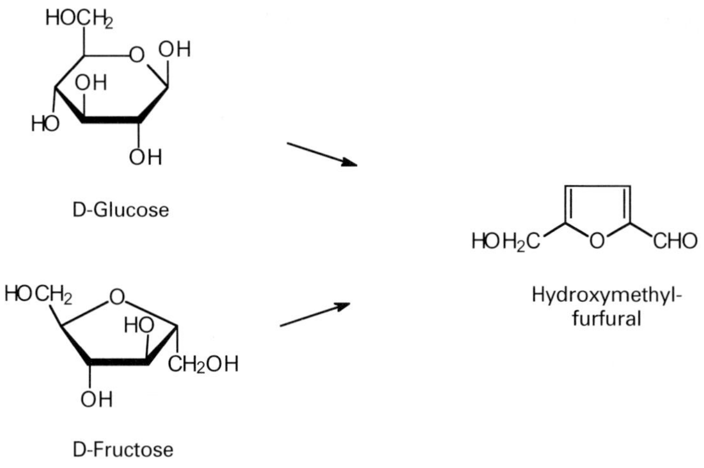

HOCH2 O OH OH HO OH

D-Glucose

HOH2C O CHO

Hydroxymethyl-
furfural

HOCH2 O HO CH2OH OH

D-Fructose

Hydroxymethylfurfural reagiert mit 1-Naphthol unter Bildung des Chinomethanderivats.

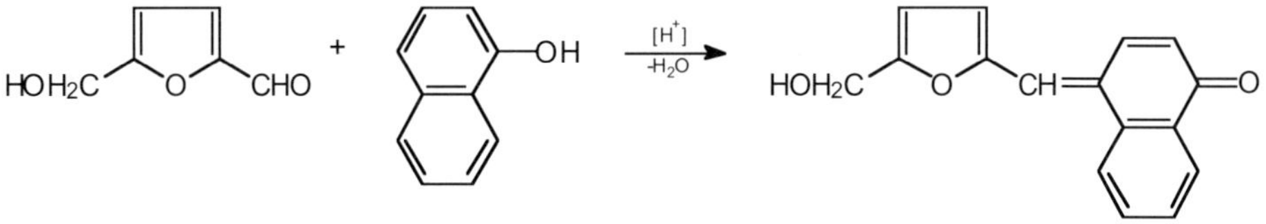

HOH2C O CHO + OH [H+] -H2O HOH2C O CH= =O

Diese Reaktion ist sehr empfindlich, sogar geringe Mengen Zucker können nachgewiesen werden.

Entsorgung

Die Reaktionsrückstände werden in einem Behälter für organische Abfälle gesammelt und anschließend zur Entsorgung gegeben.

2. Glucosenachweis durch Bildung eines Silberspiegels

Geräte

Probiergläschen mit Deckel und Septum, 2 Pasteurpipetten mit Pipettenhütchen, Glasspritze, Injektionsnadel, Bunsenbrenner, Spatel, Schutzhandschuhe, Schutzbrille

Chemikalien

0.1 mol/L $AgNO_3$-Lösung (C, ätzend; O, brandfördernd; R: 34; S: 2, 26, 45),

0.1 mol/L Ammoniak-Lösung (Xi, reizend; MAK-Wert: 35 mg/m^3; R: 36/37/38; S: 2, 7, 26, 45),

gesättigte Glucoselösung

Versuchsdurchführung

In ein Probiergläschen werden 1.0 mL Silbernitratlösung und 12 Tropfen gesättigte Glucoselösung vorgelegt und das Gläschen daraufhin verschlossen. Anschließend zieht man ca. 0.1–0.2 mL Ammoniaklösung in die Glasspritze und gibt 10 Tropfen zur Reaktionslösung hinzu. Die gebildete ammonikalische Silbernitratlösung wird als *Tollens*-Reagenz bezeichnet. Nun wird die Lösung ca 30–40 Sekunden über einer kleinen Bunsenbrennerflamme erhitzt. Es bildet sich auf der Glasinnenwand ein Silberspiegel aus.

Beim Umsetzen von Glucose mit dem *Tollens*-Reagenz wird die Aldehydgruppe des Zuckers selektiv zu einer Carboxylgruppe oxidiert. Die Silberkationen werden hierbei zu metallischem Silber reduziert.

$$\begin{array}{c} CHO \\ H-C-OH \\ HO-C-H \\ H-C-OH \\ H-C-OH \\ CH_2OH \end{array} + 2\,[Ag(NH_3)_2]^+ + 2\,OH^- \longrightarrow \begin{array}{c} COOH \\ H-C-OH \\ HO-C-H \\ H-C-OH \\ H-C-OH \\ CH_2OH \end{array} + 2\,Ag + H_2O + 4\,NH_3$$

Aufgrund ihrer Selektivität gegenüber der Aldehydgruppe wird das *Tollens*-Reagenz vielfach zum Nachweis dieser funktionellen Gruppe verwendet.

Entsorgung

Das elementare Silber wird mit Salpetersäure oxidiert und gemeinsam mit den Reaktionsrückständen in einem Behälter für Silberabfälle gesammelt. Die vereinten Abfälle werden anschließend aufgearbeitet.

3. Stärkenachweis durch Bildung eines Charge-Transfer-Komplexes

Geräte

2 Probiergläschen, 2 1 mL Meßpipetten, Pasteurpipette mit Pipettensauger, Schutzhandschuhe, Schutzbrille

Chemikalien

0.1 mol/L KI-Lösung, 0.1 mol/L $CuSO_4$-Lösung (Xn, mindergiftig; R: 22, 36/38; S: 22), gesättigte Stärkelösung

Versuchsdurchführung

In ein Probiergläschen werden 0.7 mL Kaliumiodid- und 0.3 mL frisch zubereitete gesättigte Stärkelösung gefüllt und das Gläschen verschlossen. Man gibt langsam 7–8 Tropfen Kupfersulfatlösung hinzu. Die Lösung verfärbt sich intensiv violett.

Beim Umsetzen von Kupfer-(II) mit Iodid bildet sich Kupfer-(II)-iodid, das jedoch instabil ist und in Kupfer-(I)-iodid und elementares Iod zerfällt.

$$Cu^{2+} + 2\,I^- \rightarrow CuI_2$$
$$2\,CuI_2 \rightarrow 2\,CuI + I_2$$

Die intensive Violettfärbung ist auf die Bildung eines Charge-Transfer-Komplexes zwischen dem Polyhalogenidanion I_5^- und der Amylose-Komponente der Stärke zurückzuführen.

$$I^- + 2\,I_2 \rightarrow I_5^-$$
$$I_5^- + \text{Amylose} \rightarrow \text{Charge-Transfer-Komplex}$$

Die Bildung dieses Komplexes wird aufgrund seiner Empfindlichkeit in der Analytik als Nachweis für elementares Iod verwendet.

Entsorgung

Die Reaktionslösung wird in einen Behälter für Schwermetallabfälle gesammelt.

4. Glucosenachweis mit Fehling'scher Lösung

Geräte

Probiergläschen mit Deckel und Septum, 1 mL Meßpipette, Glasspritze, Injektionsnadel, Spatel, Fön, Schutzhandschuhe, Schutzbrille

Chemikalien

Fehling'sche Lösung (C, ätzend; R: 34; S: 26, 36/37/39, 45), Glucose, dest. H_2O

Versuchsdurchführung

Eine kleine Spatelspitze Traubenzucker (20 mg) wird in einem Probiergläschen vorgelegt und mit 1 mL destilliertem Wasser versetzt. Daraufhin wird das Gläschen verschlossen. Man erhält eine klare Zuckerlösung. Nun werden mit der Glasspritze 10 Tropfen Fehling'sche Lösung hinzugegeben und das Probiergläschen mit dem Fön vorsichtig erwärmt. Es tritt anfangs eine Gelbfärbung auf, die nach längerem Erwärmen in ziegelrot übergeht.

Wird Glucose mit Fehling'scher Lösung umgesetzt, so findet durch das Kupfer-(II) – wie bei der Oxidation mit Silberionen – eine selektive Oxidation der Aldehydgruppe – zur Carboxylfunktion statt. Die primär entstehende Gelbfärbung rührt von wasserhaltigem Kupfer-(I)-oxid her, das in ziegelrotes Kupfer-(I)-oxid übergeht.

Die Fehling'sche Lösung wird aufgrund ihrer Empfindlichkeit u.a. zum Nachweis von Zucker im Harn verwendet.

Entsorgung

Die Reaktionsrückstände werden in einem Behälter für Schwermetallabfälle gesammelt.

XVIII Ausgesuchte Experimente

1. Chromat-Dichromat-Gleichgewicht

Geräte

2 3 mL Küvetten,
3 Pasteurpipetten mit Pipettenhütchen,
Schutzbrille,
Schutzhandschuhe

Chemikalien

0.1 mol/L Kaliumchromatlösung (T, giftig; N, umweltgefährlich; R: 49, 46, 36/37/38, 43, 50/53; S: 53, 45, 60, 61),

0.1 mol/L Salzsäure (C, ätzend; MAK-Wert: 7 mg/m^3; R: 34, 37; S: 2, 26, 45),

1 mol/L Natronlauge (C, ätzend; MAK-Wert: 2 mg/m^3; R: 35; S: 2, 26, 27, 37/39)

Versuchsdurchführung

Das Chromat-Dichromat-Gleichgewicht kann eindrucksvoll vorgeführt werden. Dazu gibt man in beide Küvetten jeweils 1.0 mL Kaliumchromatlösung. In eine Küvette werden zusätzlich ein bis zwei Tropfen einer 0.1 mol/L Salzsäure gegeben. Der Farbumschlag nach Orange, der die Bildung von Dichromat anzeigt, hebt sich deutlich vom Gelb des Chromats ab. Die Zugabe eines Tropfens einer 1 mol/L Natronlauge ist ausreichend, um Dichromat wieder in Chromat zu überführen (Farbabb. 28, 29, 30).

$$\underset{\text{gelb}}{2\,CrO_4^{2-}} + 2\,H_3O^+ \rightleftharpoons \underset{\text{orange}}{Cr_2O_7^{2-}} + 3\,H_2O$$

Entsorgung

Die Inhalte der Küvetten werden im Abfallbehälter für Schwermetalle gesammelt.

2. Redoxpotentiale unter Standardbedingungen

Geräte

2 Zinkelektroden (8 × 40 mm), 2 Kupferelektroden (8 × 40 mm), 2 Teflondeckel (jeweils zwei Schlitze zum Durchstecken der Elektroden), Kabel, 4 Kabelschuhe, Leuchtdiode (5 mA), 2 Glasküvetten, Schutzbrille, Schutzhandschuhe

Chemikalien

2 mol/L Schwefelsäure (C, ätzend; MAK-Wert: 1 mg/m³; R: 35; S: 2, 26, 30, 45),

1 mol/L Natronlauge (C, ätzend; MAK-Wert: 2 mg/m³; R: 35; S: 2, 26, 27, 37/39)

Versuchsdurchführung

In die Küvetten wird so lange verd. H_2SO_4 gefüllt, bis der Flüssigkeitspegel ca. 5 mm unterhalb der Küvettenöffnung liegt. Durch die Schlitze der beiden Teflondeckel wird nun jeweils eine Zink- und eine Kupferelektrode (versehen mit Kabelschuhen) gesteckt. Nun werden die Küvetten mit den Teflondeckeln verschlossen. Die Zinkelektrode der linken Küvette wird daraufhin mit der Kupferelektrode der rechten Küvette über ein ca. 4.5 cm langes Kabel verbunden. Um den Stromkreis zu schließen, wird nun der positive Pol der Leuchtdiode mit der Kupferelektrode (Kathode) und der negative Pol mit der Zinkelektrode (Anode) verbunden. Nachdem der Stromkreis geschlossen ist, beginnt die Diode zu leuchten.

Dieser Aufbau ist ein Beispiel für eine Primärbatterie. Bei Primär- und Sekundärbatterien sind die Elektroden die aktiven Massen und werden während der Stromentnahme verbraucht. (Bei Sekundärbatterien, den Akkumulatoren, können sie durch Wiederaufladen regeneriert werden). Bei den heute gängigen Primärbatterien wird mit einem einzigen Elektrolyten gearbeitet. In diesen Elektrolyten tauchen zwei verschiedene Elektrodenmetalle ein, wodurch zwei Redoxpaare erhalten werden. Aufgrund des unterschiedlichen Potentials, das die beiden Metalle gegenüber dem Elektrolyten annehmen, entsteht eine meßbare Spannung. Werden nun die beiden Elektroden miteinander verbunden, entsteht ein Stromfluß.

Das unedlere Metall – im vorliegenden Fall das Zink – wird oxidiert, während am edleren Metall – dem Kupfer – Ionen aus der Lösung reduziert werden.

Reduktion $2\,H_3O^+ + 2\,e^- \rightarrow 2\,H_2O + H_2$
Oxidation $Zn \rightarrow Zn^{2+} + 2\,e^-$

Aus den Standardpotentialen der beiden Elektrodenreaktionen berechnet sich die resultierende Spannung (EMK).

Aus der Spannungsreihe erhält man für das Standardpotential der Anodenreaktion $E^0 = 0.76$ V. Somit ergibt sich für die EMK = 0.76 V. Da im Versuchsaufbau zwei Primärbatterien hintereinander geschaltet worden sind, erhält man den endgültigen Wert durch Addition der Spannungen (EMK = 1.52 V).

Mit dieser Spannung ist es nun möglich, Leuchtdioden zu betreiben und somit einen interessanten Versuch zur Theorie der Spannungsreihe und der elektromotorischen Kraft durchzuführen.

Entsorgung Die Schwefelsäure aus den Küvetten wird mit Natronlauge neutralisiert und in das Abwasser gegeben.

3. Chemischer Garten

Geräte

3 mL Glasküvette, Pasteurpipette mit Pipettenhütchen, Schutzbrille, Schutzhandschuhe

Chemikalien

Wasserglas (Xn, mindergiftig; R: 22, 37/38, 41; S: 26, 37/39),

$FeCl_3$ (Xn, mindergiftig; R: 22, 38, 41; S: 2, 26, 39),

$CoCl_2$ (T, giftig; R: 45, 25; S: 53, 45),

$NiCl_2 \cdot 6\,H_2O$ (T, giftig; R: 45, 25, 43; S: 53, 45),

dest. Wasser

Die käufliche Wasserglaslösung wird 1:1 mit destilliertem Wasser verdünnt.

Versuchs-durchführung

Die Küvette wird zu 2/3 mit Wasserglaslösung gefüllt. Nach Zugabe von kleinen Kristallen von $FeCl_3$, $NiCl_2 \cdot 6\,H_2O$ und $CoCl_2 \cdot 6\,H_2O$ beginnen diese wie ein Garten zu wachsen.

Die Wasserglaslösung reagiert mit den Metallionen unter Ausbildung einer semipermeablen Membran aus einem nahezu unlöslichen Metallsalzniederschlag. Da die Konzentration der gelösten Metallsalze im Zwischenraum zwischen Kristall und Membran größer ist als in der äußeren Umgebung, diffundiert Wasser in diesen Zwischenraum. Dadurch steigt der osmotische Druck, und die Membran dehnt sich aus oder platzt. Das entstehende Loch wird sofort durch das Metallsalz geschlossen. Die Salzkonzentration ist am höchsten Punkt der Membran am geringsten, deshalb platzt hier bevorzugt die Membran, und die „Pflanzen" wachsen wie in der Natur nach oben (Farbabb. 31, 32, 33).

Entsorgung

Der Inhalt der Küvette wird in den Behälter für Schwermetalle gegeben.

4. Darstellung eines Zinkbaumes

Geräte

4 mL Glasküvette mit Deckel (Teflon) (versehen mit 3 Bohrungen: zwei mit 0.5 mm und eine mit 1 mm Durchmeseser),
2 Platinelektroden (0.5 mm),
2 Krokodilklemmen,
2 Kabel,
Stelltrafo mit Gleichrichter,
Schutzbrille,
Schutzhandschuhe

Chemikalien

0.1 mol/L Zinkacetatlösung (Xn, mindergiftig; R: 22; S: 25)

Versuchs-durchführung

In die Küvette werden 3 mL Zinkacetatlösung gegeben und mit einem Deckel, der die Platinelektroden enthält, verschlossen. Anschließend werden die Elektroden mit 2 Kabeln an den Trafo mit Gleichrichter angeschlossen. Man legt 15 Volt Gleichspannung an und kann nach ca. 30 Sekunden das Wachsen des Zinkbaumes gut beobachten. Die Abscheidung des Zinks erfolgt an der Kathode (Farbabb. 34, 35).

Entsorgung Der Inhalt der Küvette kann über das Abwasser entsorgt werden.

5. Einschlußverbindung mit einem Kronenether

Geräte

Glasküvette,
Pasteurpipette mit
Pipettenhütchen,

Spatel,
Schutzbrille,
Schutzhandschuhe

Chemikalien

$KMnO_4$ (O, brandfördernd; Xn, mindergiftig; R: 8, 22; S: 2),

Dichlormethan (Xn, mindergiftig; MAK-Wert: 360 mg/m^3; R: 40; S: 2, 23, 24/25, 36/37)

Versuchsdurchführung

Ein Körnchen $KMnO_4$ wird in die Küvette gegeben. Bei Zugabe von 1 mL Dichlormethan beobachtet man keine Reaktion. Erst wenn man 1–2 Tropfen Kronenetherlösung hinzugibt, färbt sich die Lösung rotviolett.

Bei Verwendung von K_2CrO_4 beobachtet man eine gelbe, während $K_2Cr_2O_7$ eine intensiv orange gefärbte Lösung ergibt.

Die wichtigste Eigenschaft der makrocyclischen Polyether, der „Kronenether", ist ihre Tendenz zur Komplexbildung mit Alkalimetallsalzen. Derartige Komplexe werden durch Coulomb-Kräfte zwischen dem Kation und den negativen Enden der C-O-Dipole zusammengehalten. Die Stabilität dieser Komplexe, die sehr häufig eine 1:1-Stöchiometrie zwischen Alkalimetallion und cyclischem Liganden aufweisen, hängt vor allem davon ab, wie gut das Kation in den Kronenetherring hineinpaßt, ferner von der Ladungsdichte des Kations und, wie wir in diesem Versuch zeigen, von der Solvatationsfähigkeit des Lösungsmittels. Durch Variation der Kronenether, etwa durch Substitution der Cyclen durch Phenylenreste oder durch eine unterschiedliche Zahl von Sauerstoffbrückenatomen läßt sich eine Vielzahl von Kronenetherkomplexen darstellen (s. Abb.). In unseren Beispielen drückt die intensive Eigenfärbung des Kaliumsalzkomplexes in Dichlormethan dessen bemerkenswerte Stabilität aus. Überhaupt scheinen K^+-Ionen eine bevorzugte Stellung innerhalb der einfach positiv geladenen Ionen einzunehmen. Durch die bahnbrechenden Arbeiten von *C.J. Pedersen* (1967) wurden Kronenetherkomplexe zu *highlights* der Chemie.

Entsorgung

Die Dichlormethanlösung wird in den Behälter für halogenhaltige organische Lösungsmittel überführt.

6. Überspannung an Zinkmetall

Geräte

Glasküvette,
Pinzette,
Pasteurpipette mit Pipettenhütchen,
Platindraht,
Gummistopfen,
Schutzbrille,
Schutzhandschuhe

Chemikalien

1 mol/L Schwefelsäure (C, ätzend; MAK-Wert: 1 mg/m^3; R: 35; S: 2, 26, 30, 45),
Zinkgranalien

Versuchsdurchführung

In die Küvette wird ein passender Gummistopfen eingesetzt, auf dem die Zinkgranalie mit Hilfe der Pinzette plaziert wird. Nach der Zugabe der Schwefelsäure belegt sich die Granalie mit Gasblasen, ohne daß es zu einer merklichen Gasentwicklung kommt. Berührt man jedoch die Oberfläche des Zinks mit einem Platindraht, so beginnt augenblicklich eine Reaktion, es steigen Gasblasen von Wasserstoff auf. Die Gasentwicklung hört sofort auf, sobald der Platindraht entfernt wird.

$$Zn + H_2SO_4 \rightarrow ZnSO_4 + H_2$$

Die Überspannung η des Wasserstoffs am Zink beträgt 0.70 V, am Platin jedoch nur 0.44 V. Sie nimmt ganz allgemein mit wachsender Stromdichte zu und ist abhängig von der Art der Elektrode und der Natur des entwickelten Gases.

Entsorgung

Die Schwefelsäure aus der Küvette wird mit verdünnter Natronlauge neutralisiert und in das Abwasser gegeben. Die Zinkgranalie kann erneut verwendet werden.

7. Zauberschrift

Geräte

Parfumzerstäuberflasche, 2 50 mL Bechergläser, kleiner Pinsel, saugfähiges Papier ($3 \times 6\ cm^2$), Schutzbrille, Schutzhandschuhe

Chemikalien

2prozentige $FeCl_3$-Lösung (Xn, mindergiftig; R: 22, 38, 41; S: 2, 26, 39), 3prozentige NH_4SCN-Lösung (Xn, mindergiftig; R: 20/21/22, 32; S: 2, 13), 0.2prozentige $K_4[Fe(CN)_6]$-Lösung (R: 32; S: 22, 24/25)

Versuchsdurchführung

Mit dem Pinsel trägt man den gewünschten Text unter Verwendung der NH_4SCN- und $K_4[Fe(CN)_6]$-Lösungen auf. Man läßt einige Stunden trocknen. Der Zerstäuber wird mit der $FeCl_3$-Lösung gefüllt und beim Besprühen der latenten Schrift erhält man eine blutrote Färbung, wenn NH_4SCN vorher aufgetragen wurde oder eine tiefblaue Farbe, wenn $K_4[Fe(CN)_6]$ verwendet wurde. $FeCl_3$ und NH_4SCN bilden in wäßriger Lösung blutrot gefärbte Komplexe, wie das $[Fe^{III}(SCN)(H_2O)_5]^{2+}$-Ion oder auch $Fe(SCN)_3$. Mit $K_4[Fe(CN)_6]$ entsteht der tiefblau gefärbte Komplex $Fe_4[Fe(CN)_6]_3$, das Berliner Blau (Farbabb. 36).

Entsorgung

Die verdünnten Lösungen können in das Abwassernetz gespült werden.

8. Darstellung der Runge'schen Ringe

Geräte

8 Pipetten, schnellsaugendes Chromatographiepapier MN 260, 2 Balsahölzer, Heftzwecken, Messer, Schutzbrille, Schutzhandschuhe

Chemikalien

10prozentige $(NH_4)H_2PO_4$-Lösung (Entwickler 1), 3prozentige $K_4[Fe(CN)_6]$-Lösung (Entwickler 2), NaCl-Lösung (0.2 g NaCl auf 10 mL H_2O), Lebensmittelfarben: Ponceau 4RE 124 (blau), Carmoisin E 122 (rot), Tartrazin E 102 (gelb), Brillantsäure grün E 142 (grün) (McCormick GmbH, 6236 Eschborn)

Versuchsdurchführung

Das Chromatographiepapier wird mit Heftzwecken auf zwei Balsahölzern befestigt, die auf einer ebenen Unterlage arretiert sind.

Dieser Versuchsaufbau ist sehr wichtig, da das Papier hohl liegen muß, um ein gleichmäßiges Wachsen der Bilder zu gewährleisten.

Mittels einer Pasteurpipette wird immer zuerst die erste Entwicklerlösung auf das Spezialpapier aufgebracht. Beim nachfolgenden Aufbringen der Farben, des Wassers oder der Kochsalzlösung lassen sich besondere Effekte erzielen, wenn man zwischen dem Aufgeben der einzelnen Komponenten Pausen einlegt. Besondere Effekte lassen sich auch durch Behinderung des kapillaren Flusses erzielen. Man schneidet mit einem Messer musterartige Streifen aus dem Spezialpapier oder bringt einige Tropfen Speiseöl auf das Papier.

Die Farbstoffe werden aufgrund ihrer unterschiedlichen Laufgeschwindigkeiten chromatographisch aufgetrennt.

Für das Entwickeln mit Kochsalzlösung sind die breiteren Farbzonen typisch, die Verdrängung der Farben nach außen hin ist schwächer. Wasser dagegen wäscht die Farbe aus der Bildmitte zum Rand hinaus.

Die Reihenfolge der Auftragung der Lösungen ist für 2 Versuche in der folgenden Tabelle angegeben.

Lösung	Anzahl d. Tropfen	Lösung	Anzahl d. Tropfen
E 2	2	H_2O	3
rot	2	blau	3
H_2O	3	E 2	3
NaCl	2	rot	3
blau	1	H_2O	4
E 1	2	E 1	4
H_2O	7	NaCl	3
E 2	1	E 2	3
NaCl	3	blau	2
H_2O	3	H_2O	4
		E 2	4

Wie verschiedenartig sich die Bilder bezüglich des Farbverlaufs und der Strukturbildung malen können, zeigen die Abbildungen (Farbabb. 37, 38).

Entsorgung Die Flüssigkeiten können in das kommunale Abwassernetz gegeben werden, nicht mehr benötigte Bilder werden mit dem Hausmüll entsorgt.

9. Nachweis von Säuren und Basen durch Universalindikatorstäbchen

Geräte

3 Küvetten,
3 Pipetten mit Gummihütchen,
Schutzhandschuhe,
Schutzbrille

Chemikalien

Universalindikatorstäbchen,
dest. Wasser

2 mol/L Salzsäure
(C, ätzend;
MAK-Wert: 7 mg/m^3;
R: 34, 37; S: 2, 26, 45),

2 mol/L Natronlauge
(C, ätzend;
MAK-Wert: 2 mg/m^3;
R: 35; S: 2, 26, 27, 37/39),

Versuchsdurchführung Man gibt zuerst in jede Küvette 1 mL destilliertes Wasser, anschließend in die zweite Küvette einen Tropfen Salzsäure und in die dritte Küvette einen Tropfen Natronlauge. Anhand der unterschiedlichen Farbumschläge läßt sich sehr leicht der neutrale, saure oder alkalische Bereich feststellen (Farbabb. 39).

Entsorgung Die Inhalte der Küvetten können in das Abwasser gegeben werden.

10. Dünnschichtchromatographie

Geräte

Küvette mit Deckel,
3 Mikropipetten,
Schutzbrille,
Schutzhandschuhe

Chemikalien

DC-Alufolie mit Kieselgel 60,
Faserstifte,

Toluen (F, leichtentzündlich; MAK-Wert: 190 mg/m^3; R: 11, 20; S: 2, 16, 25, 29, 33),

Aceton (F, leichtentzündlich; MAK-Wert: 1200 mg/m^3; R: 11; S: 2, 9, 16, 23, 33),

Ethanol (F, leichtentzündlich; MAK-Wert: 1900 mg/m^3; R: 11; S: 2, 7, 16)

Versuchsdurchführung

Zuerst schneidet man von der DC-Alufolie einen für die Küvette passenden Streifen ab. Etwa 3 mm oberhalb des unteren Randes des DC-Streifens trägt man aus dem Faserstift einen Startfleck auf. Die Küvette enthält als Fließmittel 0.5 mL eines Gemisches aus Toluen, Aceton und Ethanol im Verhältnis 7:3:2. Der DC-Streifen wird nun senkrecht in die Lösung der Küvette gestellt. Diese steigt langsam und gleichmäßig nach oben, wobei der Startfleck in die Einzelbestandteile der Farben zerlegt wird (Farbabb. 40).

Dieser Versuch zeigt die Leistungsfähigkeit der Dünnschichtchromatographie. Die Wanderungsgeschwindigkeit hängt von der Molmasse und der unterschiedlichen Intensität der Wechselwirkung der Komponenten mit dem Lösungsmittelgemisch und der Oberfläche des DC-Streifens ab.

Entsorgung

Die Reste des Fließmittels können aufbewahrt und erneut verwendet werden.

Literatur

[1] C.J. Pedersen, J. Am. Chem. Soc. **1967**, *89*, 7017.
[2] C.J. Pedersen, H.K. Frensdorff, Angew. Chem. **1972**, *84*, 16.
[3] G. Harsch, H.H. Bussemas, Bilder, die sich selber malen, Du Mont Buchverlag, Köln, **1985**.
[4] H.W. Roesky, K. Möckel, Chemische Kabinettstücke, VCH Verlag, Weinheim, **1994**.

Literatur zu R- und S-Sätzen und MAK-Werten

[1] L. Roth, M. Daunderer, Giftliste – PC, 2. Update 9/97, Ecomed Verlag **1976–1997**.

Die Chemie ist abgesehen von ihrer Nützlichkeit, die Niemand bestreiten wird, eine schöne Wissenschaft.

Julius Adolph Stöckhardt, 1855

Farbabbildungen

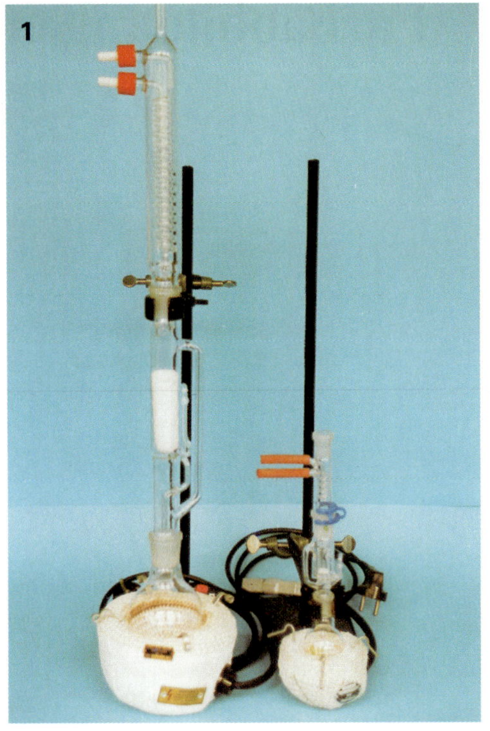
1

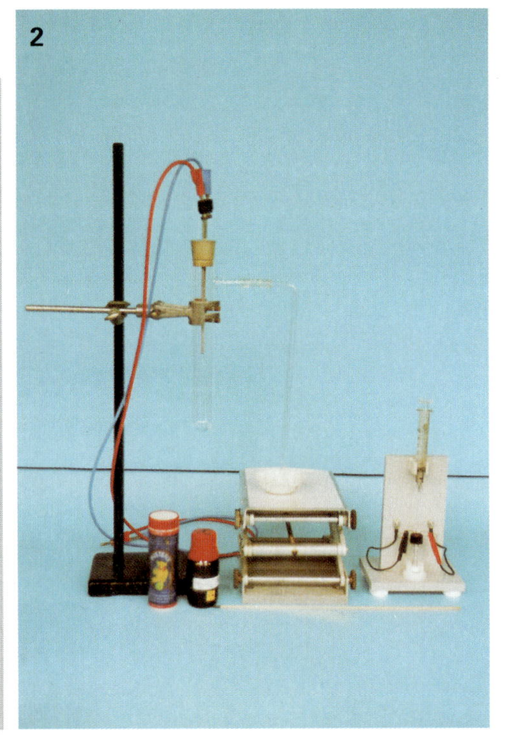
2

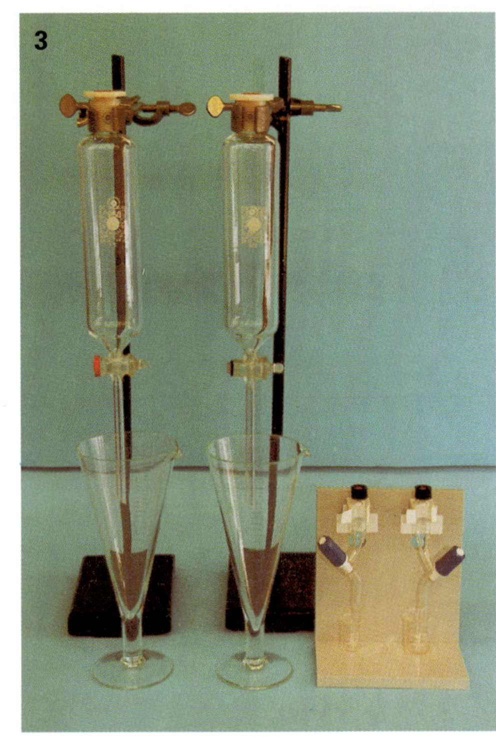
3

4

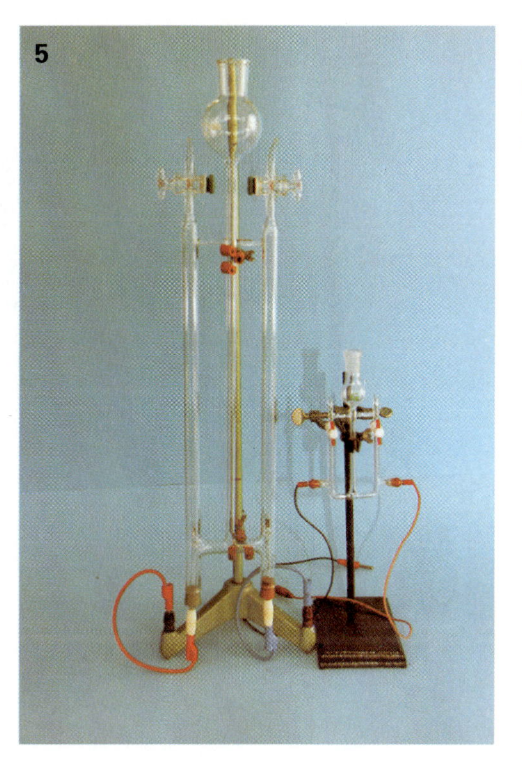

1 – 5 Größenvergleich herkömmlicher Apparaturen und Miniaturgeräte: Soxhlets, Elektroysegeräte für Wasser, Scheidetrichter, Kolben mit Destillationsaufsatz, Hoffmannsche Wasserzersetzungsapparaturen

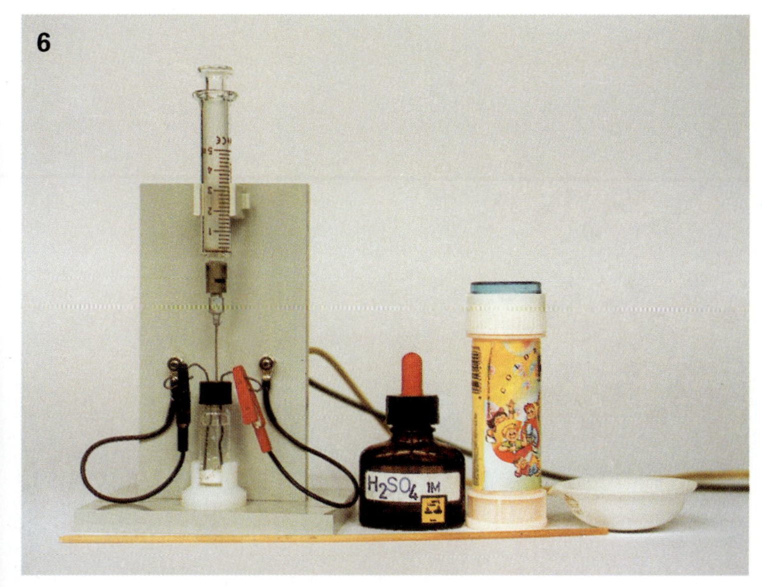

6 Darstellung von Knallgas

8 Apparatur zur Reduktion von CuO

7 Reduktion von WO_3 mit Zink

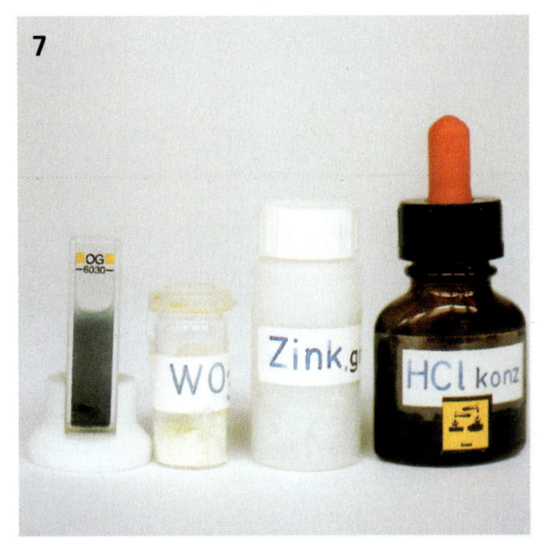

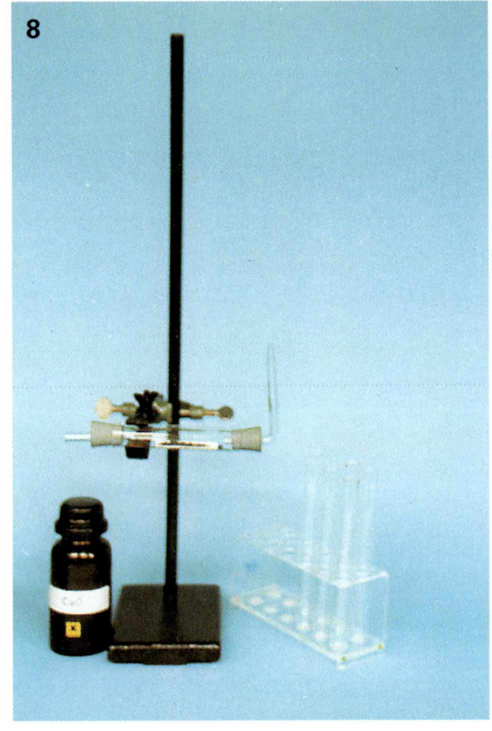

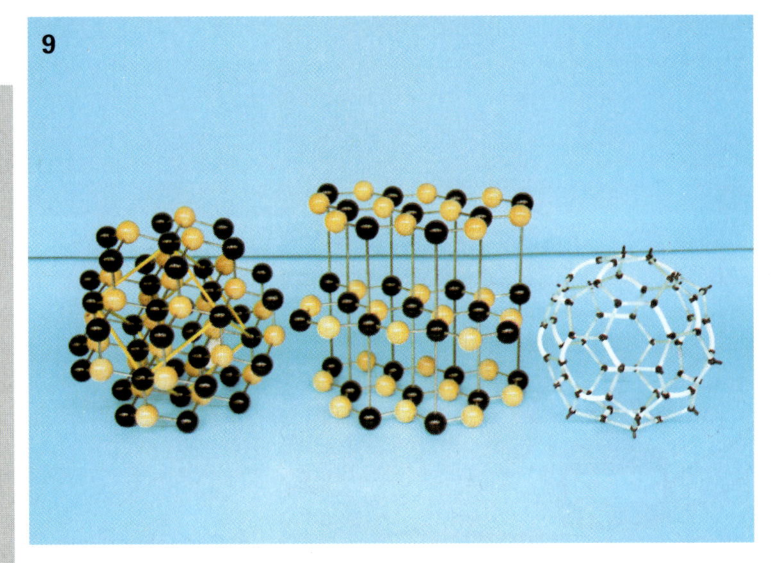

9 Strukturmodelle für Diamant, Graphit und C_{60} (von links nach rechts)

10 Würfel, Tetraeder, Icosaeder, Oktaeder (von links nach rechts)

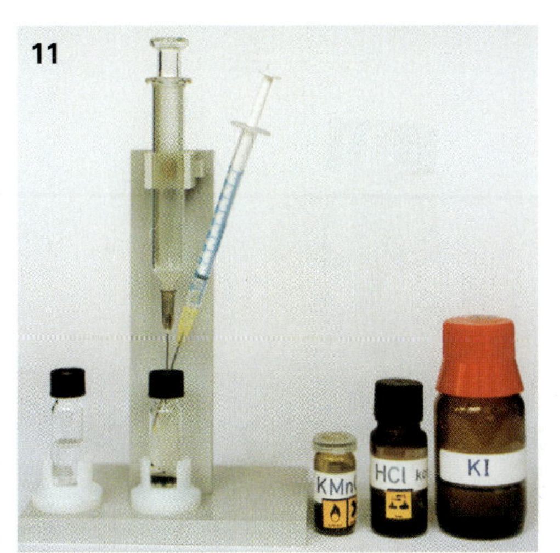

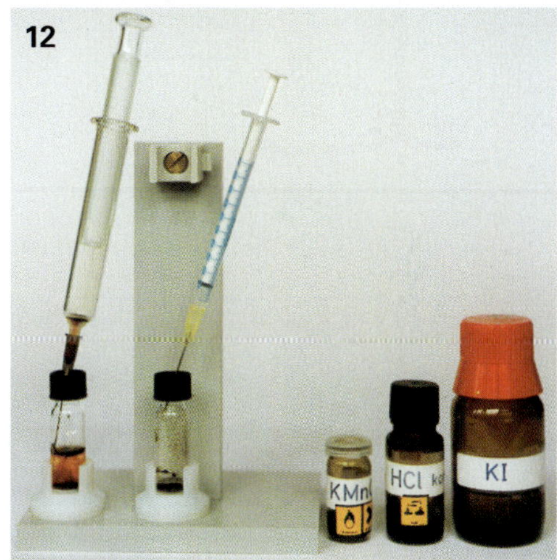

11, 12 Darstellung und Nachweisreaktion von Chlor mit KI

13 Apparatur und Chemikalien zur Darstellung von Brom

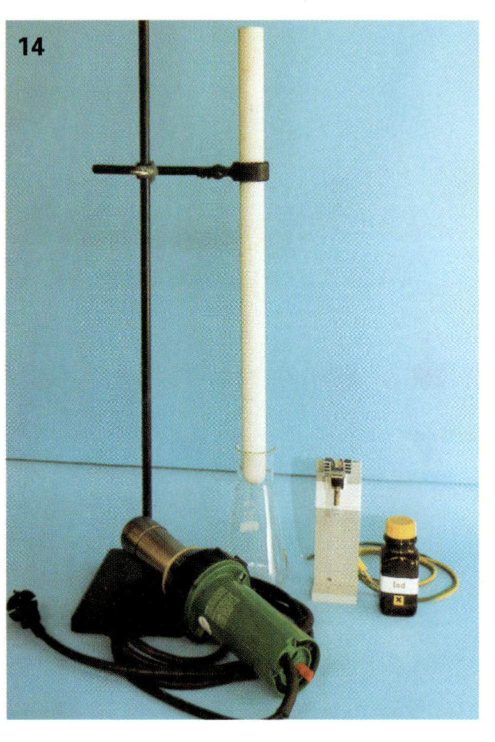

14, 15 Apparaturen zur Sublimation von Iod

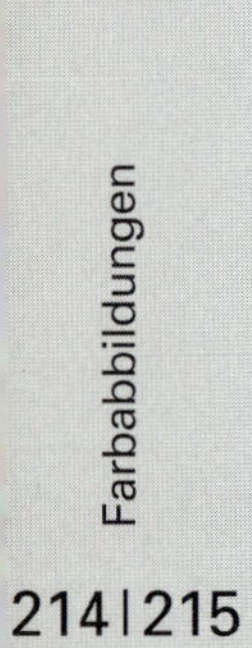

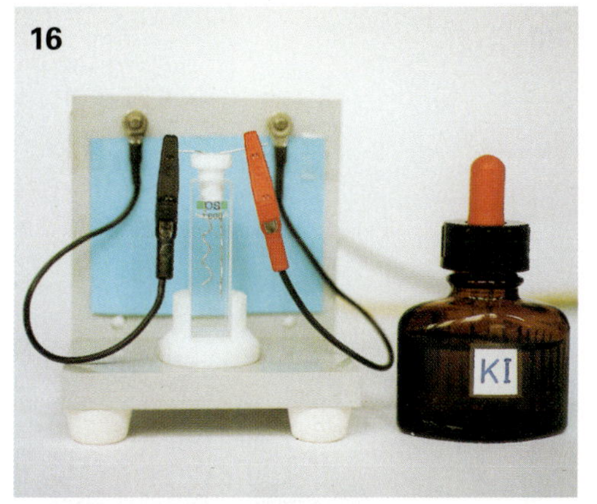

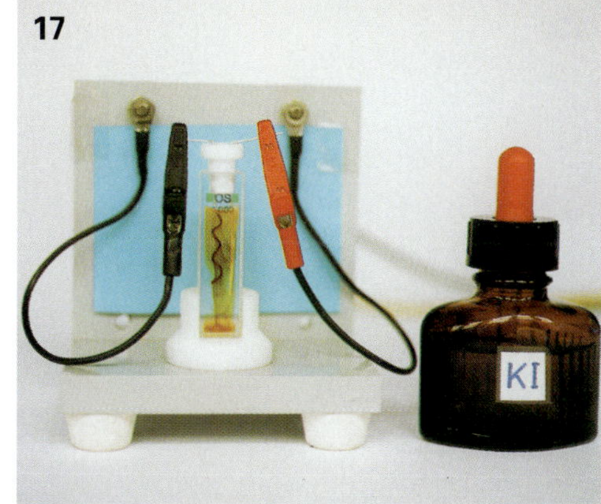

16, 17 KI-Elektrolyseapparatur (vor und nach der Elektrolyse)

18 Phosphoreszenz

Joseph Wright (1734–1797): „Der Alchemist"
Nach Gmelin lautet der Titel: „Der Alchemist auf der Suche nach dem Stein der Weisen betet für ein erfolgreiches Ende seiner Operation, wie es Sitte war bei den alten Astrologen". Dort ist auch das Gedicht Lessings abgedruckt, das die Entdeckung des Phosphors preist (Gmelin, 1965, Bd. 16, S. 18 und S. 33)
Abbildung entnommen aus: Petra Schramm, Die Alchemisten, Gelehrte, Goldmacher, Gaukler Edition Rarissima Taunusstein **1984**, S. 71

19 Lackmuslösung (neutral, sauer)

20 Cadmiumsulfidfällung

21 Die Eisensäule in der Qutub Minar Moschee in Neu Delhi

Titelblatt von Current Science (Indian Academy of Sciences) **1997**, *73* (vom 25. Dezember 1997).

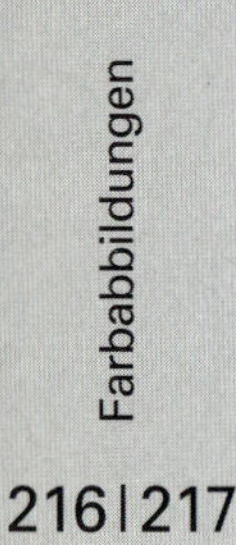
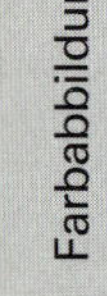

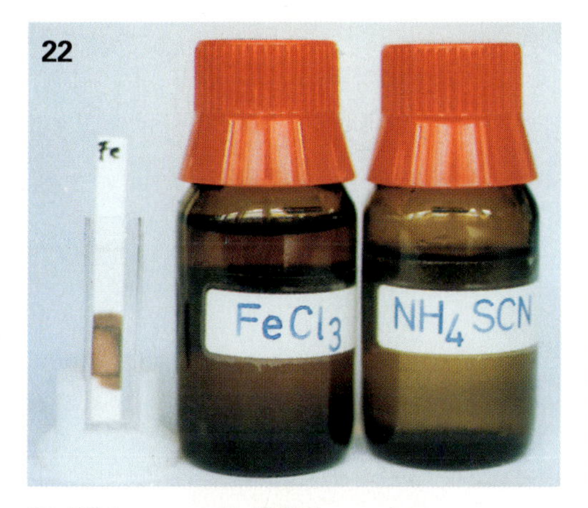

22 Bildung von $Fe(SCN)_3$ an einem Indikatorstäbchen

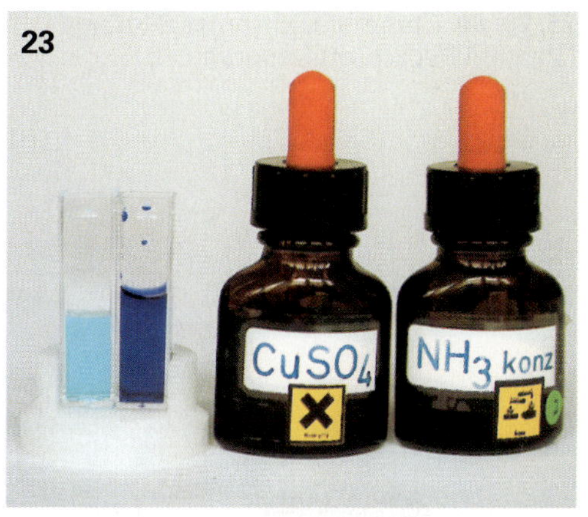

23, 24 Kupfertetraaqua- und Kupfertetraamminkomplex

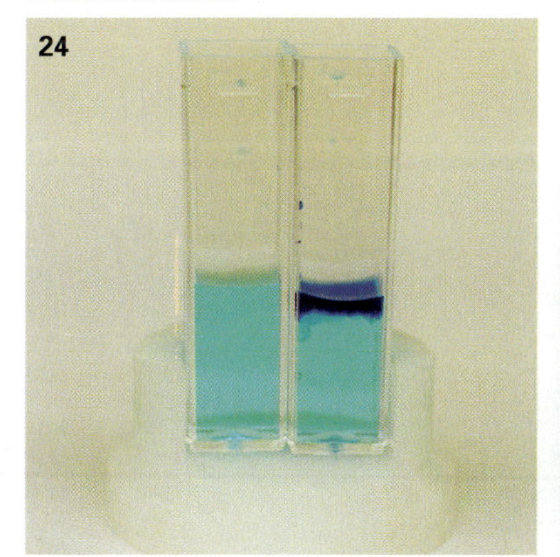

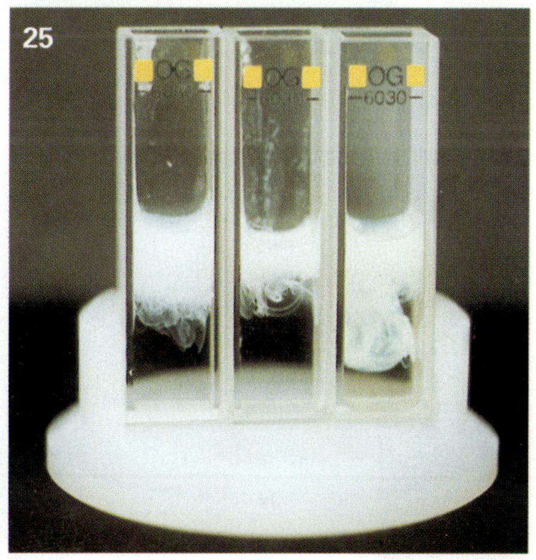

25 Fällung von Silberchlorid

26, 27 Bildung von Indigo

28, 29, 30 Chromat-Dichromat-Bildung
(30: vom Bildschirm fotographiert)

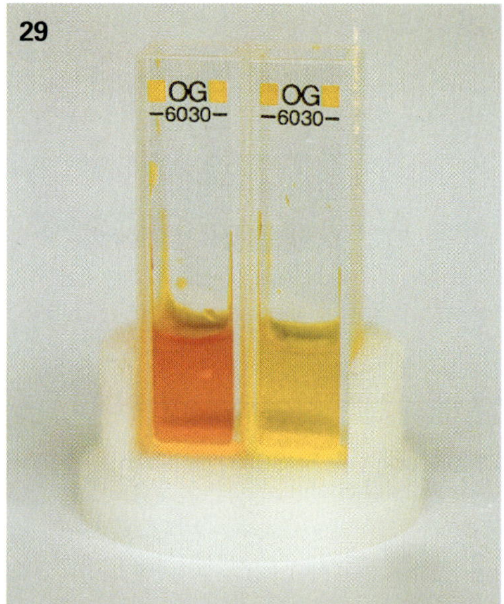

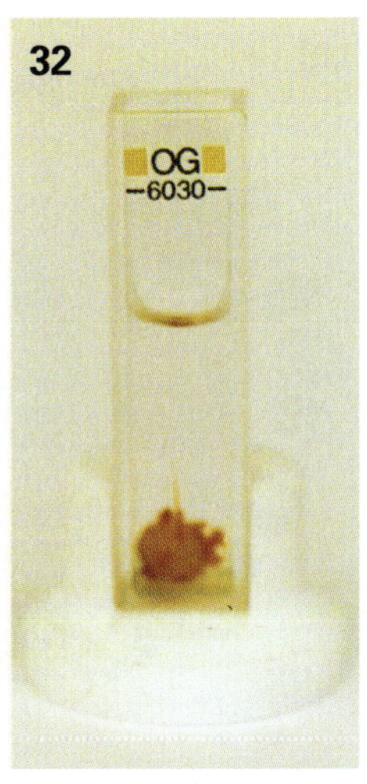

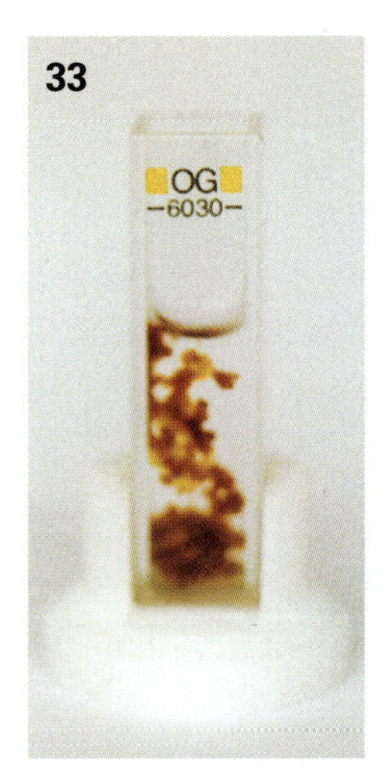

31, 32, 33
Chemischer Garten

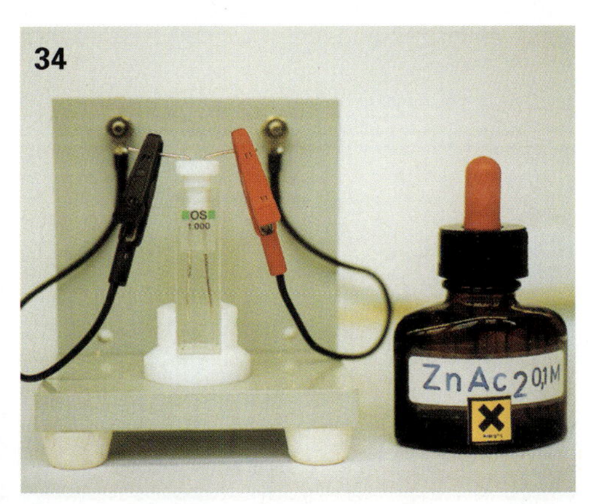

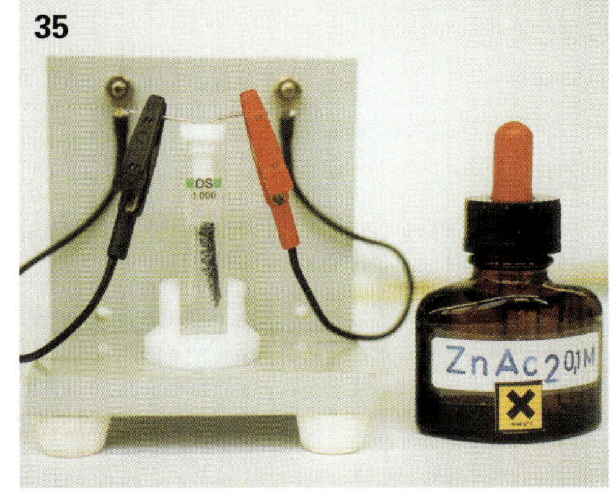

34, 35 Darstellung eines Zinkbaumes

36 Zauberschrift

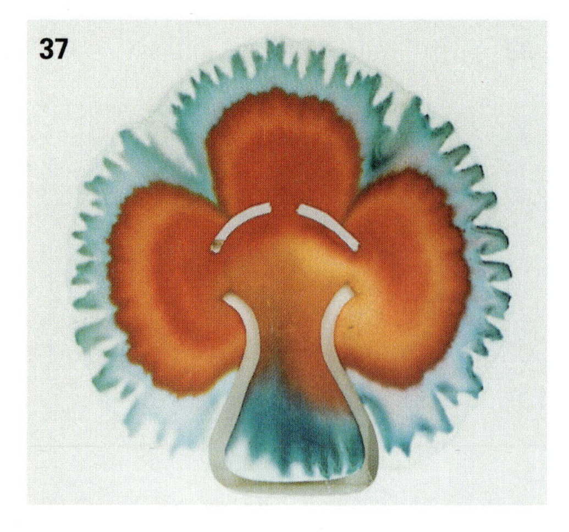
37

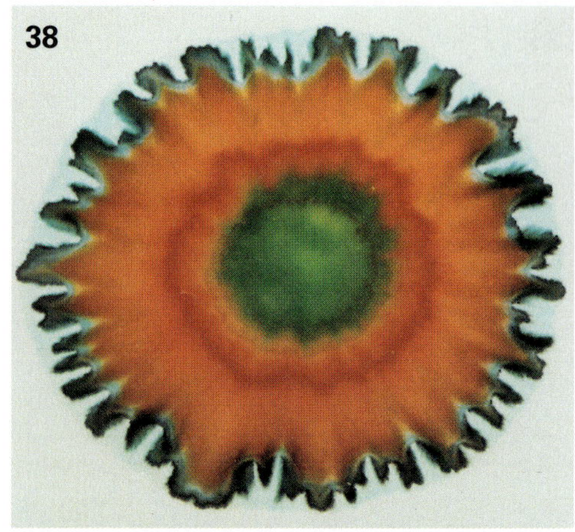
38

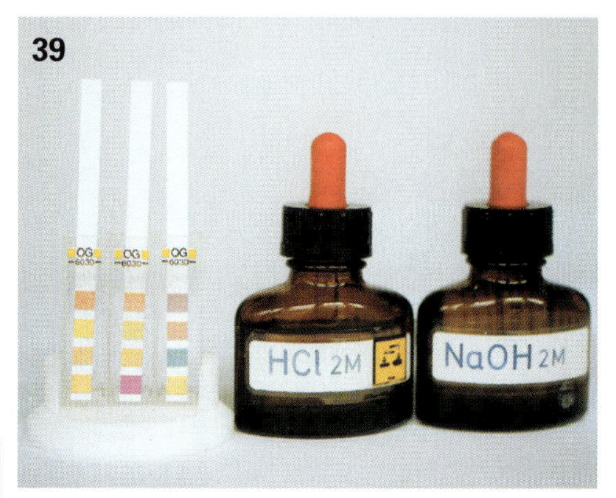
39

40

37, 38 Rungesche Ringe
39 Universalindikatorstäbchen
40 Dünnschichtchromatographie – ein Größenvergleich

Register

Namenregister

A

Achard, Franz Karl 189
Achilles 95
Agricola, Georgius 49 f, 69, 96, 122, 135
Al-Razi 37
Alexander der Große 187
Ampère, A.-M. 49
Anger, V. 178
Archimedes 134
Aristoteles 31, 35 f, 94
Atkins, P. W. 6
Avicenna 3

B

Baekeland, Leo Hendrik 169
Balard, Antoine Jerôme 54 f
Banks, R. E. 56
Barreswill, C. S. 187
Baumann, H. 73
Bayen, P. 41
Baywe, A. 158
Becher, Johann Joachim 39, 83
Bechir, Alchid 82
Beckmann, Johann 188, 190
Beilstein, E. 73
Bernard, C. 187
Berthelot, M. 82
Berthollet, Claude Louis 52 ff
Berzelius 53, 85, 121
Beyer, H. 149, 169
Biet 177
Billiet, F. 187
Blasius, E. 14, 56, 73, 86, 99, 113, 123, 137
Boccone, P. 83
Boerhaave, Hermann 40, 148
Böhme, G. 33, 42
Böhme, H. 33, 42
Boyle, Robert 38 f, 84, 148
Brand, Hennig 82 f
Bredereck, H. 190
Brotoffer 49
Buddah 111
Bukatsch, F. 113
Bunsen, Robert Wilhelm 72
Buscarons, F. 149
Bussemas, H. H. 207
Byzantiner 81

C

Caligula 134
Carl, Robert 13
Cassini 83
Cato 187
Cavendish, Henry 4, 31 f
Celsus 3
Chakravarti, S. N. 178
Chaptal, Jean 32
Charaka 94
Charles, Jacques Alexandre César 4
Collier 169
Conrad, Joseph 3
Corson, D. R. 52
Cortés, Hernan 135
Cotton, F. A. 14, 137
Courtois, Bernard 55
Cram, D. J. 56, 158

D

Daniell, John 157
Darby, Abraham 113
Davy, Humphry 49, 53 ff, 69, 157
Debray 50
Descartes, R. 38 f
Deville, Henri Sainte-Claire 70 ff
Diehls, H. 36
Diodor 134
Döbereiner, Johann Wolfgang 157
Dragendorff, G. 149
Drebbel, Cornelis 38
Duke, F. R. 149
Dumas, Jean Baptiste 71, 187
da Vinci, Leonardo 37
de Monconys, B. 38

E

Eco, Umberto VI
Empedokles 35
Emsley, J. 169
Erdmann, Otto Linné 71

F

Faraday, Michael 11, 53, 157
Feigl, F. 2
Fieser, L. F. 178
Fieser, M. 178
Fischer, R. 14
Fourcroy 157
Fredhen, O. 190
Frémy 50
Frensdorff, H. K. 207
Friedrich der Große 188
Fugger, Jakob 121
Fuller, Buckminster 13

G

Galen 3
Gauguin, R. 73
Gay-Lussac, Louis 50, 54 f, 98, 187
Gebelein, H. 123, 149, 190
Gmelin 6, 42, 82, 86, 99
Goethe 187
Goldschmidt, L. 190
Goliath 112
Gough, Michael 168
Graecus, Marcus 147
Gribble, W. 168

H

Hales, S. 40
Hammond, G. S. 56, 158
Harsch, G. 207
Hauschka, Rudolf 187
Hendrickson, J. B. 56, 158
Hensel, H. R. 73
Hephaistos 35
Hilgetag, G. 178
Hoffman, Donald 13
Hoffmann, F. 40
Hohenheim, Theophrastus Bombastus von 3
Holleman, A. F. 14, 56, 86, 99, 123, 137, 190
Homberg 83
Homer 95
Huntsman, Benjamin 113

J

Jander, G. 14, 56, 73, 86, 99, 113, 123, 137
Javelles 53
Jesaja 93
Johannsen, O. 113

K

Kelly, P. 99
Klaproth, M. H. 189
Kolbe, Hermann 158
Kopp, H. 56, 123, 149, 178
Kraft, Johann Daniel 83 f
Krätschmer, Wolfang 13
Kroto, Herold 13
Kuffler 38
Kunckel, Johann 83

L

Laatsch, H. 149, 158, 169, 178, 190
Langford, C. H. 6
Lavoisier, Antoine Laurent 3 f, 32, 40 f, 148 f
Le Fèvre, R. J. W. 158
Leibniz 82 f
Lémery, Nicolas 4, 148
Lentilius, R. 81
Lessing 82
Lichtenberg, Georg Christoph 4, 84
Liebermann, C. 169, 173
Liebig, J. 32, 54 f, 70 f, 157 f
Lister, Joseph 167, 177
Ludwig, G. 137
Lullus, Raymondus 147, 177

M

Makkabäer 81
Marggraf, Andreas Sigismund 50, 188 f
Marks, T. J. 56, 123, 149, 190
Mayerne, Turquet de 3
Mayow, J. 31
McKenzie, K. R. 52
Meijer, E. W. 169
Meyer 50
Miller, H. B. 157
Möckel, K. 207
Moissan, Henri 12, 50 f
Montgolfier 4
Mortimer, C. E. 14

N

Napoleon III 72
Nebukadnezar 81
Newton 158

O

Odysseus 95
Oerstedt, Hans Christian 69 f
Osiris 111

P

Paracelsus 3, 31, 82, 157
Payen, A. 187
Pearson, J. 158
Pedersen, C. J. 202, 207
Peltier, J. Ch. A. 64
Peyla, Louis 84
Philister 112
Philon 36
Pilgrim, E. 14, 33
Pine, S. H. 56, 158
Platon 13, 31, 35
Plinius 50, 111
Poggendorff, Johann Christian 55, 158
Priestley, Joseph 32, 40
Prometheus 35

R

Rey, J. 38
Robert 4
Roesky, H. W. 56, 149, 207
Rose, V. 36
Roy, M. B. 178
Ruby, S. C. 123
Runge, Friedlieb Ferdinand 167
Ruska, J. 37
Rutherford, Daniel 32

S

Saint-Exupéry, Antoine de III
Salomon 112
Scheele, C. W. 32, 40, 50, 52 f, 98, 157
Scheuing, G. 158
Schrötter, Anton 85
Segrè, E. 52
Sendivogius, Michael 38
Sharp, D. W. A. 56
Shriver, D. F. 6
Slare 83
Smalley, Richard 13
Smith, G. F. 149
Sontheimer, W. 113
Splittgerber 188
Stahl, G. E. 39 ff
Stöckhardt, Julius Adolph 207
Straton 36
Suhling, L. 123

T

Teitelbaum, R. C. 123
Thenard 50, 54, 98
Theophrastus 50
Thomson, Thomas 50
Tollens, B. 137, 190
Tschirnhausen 83

U

Unverdorben, O. 167

V

Valentinus, Basilius 52, 147
Vauquelin 157
Vollhardt, K. P. C. 178
v. Lippmann, E. O. 113
van Helmont, Jan Baptista 11, 31 f
von Braunschweig-Lüneburg, Johann Friedrich 82
von Byzanz, Philon 36
von Hofmann, August Wilhelm 177
von Humboldt, Alexander 135
von Nettesheim, Cornelius Agrippa 121
von Reichenbach, K. L. 167

W

Walter, W. 149, 169
Wenzel 50
Wermusch, G. 137
Werner, Abraham Gottlob 11
Weygand, C. 178
Wiberg, E. 14, 56, 86, 99, 123, 137, 190
Wieland, H. 158
Wilkinson, G. 14, 137
Wöhler, Friedrich 55, 69 ff, 121
Wurtz, Charles Adolphe 177
Wynberg, H. 169

Z

Ziegler, K. 113

Sachwortregister

Die Chemikalien werden mit ihren Namen und als Formeln aufgeführt.

A

Abwassernetz 23
Acetal 157
Acetaldehyd 157, 160 f
Acetessigester 165
Aceton 78, 151, 159, 163 ff, 180, 206
Acetylen 23
Adenosindiphosphat 86
Adenosinmonophosphat 86
Adenosintriphosphat 86
Adsorptionsmittel 11
Ag^+-Ionen 146
AgBr 139
AgCl 138
AgCN 141 f
$[Ag(CN)_2]^-$ 140, 142
$Ag_3[Fe(CN)_6]$ 29, 144 f
$Ag_4[Fe(CN)_6]$ 144
Agglomerat 12
AgI 140
$[Ag(NH_3)_2]^+$ 142
$AgNO_3$-Lösung 29, 60, 89, 138 ff, 193
AgSCN 143
$[Ag(SCN)_4]^{3-}$ 143
$[Ag(S_2O_3)_2]^{3-}$ 142
Akkumulatoren 198
Aktivkohle 12
$Al_2(SO_4)_3$ 74 ff, 78
Alaun 52, 69
Alaungewinnung 69
Alchimie 49
Alchimisten 3, 37, 52, 82, 96, 98, 177
alchimistisch 97
Aldehyd 157 ff
Aldehydgruppe 193, 195
Aldehydharz 157
Aldehydnachweis 159 ff
Alizarin 77
Alizarin S-Farblack 76
Alkohol 147 ff, 189
– primär 151, 153
– sekundär 151, 153
Alkoholdämpfe 157
Alkoholnachweis 152
Aluminat 74
Aluminium 12, 69 ff, 76
Aluminium-Farblack 78
Aluminiumherstellung 72
Aluminiumhydroxid 74 f
Aluminiumkationen, hydratisierte 74
Aluminiumnachweis 75, 78
Aluminiumsulfat 75 f
Aluminiumsulfat-Lösung 78
Aluminiumtrichlorid 69
Amalgamverfahren 135
Ameisensäure 18
Amin, primäre 180 f
Amine 175, 177, 179
Amine, aliphatische 180 ff
Amine, aromatische 181, 183
Amine, sekundäre 180 f
Aminopentan 184
1-Aminopropan 179 f, 182 f
Aminosäuren 178
Aminosäuren 179
Ammoniak 157, 177
Ammoniakgewinnung 6
Ammoniaklösung 34, 78, 89 f, 106, 109, 130, 138 ff, 145, 193
Ammoniummolybdatlösung 91, 153
Ammoniummolybdophosphat 91
Ammoniumthiocyanat 26
Amylopektin 187
Amylose 125, 187, 194
Amylose-Komponente 63, 124
Anilin 167, 174, 181, 183 ff,
Anilinfarbstoffe 56, 167
Antiphlogistiker 177
antiphlogistische Theorie 52
Antiseptika 167
Anthracen 167
Aromate 167, 185
Arylaldehyd 158
Asche 55
As_4S_4 94
Astat 49, 52
Atemzug 37
Atmungsvorgang 37
Augenheilmittel 94
Autoreifen 11
Azofarbstoff 174, 185
Azomethin 160 f
Azotobakter 32

B

$BaCl_2$-Lösung 90, 110
$BaCO_3$ 16
$BaHPO_4$ 90
Bakelit 169
BaO_2 45
Bariumcarbonat 16
Bariumdichlorid 88, 90
Bariumdichloridlösung 110
Bariumhydroxidlösung 16
Bariumphosphat 88
– sekundäres 90
– tertiäres 90
Basen 205
$BaSO_4$ 110
Benzidin 91
Benzidinblau 91
Benzochinonmonoxim 172
Bergkristall 3
Berliner Blau 25 ff, 203
Beryllium 76
Beryllium-Farblack 78
Bier 147
π-Bindungen 12
σ-Bindungen 12 f
Bioleaching 123
biologisches Material 158
Biosphäre 11
Bismut 52
blaue Lösung 21
Blaufärbung 24
Blausäure 25
Blauviolettfärbung 170
Blei 133 ff
– schwarzes 11
Bleichmittel 42, 53
Bleiglanz 133
Bleiglätte 134
Bleiminen 50
Bleioxid 41
Blutlaugensalz 27
Borate 154
Borax 146, 154
Borsäure 154
Brandstoffe 97
Brasilianische Diamanten 12
Brauneisenpulver 112
Braunkohlenteer 167
Brom 49, 54 f, 59, 60, 62

Bromat 55, 61
Bromid 54, 59, 61, 68
Bromidnachweis 138
Bromlösung 61
Bromphenol 170
Bromsäure 55
Bromwasser 61 f
Bronzen 120
Bronzezeit 111

C

C_{60} 13
C_{70} 13
CaC_2 22 f
$CaCO_3$ 15
CaC_2O_4 21
$CaCl_2$ 54
Cadmiumdichloridlösung 105
CaF_2 65
Calcium 42
Calciumcarbid 22 f
Calciumcarbonat 15
Calciumdifluorid 66
Calciumgluconat 66
Calciumhydrogencarbonat 189
Calciumoxalat 21
Calciumphosphat 21, 90
Calciumverbindungen 16
$Ca(OH)_2$ 16, 23
$Ca_{10}(PO_4)_6(OH)_2$ 90
Carbolsäure 167
Carbonatanion 17
Carboxylfunktion 195
Carboxylgruppe 193
$CdCl_2$-Lösung 105
CdS 106
Cellulose 187
$Ce(NH_4)_2(NO_3)_6$ 150
Cer-(IV)-ammoniumnitrat 150
CF_2Cl_2 52, 153
C_2H_2 24
Chaos 31
Charge-Transfer-Komplex 63, 124 f, 184, 194
Chemical History of a Candle 11
Chemischer Garten 199
Chinalizarin 78
Chinalizarin-Farblack 78
Chinalizarin-Lösung 79
Chinolin 167
Chlor 42, 49 f, 52 ff, 57 ff
Chlorakne 168
Chloratome 52
Chlorgas 58, 63
Chlorid 63
Chloridkonzentration 54
Chloridnachweis 138
Chlormetaboliten 54
Chlorphenol 168
Chlorproduktion 53
Chlorwasserstoff 67, 177
C_2H_5OH 21, 150 ff
Chrom-(III)-sulfat 151
Chrom-(IV)-oxid 151
Chromat-Dichromat Gleichgewicht 197
Chromatographiepapier 204
Chromsäure 157
Citronensäure 126
Cl_2-Gas 63
Claus-Verfahren 98
CO-Gas 19
CO_2-Gas 16 f
Cobalt-(II)-dichloridlösung 109
Cobalt-(II)-sulfid 109
$CoCl_2$ 199
$CoCl_2$-Lösung 109
$CoCl_2 \cdot 6\,H_2O$ 200
Computer 1
CoS 107
Coulomb-Kräfte 201
CrO_3 151
CS_2 153
$CuCl_6$-Lösung 28
$Cu_2[Fe(CN)_6]$ 28, 130
CuO 9
$Cu(OH)_2$ 125
Cuprum 119
CuS 106
$CuSO_4$-Lösung 124 ff, 129 ff, 194
Cyanat 141
Cyanid 141
Cyanidnachweis 25
Cyclisierung 154
cyclo-Octaschwefel S_8 98
Cyclohexanon 165
Cyclohexen 62

D

Daguerrotypie 55
DC-Alufolie mit Kieselgel 206
Dehnbarkeit 119
Desinfektionsmittel 42, 167, 168
Dextrine 187
Diamant 11 ff
Diamanten, synthetische 12
Diamantstruktur 13
2,7-Diaminofluoren 161
Diammoniumperoxodisulfat 45
o-Dianisidin 160 f
Diazoniumkation 175, 185
Diazotierung 184
1,2-Dibromhexan 62
Dichlorcarben 171
Dichlormethan 153, 163, 201
Dichlormethanlösung 202
2,4-Dichlorphenol 168
2,4-Dichlorphenoxyessigsäure 168
Difluordichlormethan 52
Dihydroxyphenolen 173
p-Dimethylaminobenzaldehyd 179
Dimethylsulfoxid 180
Dinatriumtetraborat 154
Dinatriumhydrogenphosphat 87
Dinatriumhydrogenphosphat-lösung 90 f, 115
Dinatriumsulfidlösung 116, 129
Dinatriumsulfit 100
2,4-Dinitrochlorbenzol 182 f
2,4-Dinitrophenylhydrazin 159
2,4-Dinitrophenylhydrazon 159 f
Dioxin 168
Diphenylamin 21
Diphenylaminblau 21 f
Diphosphorsäure 88
Disaccharid 191
disproportioniert 61
Divanadiumpentoxid 152
Dodecaeder 13 f
Dreieck 14
Druckausgleich 24
Düngemittel 177
Dünnschichtchromatographie 206

E

Edelmetalle 121
Edelsteine 81, 135
Einschlußverbindung 201
Eisen 3 f, 42, 111 f, 114, 133
Eisen-(III)-chlorid 170
Eisen-(III)-chloridlösung 27, 115, 117
Eisen-(II)-sulfatlösung 116
Eisen-(II)-sulfid 103
Eisen-(III)-thiocyanat 26
Eisengewinnung 113
Eisenzeit 111
Eisessig 115
Eiweißstoffe 178
Elektrode 200
Elektrodenreaktionen 199

Elektrolyse 50
Elektrolyte 198
Elemente 33, 35
EMK 199
Ente 6
Entfärbung 59
Erde 31, 33, 35 f, 42, 82, 95
Erdelement 38
Erdgas 12
Erdöl 12
Erz 113, 134 f
Erzbergbau 120
essentielle Elemente 123
Essigsäure 76, 90 f, 152, 157, 160, 164, 179
Etard-Reaktion 158
Ethanol 21 f, 147, 150 f, 153, 157, 182, 206
Ether 157
Etherdämpfe 157
Ethin 23 f
Ethylamin 177
Ethylenglycol 154
Explosion 168
explosive Gemische 22, 24

F

Farblack 76 f
Farbstoffe 167, 204
Faserkohlenstoff 12
Faserstift 206
FCKW 52
$FeCl_3$ 199 f
$FeCl_3$-Lösung 26 f, 115, 117, 203
$FeCl_3 \cdot 6\,H_2O$ 170
$[Fe(CN)_6]^{4-}$ 144
$Fe_4[Fe(CN)_6]_3$ 203
Fehling'sche Lösung 123, 126 f, 195
$FePO_4$ 115
Fermenter 178
FeS 103, 107, 116
FeS_2 97
$Fe(SCN)_3$ 115
$FeSO_4$-Lösung 25, 27, 116 f,
Festigkeit 119
Fetthärtung 6
Feuer 31, 33, 35, 39, 42, 82, 95, 112
Feuerelement 38
Feuerwaffe 97
Feuerzeug 84
Flammen, offene 22, 24
Fließmittel 206
Fluor 49 ff
Fluoreszenz 75
fluoreszierend 75 f
Fluorid 66
Fluorspat 49 f
Fluorwasserstoff 65 f
Flüssigkristallprojektor 1
Flußsäure 49 ff, 53, 65
Fön 18, 21
Formaldehyd 158, 169
Formalin 158
Fruchtzucker 187
Fructose 191
Fullerene 13
Füllstoffe 11

G

Galvanoplastik 123
Gärung 149
Gasballon 5
Gasentwicklung 18, 23, 57
Gattermann-Koch-Reaktion 158
gelbes Blutlaugensalz 27
gesättigte $N_2H_6SO_4$-Lösung 145
Glas 12
Glasblasen 35
Glasküvette 27, 143 f
Glasspritze 7, 15, 18, 22, 57, 59 f, 63, 67, 75 f, 78, 100, 102 ff, 107, 151 f, 172, 179, 180, 182 f, 185, 191, 193
Gleichrichter 7, 200
Gleichstrom 65
Glucose 145, 191, 195
Glucosenachweis 193, 195
Glycogen 187
Glycolaldehyd 30
1,2-Glycolen 154
Gold 52, 70, 93, 95, 119, 122, 133, 135 f
Goldmacherkunst 82
Goldrausch 136
Goldschmiede 136
Goldwäscher 136
Göttinger Taschenkalender 84
Graphit 11 ff

H

H-Bombe 6
H_2-Gasflasche 9
Haber-Bosch-Verfahren 6, 177
Hacksilber 133
Hahn 6
Halogene 49, 52, 57
Harn 81 f, 84, 126, 177, 195
Harngeist 177
Hautkrankheiten 94
HBr 55
$HC{\equiv}CH$ 23 f
HCOOH 19
Hefe 189
Heilmittel 56, 94
Heilzwecke 94
Helium 6
Heringslake 177
Hexacyanoferrat-(II)-ion 25
Hexacyanoferrat-(II)-lösung 27
Hexacyanoferrat-(III)-lösung 27
Hexacyanoferrat-(II)-nachweis 28, 144
Hexacyanoferrat-(III)-nachweis 27, 29
$HgCl_2$-Lösung 34
$[HgI_4]^{2-}$ Komplex 34
$[Hg_2N]$ I 34
HgS 106
HIC=CIH 24
Himmelsstoff 38
HO_2^--Ion 46
H_2O_2-Lösung 43 f, 46 f
Hochofen 113
Holzfaser 187
Holzkohle 93 f, 97, 111, 113, 135, 157
Honig 187 f
H_2S-Gas 104 ff
H_2S-Wasser 106 f
H_2SO_4 19, 198
Hydraziniumsulfat-Lösung 34, 145
Hydrazonbildung 159 f
Hydrogensulfit 101 f
o-Hydroxyaldehyde 171
2 Hydroxyazobenzol 175
o-Hydroxybenzaldehydanion 171
Hydroxychinolin 152
Hydroxylamin 145
Hydroxymethylfurfural 191 f
hygroskopisch 18

I

I_5^- 124 f, 194
Icosaeder 13
Indigo 163
Indikator 154
Indikatorpapier 66
Indophenolhydrogensulfat 173
Inhaltsstoffe 54

Injektionsnadel 19
Inner-Sphere-Komplex 170
Inulin 187
Iod 24, 42, 49, 53 ff, 63 f, 102, 125, 194
Iod-Amylose-Komplex 124
Iod-Stärke-Komplex 24
Iod-Stärkelösung 24
Iodid 55, 68, 104
Iodidnachweis 138
Iodlösung 24, 102
Iodtinktur 167
Islandicum 99

K

Kabel 7
Kalium 42, 69
Kaliumamalgam 69
Kaliumbromid 55, 59
Kaliumbromidlösung 58, 139
Kaliumchloridlösung 138
Kaliumchromatlösung 197
Kaliumcyanatlösung 142
Kaliumcyanidlösung 25, 140 ff
Kaliumhexacyanoferrat-(II)-lösung 27 f, 130, 144
Kaliumhexacyanoferrat-(III)-lösung 29, 144
Kaliumhydrogencarbonat 15
Kaliumiodid-Elektrolyse 65
Kaliumiodidlösung 63, 124, 140
Kaliumnatriumtartrat 126
Kaliumpermanganat 58 f, 64
Kaliumpermanganat-Lösung 47
Kaliumthiocyanatlösung 26
Kalk 31, 82, 157, 189
– gebrannter 97
Kalzination 39
Kampfstoffe 97
Karat 12
Karbolseife 167
Katalysator 13, 43
Kationennachweis 105
KBr-Lösung 58, 139
KCl-Lösung 138
KCN-Lösung 25, 140 f
$K_2Cr_2O_7$ 201
Keramik 12
Kerzenflamme 11
Keton 159 f
Ketonnachweis 159
$K_3[Fe(CN)_6]$ 27, 29
$K_4[Fe(CN)_6]$ 27 f, 130,
$K_3[Fe(CN)_6]$-Lösung 144
$K_4[Fe(CN)_6]$-Lösung 144, 203
Kippscher Apparat 8
KI-Lösung 63, 65, 124, 140, 194
Kleinstkamera 1
Klemme 22
$KMnO_4$ 47, 59, 201
$KNaC_4H_4O_6$ 126
Knallgas 7
Knallgasbildung 9
Knallgasprobe 9
Knallsilber (Ag_3N) 146
Knochenasche 82
Kochsalz 52, 56
KOCN-Lösung 142
KOH-Lösung 34
Kohle 12, 82, 187
Kohlegewinnung 113
Kohlenhydrate 187, 191
Kohlenstoff 11, 13, 42, 149, 187
Kohlenstoff-Abstände 13
Kohlenstoffdioxid 13, 15, 17, 31, 189
Kohlenstoffdioxidnachweis 16 f
Kohlenstoffmonoxid 13, 18 ff, 169
Kohlenwasserstoff 41
Kohlenwasserstoffe, fluorierte 52
kolloidal 76
Komplexbildung 181, 201
Komplexierung 144
komproportionieren 61
königsblau 171
Königswasser 52
Kontaktgift 167
Kresole 167
Kristall 200
Kristallviolett 46
Kristallzucker 187
Krokodilklemmen 7
Kronenether 201
Kronenetherkomplexe 202
Kronenetherlösung 201
KSCN-Lösung 26, 143
Kühlmittel 52
Kunstdünger 97
Kupfer 9, 42, 119 ff, 133, 135
Kupfer-(II)-chlorid 124
Kupfer-(II)-hydroxid 125, 128
Kupfer-(I)-iodid 124
Kupfer-(II)-iodid 194
Kupfer-(II)-lösung 128
Kupfer-(I)-nachweis 124
Kupfer-(II)-nachweis 131
Kupfer-(I)-oxid 127, 195
Kupfer-Polysilicat 120
Kupfer-(I)-reineckat 131
Kupfer-(II)-sulfid 129
Kupferabbau 121
Kupferacetat 122
Kupferbergbau 122
Kupferelektrode 198
Kupfergrube 121
Kupferlegierung 119
Kupfernachweis 130
Kupferoxid 120
Kupferschiefer 121
Kupferseigertechnik 121 f
Kupfersulfatlösung 123 ff, 129, 131
Kupfertetraamminkomplex 127 f, 130
Kupferzeit 111
Küvetten 1
Kuwat-ul-Islam Moschee 112

L

Lackmuslösung 88
Lagerstätten 133
Lapis 120
Laugensalz 177
Lebensmittelfarben 203
Leichtmetall 70
Leuchtdioden 199
Leuchterscheinungen 82
Leuchtstoffe 82
Liebermann-Probe 172 f
Luft 31, 33, 35 f, 42, 82, 95
Luft, phlogistisierte 31
Luftelement 38
Luftsauerstoff 22, 24
Lysin 178
Lysol 167

M

Magnesium 42
Mangan 42, 60
Mangan-(II)-sulfat 61
Mangan-(II)-sulfid 107
Mangandichloridlösung 107
Mangandioxid 57, 157
Meerwasser 54 f
Megatonnen 6
Melasse 189
Membran 200
Mercurius 31
Mercurochrom 167
Messing 157
Meßpipette 180
Metall 4, 13, 95, 111, 120 f

Metallabfälle 20
Metallgewinnung 121
Metallsulfide 109
Methanausscheidung 178
Methanol 75
Methionin 178
Methylamin 177
Methylketone 163 f
Mikroorganismen 32
Mikropipette 1
Mineral 120
Mineralien 49
Mineralwässer 55
Mineralwasseranalysen 148
$MnCl_2$-Lösung 106
MnO_2 43, 57
MnS 107
Mohr'sche Härteskala 12
Mölisch-Test 191
Molybdate 153
Monitor 2
Monosaccharide 191
Morin 75 f
Morin-Farblack 75
Münzprägungen 134
Mutterlaugen 55

N

N-Propyl-2,4-dinitroanilin 183
$Na_2B_4O_7$ 154
Na_2CO_3 17, 181
Na_2CO_3-Lösung 25
Na_2HPO_4 87, 90, 115
Na_2HPO_4-Lösung 89, 91
Nachweis primärer Amine 184
NaH_2PO_4 87
Nährstoffe 32
Nahrungsfett 6
$NaNO_2$ 172, 174, 184
Naphthol 171, 185, 192
1-Naphthol 191
2-Naphthol 184
Na_3PO_4 87
Na_2S-Lösung 109, 116, 129
Na_2SO_3 100
Na_2SO_3-Lösung 131
$Na_2S_2O_3$-Lösung 141 f
Natrium 42
Natriumacetat 19 f
Natriumalizarinsulfonat 76
Natriumalizarinsulfonat-Lösung 77
Natriumbromid 55, 59
Natriumcarbonat 17, 181
Natriumchlorid 19, 58, 67
Natriumcuprat-(II)-komplex 125
Natriumdihydrogenphosphat 87
Natriumnitrit 172, 174, 185
Natriumnitroprussiat Dihydrat 180 f
Natriumpentacyano-aquaferrat(III) 181 f
Natriumpentacyanonitrosylferrat 164
Natriumsulfidlösung 108 f, 131
Natriumthiosulfat 60, 62, 64
Natriumthiosulfatlösung 59, 139, 141
Natronlauge 7, 30, 60, 64, 74, 88, 101 f, 114, 117, 125 f, 153, 163 f, 174, 184, 197 ff, 202, 205
Nephtar 81
Neßlers Reagenz 34
$NH_4[Cr(SCN)_4(NH_3)_2]$ 131
$(NH_4)H_2PO_4$-Lösung 203
$(NH_4)_6Mo_7O_{24} \cdot 6H_2O$ 153
$(NH_4)_6Mo_7O_{24}$-Lösung 91
$(NH_4)_3[P(Mo_3O_{10})_4]$ 91
NH_4SCN-Lösung 203
$(NH_4)_2S_2O_8$ 45
Nichtmetall 93
$NiCl_2 \cdot 6\,H_2O$ 200
Niello 95
NiS 107
o-Nitrobenzaldehyd 163
Nitrophenol 170
Nitrosophenol 172
p-Nitrosophenol 173
NO-Ligand 181
Nobelpreis für Chemie 13

O

Octaeder 13
Odyssee 95
Orthophosphorsäure 88
osmotischer Druck 200
Overheadprojektor 1, 181
Oxalatnachweis 21
Oxidation 59, 61, 151, 157, 183, 195, 199
Oxidationsmittel 58, 64, 127
Oxidationsstufe 20, 57, 60, 102, 145
oxidiert 63, 131, 198
Ozon 42, 51
Ozonbildung 50
Ozonloch 52
Ozonschicht 52

P

Palladium 20, 157
Palladium-(II)-chlorid 19
Palladium-(II)-lösung 20
Palladiumacetatkomplex 20
Paraffin 167
Parfumzerstäuberflasche 203
Passivierung 114
PbS 106
$PdCl_2$ 19
Pelikangefäß 3
Peltierelement 64
Perchlorsäure 159
Peroxid 44
Peroxogruppen 44
pH-Indikator 17
pH-Wert 17, 87, 101, 154
Phenol 167 ff
Phenolatanion 171
Phenole 150
Phenole, *p*-unsubstituierte 173
Phenollösung 170
Phenolnachweis 170 ff
Phenolphthalein 17
phenolphthaleinhaltig 17
Phenolphthaleinlösung 154
Phenylhydrazin 160
Phlogiston 40, 98
Phlogistontheorie 40 f, 98
phosphathaltige Düngemittel 86
Phosphatnachweis 89 ff
Phosphor 41 f, 50, 55, 81 f, 84 ff
– allotropische Modifikation 85
– roter 85
– schwarze Modifikation 85
– violetter 85
– weißer 85
Phosphorausscheidung 178
Phosphorfluorid 50
Phosphorlösung 81
Phosphornekrose 85
Phosphorsäure 21, 84
Phosphorsäure, konzentrierte 21
Photographie 56
Photosynthese 41
Pikrinsäure 168
Plasmaentladungen 13
Plastikmaterial 169
Platin 157
Platin-Iridium-Elektrode 50
Platindraht 202
Platinelektrode 200
Platinspirale 157
Platonische Körper 13

P_4O_{10} 88
Poliermittel 12
Polyeder 13
Polyether 201
Polyhalogenidanion I_5^- 63, 194
Pottasche 53
Primärbatterie 198 f
Probiergläschen 1, 7, 18 f, 24, 30, 62, 130, 154
Projektor 1
Proteine 178
Pyrit 97
Pyrobaculum 99
Pyrokohlenstoff 12
Pyrophosphorsäure 88

Q

Quecksilber 50, 55, 85, 95, 119, 135
Quecksilberoxid 40 f

R

R-Sätze 207
Realgar 94
Redoxpotentiale 198
Reduktion 20, 134, 199
Reduktionsmittel 102
reduziert 198
Reibzündhölzer 84
Reimer-Tiemann-Reaktion 171
Reineckesalz 131
Reis 187
Resorcin 29 f, 165, 171, 173
Rohkupfer 122
Rohrzucker 188
Rohstoff 72
Rosten 38
Rübenschnitzel 189
Rübenzuckerindustrie 189
Rübenzuckerproduktion 189
Rückgewinnung 29
Runge'sche Ringe 203
Ruß 11 f

S

S-Sätze 207
S_2 98
S_7 98
S_8 98
S_{12} 98
S_{18} 98
S_{20} 98
Saccharose 191
Sal Ammoniak 49
Salicylaldehyd 158
Salpeter 94, 97
Salpetersäure 4, 50, 91, 114, 136, 146, 150
Salzsäure 8, 25 ff, 53 f, 57 f, 61, 74, 100 f, 103, 105, 108, 115 f, 129, 131, 146, 174, 184, 191, 197, 205
Salzsäure, konzentrierte 15
Sauerstoff 3 f, 42 f, 149
Säure-Base-Indikator 87, 101
Schießpulver 97
Schiff's Reagenz 161 f
Schiff'sche Base 160, 179
Schlackenanfall 122
schlagende Wetter 169
Schleifmittel 12
Schleifwerkzeuge 12
Schmelzofen 134
Schmelztiegel 136
Schmetterlingsblütler 32
Schmiedeeisen 6, 113
Schreibstifte 134
Schwanenhals 1 f
Schwarzpulver 97
Schwefel 4, 41 f, 50, 55, 93 ff, 97, 99 f, 104 f, 119, 133, 135
Schwefel, schwarzer 94
Schwefelblüte 84
Schwefeldioxid 94, 100 ff
Schwefeleisen 98
Schwefelgehalt 122
Schwefelkohlenstoff 97, 153
Schwefelregen 93
Schwefelsäure 3 f, 7, 15, 18, 29 f, 44 f, 47, 55, 58 ff, 63, 65 ff, 97, 99, 101, 110, 151, 157, 172 f, 198 f, 202
Schwefelsäure, konzentrierte 30
Schwefelsäureanhydrid 97
Schwefelvorkommen 93
Schwefelwasserstoff 98, 103 ff
Schweißen 6
Schweißgas 23
Schwermetall 90
Schwermetallabfälle 60, 125, 127 ff, 150, 152
Schwermetalle 8, 28, 34, 197, 200
Schwermetallrückstände 58, 90, 126
Sedative 55
Seifenblasen mit Wasserstoff 4
Seifenblasenlösung 7
Seigerblei 122
Sekundärbatterie 198
Selen 54
Septum 1, 7, 15, 18, 58, 67, 100, 103, 105, 107, 129
Silber 55, 93, 119, 122, 133 ff, 146, 193
Silber-hexacyanoferrat-(III) 29
Silberabbau 135
Silberabfälle 29, 61, 89
Silberanteil 122
Silberbergbau 133
Silberblei 11
Silberbromid 61, 139
Silberchlorid 67
Silbercyanat 142 f
Silbercyanid 142
Silberdiamminkomplex 138, 142, 145
Silbererze 134
Silberfunde 134
Silberhalogenide 141
Silberhalogenidfällung 138
Silberhexaxyanoferrat-(III) 144
Silberiodid 56, 140
Silberionen 136, 193, 195
Silberlager 135
Silbernitrat 68
Silbernitratlösung 29, 67, 89, 138 ff
Silberornamente 136
Silberphosphat 89
Silberproduktion 135 f
Silberpseudohalogenide 141
Silberrückstände 68, 146
Silberschatz 136
Silberschmiede 136
Silberspiegel 34, 145, 193
Silberstrom 136
Silberthiocyanat 142 f
Silbervorkommen 135 f
Silicium 50 f
$SnCl_2$-Lösung 108
SnS 106
SO_2 99, 101 f, 162
Solvatisierung 152
Sonnenlicht 181, 187
Sonnenstoff 38
Spannungsreihe 199
Sprengstoff 168
Spritze 22, 30
Spurenmengen 52
Stahl 6, 12, 112 f
Standardpotential 199
Stärke 54, 63, 148, 187, 194

Stärkekörner 187
Stärkelösung 24, 63, 124
Stärkenachweis 194
Stativ 19
Steinkohlenteer 167
Stickstoff 32, 34, 42, 178
Stickstoffassimilation 32
Stickstoffbedarf 32
Stickstoffmonoxid 40
Stoffwechsel 49
Streichhölzer 84
Stromdichte 202
Stromkreis 198
Strukturbildung 205
Stückofen 113
Sulfatanion 110
Sulfatnachweis 110
Sulfidfällung 105 f
Sulfidnachweis 106
Sulfur 31
Suspension 76
Symbiose 32

T

2,4,5-T 168
Tafelsilber 136
Tartrat 127
Tartratnachweis 29
Teer 167
Teerfarben 167
Tetrachlorbenzochinon 183 f
Tetraeder 13
Thermoelement 64
Thiobacillus-Bakterien 123
Thiocyanat 141
Thiocyanatlösung 143
Thiocyanatnachweis 26, 141, 143
Thiosulfatlösung 139, 142
Titanoxidsulfat 44
Titanoxidsulfatlösung 45
Tollens-Reagenz 193
Toluen 206
Ton 69, 82, 112
Trafo 7, 200
Transmutation 95
Traubenzucker 127, 195
Treibmittel 52
Tricalciumphosphat 86
Trichlormethan 171, 183
2,4,6-Trichlorphenol 168
2,4,5-Trichlorphenoxyessigsäure 168
Trimethylamin 177
Trinatriumphosphat 87
Turiner Kerzchen 84 f
Turnbulls Blau 27

U

Überspannung 202
Universalindikatorstäbchen 205
Unkrautvernichtungsmittel 168
UV-Küvetten 1

V

Van der Waal's Kräfte 12
Vanadiumoxinat 152
Venus 119
Verätzungen 66
Verbrennung 37
Verhüttungsprozeß 134
Verhüttungswesen 120
Verkalkung 41
Videokamera 1 f
Videokamera-Monitor-System 1 f
Videokamera-Projektor-System 1
vier Elemente 31, 119
Vier-Elementenlehre 3, 31, 35, 95
Vitriol 52, 97
Vitriolsäure 98
V_2O_5 152
Vulkanisationsmittel 97

W

Wasser 31, 33, 35 f, 42, 82, 95
Wasserglas 199
Wasserglaslösung 199 f
Wasserstoff 3 f, 6 ff, 42, 50, 99, 149, 177, 202
Wasserstoff in status nascendi 8
Wasserstoff-Sauerstoff-Flamme 6
Wasserstoffatome 177
Wasserstoffgas 69
Wasserstoffmoleküle 8
Wasserstoffperoxid 45
Wein 147 f, 157
Weingeist 147 ff
Weinsäure 29
WO_3 8
$W_4O_{10}(OH)_2$ 8
Würfel 13 f

X

Xanthogenatbildung 153
Xanthogenate 153

Z

Zauberschrift 203
Zellsubstanz 187
Zementation 52
Zeppelin 6
Zink 4, 135, 146, 200
Zinkacetatlösung 200
Zinkbaum 200
Zinkchloridlösung 187
Zinkelektrode 198
Zinkgranalien 202
Zinkgranulat 8
Zinkmetall 202
Zinn 4
Zinn-(II)-dichloridlösung 108
Zinn-(II)-sulfid 108
Zirconium-Farblack 77
Zitronensäure 189
ZnS 107
Zucker 187, 189
Zuckerfabrik 189
Zuckergehalt 126
Zuckerlösung 195
Zuckernachweis 127, 191
Zuckerraffination 188
Zuckerrohr 187 f
Zuckerrübe 188
Zündhölzer 85
Zündholzindustrie 85